美丽乡村建设实践丛书

乡村厕所革命实践与指导

主　编　黄志光　刘洪波

中国建材工业出版社

图书在版编目（CIP）数据

乡村厕所革命实践与指导 / 黄志光，刘洪波主编
. —北京 ：中国建材工业出版社，2021.6

ISBN 978-7-5160-1120-1

Ⅰ. ①乡… Ⅱ. ①黄… ②刘… Ⅲ. ①农村-公共厕所-建设-中国 Ⅳ. ①TU993.9

中国版本图书馆 CIP 数据核字（2021）第 042354 号

内 容 简 介

小厕所连着大民生，关系大文明。乡村厕所革命不仅关系到旅游环境的改善，更关系到国民素质和社会文明的提升。推动乡村厕所革命不仅要打造乡村厕所文化，还要变革乡村厕所的设计理念。

本书大量采用厕所设计和厕所制造企业提供的数据资料与近期代表性项目案例，具体内容包括我国乡村厕所革命的必要性、理论体系、指导方针；乡村厕所的设计、设备与案例；对乡村厕所排泄物的处理方法及案例；乡村厕所文化的引导，以及对乡村厕所智能化的展望，是一本较为全面的乡村厕所实践性图书。

乡村厕所革命实践与指导

Xiangcun Cesuo Geming Shijian yu Zhidao

主　编　黄志光　刘洪波

出版发行：中国建材工业出版社
地　址：北京市海淀区三里河路 1 号
邮　编：100044
经　销：全国各地新华书店
印　刷：北京雁林吉兆印刷有限公司
开　本：787mm×1092mm　1/16
印　张：14.5
字　数：290 千字
版　次：2021 年 6 月第 1 版
印　次：2021 年 6 月第 1 次
定　价：60.00 元

本社网址：www.jccbs.com，微信公众号：zgjcgycbs
请选用正版图书，采购、销售盗版图书属违法行为

本书编委会

主　编： 黄志光　刘洪波

副主编： 金繁荣

编　委： 陶　勇　曲　锐　田　兰　曹　聪
丁继芳　陈鹤忠　张志斌　张　琦
杨振波　吴　昊

前　言

在习近平总书记倡导推进“厕所革命”的指示下，举国上下进行着一场轰轰烈烈的改厕行动。厕所革命是关系国计民生与社会可持续发展的大事。由于我国国土辽阔、地形地貌复杂，乡村固有的如厕观念及卫生习惯，导致我国厕所革命的进程严重滞后。

2020年是全面建成小康社会的收官之年，乡村振兴与美丽乡村建设进入关键期，乡村厕所革命自然成为乡村人居环境改造中的重要一环。小厕所，大民生。乡村厕所关系到乡村居民的健康与社会的发展，也是一个地区文明的集中体现。十多年来，我们通过对厕所的不断研究，发现无论是城市厕所还是乡村厕所，无论是乡村户厕还是乡村公厕，在厕所革命的道路上多少都出现了偏差。我们认为：在厕所革命的实践中，应当执行“建—管—用”的理论思维体系，也就是说，建好厕所是基础，管好厕所是核心，用好厕所是关键。厕所革命中“建—管—用”整体化的思维模式与木桶理论是相通的，缺任何一项都会影响厕所的良性发展。因此，本书在编写的过程中是按照这个思维理论体系进行阐述的。“建”的篇章包括一切与乡村厕所相关的设备、技术、设计、规划，以及乡村厕所的粪污无害化处理系统；“管”的篇章包括国家各部委及地方对推进厕所革命出台的政策、法规，也包括乡村厕所管理者如何维护舒适、健康、安全如厕环境的方法；“用”的篇章包括乡村厕所文明公约、乡村厕所卫生与文化素养、乡村厕所革命的教育宣传等内容。

本书的编写旨在调动广大乡村干部群众的改厕热情，从根本上改变乡村干部与村民的厕所观念与如厕习惯，培养乡村干部群众“净文化”的概念，把预防疾病与乡村厕所改造紧密联系起来，促进乡村经济发展与社会文化的全面提升。编写《乡村厕所革命实践与指导》一书，就是从厕所改建的方法与技术入手，根据各地地理环境与气候特色，因地制宜、有序推进，落实我国乡村厕所革命，传播厕所革命的“建—管—用”思维模式，普及厕所的历史与发展、思想观念、建设规划与技术原理、厕所管理与厕所文明、政策指引及宣教。书中展示了大量案例，增强了内容的参考性与借鉴性，对于推进我国目前乡村厕所革命，可以起到一定的促进作用。

当然，推进厕所革命是一个长期而艰巨的事业，我们现在欣喜地看到：有更多的跨界人才、更多肩负有社会责任感的人士投入到厕所产业中来，对于厕所革命的明天，我们是充满美好的憧憬与愿景的。

编　者

2021 年 1 月

目　录

思考篇

建设篇

思考篇

有人的地方，就有厕所。一部人类文明的发展史就是厕所不断变革与进步的历史。随着社会经济的发展和科技的不断进步，『厕所革命』成为今天时代进步的号角。厕所的好坏，是一个国家、一个时代是否发展和进步的标志，也是人民群众物质生活和精神文明的标志。各民族都有着自己的如厕习惯与风俗，不同的地区也有不同样式的厕所。厕所与健康、厕所与社会的发展息息相关，厕所，带给我们无尽的思考：莫言厕所事轻微，国计民生策略归。每刻每时方便在，安全康健少危机。

第一章　乡村厕所革命带来的思考

第一节　乡村厕所革命的指导思想

我国是农业大国，广大乡村是社会的基本组织形式。推进我国的“厕所革命”，重点与难点应当在广大农村。2018 年 12 月 25 日，中央农村工作领导小组、农业农村部、国家卫生健康委、住房城乡建设部、文化和旅游部、国家发展改革委、财政部、生态环境部八部门联合发布《关于推进农村“厕所革命”专项行动的指导意见》。意见提出，各地要顺应农民群众对美好生活的向往，把农村“厕所革命”作为改善农村人居环境、促进民生事业发展的重要举措，进一步增强使命感、责任感和紧迫感，坚持不懈、持续推进，以小厕所促进社会文明大进步。

以习近平新时代中国特色社会主义思想为指导，深入贯彻习近平总书记关于“厕所革命”重要指示批示，牢固树立新发展理念，以“人民为中心”的服务理念，按照“有序推进、整体提升、建管并重、长效运行”的基本思路，先试点示范、后面上推广、再整体提升，推动农村厕所建设标准化、管理规范化、运维市场化、监督社会化，引导农民群众养成良好如厕和卫生习惯，切实增强农民群众的获得感和幸福感。

我们的乡村厕所革命必须按照这个意见要求，坚持“政府引导、农民主体”“规划先行、统筹推进”“因地制宜、分类施策”“有力有序、务实高效”的原则，重点完成七大任务：明确任务要求，全面摸清底数；科学编制改厕方案；合理选择改厕标准和模式；整村推进，开展示范建设；强化技术支撑，严格质量把关；完善建设管护运行机制；同步推进厕所粪污治理。各地要加强组织领导，加大资金支持，强化督促指导，注重宣传动员。

第二节　确立乡村厕所革命的“建—管—用”思维体系

2020 年是全面小康社会的验收与建成之年，也是农村人居环境整治三年行动的收官之年。2018 年 12 月 25 日，中央农村工作领导小组（以下简称中央农办）、农业农村部、国家卫生健康委、住房城乡建设部、文化和旅游部、国家发展改革委、财政部、生态环境部八部门联合发布《关于推进农村“厕所革命”专项行动的指导意见》，明确了乡村厕改的四个一体化：坚持把改厕与政治一体化认识、与污水一体化治理、与作风一体化改进、与管护一体化运行，才能如期达到乡村厕所革命目标，结合我们多年来对厕所的研究，我们认为：要推进我国的乡村厕所革命，必须确立“建—管—用”的思维体系，这是促进乡村厕所革命得到落实的根本理念（图 1-1）。

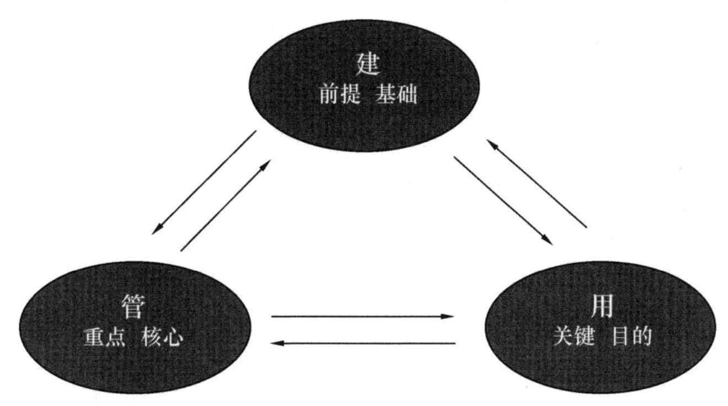

图 1-1　“建—管—用”思维体系

建好厕所，是前提与基础。建，就是指为乡村厕所创造一个良好的硬件环境的基础设施。它涵盖了厕所的规划、设计，新产品、新技术、新材料在厕所里的运用。

创建一个安全、健康、舒适、符合人性化的乡村如厕环境，对乡村居民来说显得尤为重要。要建造一个健康、舒适的乡村公厕，要建造一个健康舒适的乡村公厕，不仅要考虑人流、布局、规模等因素，还要考虑地域文化特色、设计元素，做到外观与环境融合、内部空间分配合理。在建设的理念上，应当遵循规划便民化、建设装配化、能源节约化、管理标准化、标识统一化、使用智能化、运营商业化、服务人性化的“八化原则”，保障乡村公厕良性可持续发展的需要。

管好厕所，是核心与重点。管，就是指通过一定的产品、技术、手段让厕所长时间保持良好的安全、舒适、健康的环境。这里包括政府相关部门出台一系列的政策、法规，规范厕所行业的运维及管理。它涵盖了厕所管理者对厕所的管护、使用者对厕所的爱护。建立乡村厕所管理和维护机制的运行机制，以乡镇为单位与运行企业签订政府购买服务协议，运行企业在每个乡镇设立厕所管护服务站，在每个村设立兼职厕所管护员，管护机制常态化运行后，鼓励以乡镇或村为单位建立自己的专业队伍，提供专业服务，逐步实现自我运行与厕所维护服务。

一个舒适、卫生和环保的乡村厕所需要多种技术的集成。我们看得见的是粪便不暴露，厕室内无臭无味，个人隐私得到良好的保护。我们看不见的有粪污的后续处理，包括收集、运输、处理，工人无接触。此外，还有对环境友好的排放要求。重点在政府、村委会、企业、农户等四方力量如何共担费用，以及管护服务如何运行、检查考核如何实施、绩效奖惩如何挂钩等问题上要形成制度约束，用健全长效的机制保证改厕与管护

图 1-2 “建—管—用”思维体系三者相辅相成

一体化稳定运行。

用好厕所是关键与目的。用，主要是指文明如厕，珍视与善待厕所，它包括厕所文化的宣教与厕所文明知识的传播（图 1-2）。

随着人们生活水平的改善和健康水平的提高，厕所与人的关系越来越多元化，不仅是关乎最基本的生理需求和健康需求的设施，更体现着人们的生活水平以及实现和维护个人尊严的主观要求。只有我国乡村居民的厕所卫生文化素养得到提高，乡村生活环境、自然环境和人文面貌才能得以彻底改变，村民才能真正地树立起全方位的自信，享受到应有的尊严。厕所卫生文化素养的提高，关系到乡村厕所革命的推进与实现。

用好厕所，也包括我们对厕所文明的习惯养成，尤其是向各类人群宣导厕所文明的重要意义，它给我们的生产、生活、健康带来的效益，对“厕所文明要从娃娃抓起”，这是我们传播与宣教的重点，也是乡村厕所与美丽乡村未来良性可持续发展的基石。

我们在推进乡村厕所革命过程中，首先要确立厕所革命的“建—管—用”思维体系，三者齐头并进、相辅相成才能如期达到乡村厕所革命目标。“建好”是前提，“管好”是重点，“用好”是关键。三者相辅相成，缺一不可。这与木桶效应理论是一致的，一只木桶能盛多少水，并不取决于最长的那块木板，而是取决于最短的那块木板。推进厕所革命，仅仅是建好厕所、管好厕所还远远不够，关键是要有厕所使用者的支持和爱护，养成良好的如厕文明习惯，全面提升乡村村民的厕所文化素养，这就需要我们在全社会大力倡导文明如厕，形成健康文明的厕所文化氛围。

综上所述，“厕所革命”将孕育一场乡村生产和生活方式的重大变革，是彻底改变我国乡村环境和人文面貌的重大民生工程。我们的乡村干部与群众要以此为契机，统一理念与认识，创新思维，让各级政府部门、社会各界和普通民众都能深刻理解和我们朝夕相处的厕所与文明、卫生、生态环保和健康的关系。当前，我们结合国务院 2019 年印发的《全面提升厕所革命工作实施方案的通知》，结合我们对厕所研究方法与总结，推进厕所革命的策略与主张与“建—管—用”思维体系不谋而合，这是我们认真领会中央、地方有关部门出台厕所革命相关各类文件的心得。让广大乡村居民享受使用无害化卫生厕所的同时，也能自动自发地树立牢固的厕所卫生文明意识，形成良好的如厕卫生文明行为。要开创以政府为主导，社会各界积极参与“厕所革命”的新格局，推动“厕所革命”科学、深入、可持续的发展，作出自己应有的贡献与努力。

第二章　乡村改厕取得的成就和存在的问题

第一节　我国乡村改厕成就

改革开放40多年来，随着我国经济的高速增长，农民的生活水平日益提高，广大农村地区掀起了一场较彻底的乡村改厕运动。

改革开放后，国家制定了卫生厕所普及率目标，将乡村改厕纳入国家经济社会发展规划。1978年颁发了《全国农村人民公社卫生院暂行条例（草案）》，草案提到开展农村改水改厕工作，加强“两管五改”的技术指导。2000年，国务院颁布《九十年代中国儿童发展规划纲要》，提出农村卫生厕所普及率在2000年达到44.8%。

农村改厕纳入《九十年代中国儿童发展规划纲要》和中央政府《关于卫生改革与发展的决定》，农村逐渐掀起了厕所革命。国家对农村家庭卫生厕所的定义是：有墙壁、屋顶和门窗，面积不低于2平方米，既可以是抽水厕所，也可以是旱厕，但必须设置地下储粪池，以便对粪污水进行处理。

1991年，《全国爱国卫生工作十年规划及八五计划纲要》提出，农村卫生厕所普及率到1995年达到20%～50%，到2000年达到35%～80%。但是，1993年，全国第一次农村环境卫生调查显示，全国卫生厕所普及率仅为7.5%。

从第九个五年计划开始，我国又将农村改厕列入国家经济社会发展规划中。

1997年和2002年，中共中央、国务院分别在《关于卫生改革与发展的决定》和《关于进一步加强农村卫生工作的决定》指出，在农村继续以改水改厕为重点，促进文明村镇建设。

2003年11月，国家质量监督检验检疫总局发布《农村户厕卫生标准》，规定具体户厕建筑设计标准、户厕卫生指数、化粪池和沼气池的建筑设计标准等。

2004年以来，国家累计投入82.7亿元改造农村厕所，实际改造2103万农户的厕所；《全国城乡环境卫生整洁行动方案（2015—2020年）》提出农村卫生厕所普及率的目标是2015年达到75%、2020年达到85%。

2009年，政府将农村改厕纳入深化“医改”的重大公共卫生服务项目。

2010年，在全国启动了以农村改厕为重点的全国城乡环境卫生整洁行动，农村地区卫生厕所普及率快速提升。党的十八大以来，党中央、国务院高度重视生态文明建设和人民群众健康。为继续推进改厕工作，我国陆续在美丽中国、健康中国、乡村振兴的发展战略中强调改厕工作。

《“健康中国2030”规划纲要》提出，到2030年全国农村居民基本都用上无害化卫生厕所。

2018年，中共中央、国务院发布《关于实施乡村振兴战略的意见》，意见中到农村改厕工作是深入开展乡村爱国卫生运动，推进健康乡村建设的重要工作，明确强调要“坚持不懈推进农村‘厕所革命’”。

2018年2月国家出台的《农村人居环境整治三年行动方案》，特别提到农村地区厕所粪污治理情况。2019年中央一号文件切实指出整顿农村“脏乱差”现象。

2018年底，中央农办、农业农村部等18个部门启动实施村庄清洁行动，相继组织系列战役，广泛发动农民群众自觉开展“三清一改”，即清理农村生活垃圾、清理村内塘沟、清理畜禽养殖粪污等农业生产废弃物、改变影响农村人居环境的不良习惯，集中整治村庄“脏乱差”问题。95%以上的村庄开展了清洁活动，村容村貌明显改善。农业农村部始终坚持因地制宜、分类施策、好字当头、质量优先，通过印发政策文件、召开部署会议、加强技术支撑、开展督促检查、强化宣传培训等，指导各地优先推进一类县、稳步推进二类县农村改厕，在三类县开展试点示范；要求各地改一个、成一个，提升农村改厕工作质量与实效，确保好事办好、群众满意。到2020年10月，全国农村卫生厕所普及率达到65%以上，2018年以来累计新改造农村户厕3000多万户。

我国农村的厕所改革已经彻底和深刻地卷入到了厕所文明的全球化进程之中。人民生活不断得到改善，可以从厕所演变中感悟到生活方式改善和文明发展的巨大进步。一方面，农村改厕实现了粪便、秸秆和有机垃圾等农村主要废弃物的无害化处理、资源化利用，有效降低了对土壤和水源的污染，清洁了家园、田园和水源，为美丽乡村、乡村振兴、乡村旅游、生态文明和经济振兴奠定了良好基础；另一方面，农村改厕使村落环境发生了良性巨变，增强了人们的幸福感。

第二节　我国乡村改厕的意义

哈佛大学遗传学家加利·夫昆认为，厕所是延长人类寿命的最大的变量，现代公共卫生设施使人类的平均寿命延长了20年。过去200年中，医学界的最大里程碑就是“卫生设备”。我国乡村的改厕具有以下积极意义：

（1）改厕是环境保护的措施之一。随着新农村建设的全面铺开，农村的生态环境效益日益得到提高，表现在厕所环境上。农村人的粪便是回归自然的有机肥资源，同时也是分布广泛的污染源。改建后的无害化卫生厕所既能够积肥，又能使粪便无害化处理、消除污染。

（2）农村改厕可增强人民群众的卫生意识，提高健康水平。卫生厕所便利（沼气式还可增加能源）、卫生、安全，提高了家庭生活质量，促进了新农村发展，改厕是小康村、文明村、卫生村、生态村的一个重要指标，是两个文明建设的重要组成部分。安全的厕所环境卫生是一种“农村生活质量的投资”，因为安全的环境卫生能造就更健康、更聪明的儿童，提高下一代人口质量，给广大农村带来可喜的社会效益。

（3）乡村改厕能带来卫生效益。改厕主要的卫生效益是消除粪便污染，减少霍乱、痢疾、伤寒、病毒性肝炎等肠道传染病和血吸虫、钩虫等寄生虫病。改厕是一项健康投资，其效益在宏观上是改造不利于人类健康的生活环境，减少严重的肠道传染病和寄生虫病，保护劳动力，微观上对农户而言是节省因病医药费支出。

厕所改善是农村环境卫生设施改善的重点内容之一，也是世界卫生组织初级卫生保健的八大要素之一。在联合国千年发展目标中，中国政府承诺到 2015 年农村卫生厕所普及率达到 75％。据住建部统计，厕所污水占生活污水比例不大，但污染程度占生活污水污染的 90％，农村 80％的传染疾病是由厕所粪便污染和不安全饮水引起。截至目前，我国的农村改厕工作取得了很大的成绩，显示了良好的经济效益及社会效益。

第三节　我国乡村改厕存在的问题

一、组织协调不够完善

部门之间协调不够，虽然由农业部牵头负责组织了农村改厕，但农业部门（能源部门）的沼气能源建设、住建部门的新农村建设和危房改造、环保部门的污水治理等，也在通过各自的途径推进农村改厕工作。

由于协调不够通畅，在局部地区出现了重复投资建设、适用标准不一致的情况，影响了改厕的整体效益。地方规划缺乏统筹，局部农村地区的改厕规划和实施与当地宏观经济发展规划没有衔接，出现刚改厕不久就从农村变为城区，从散落的村寨变为集中联排居住，进行整体搬迁等，使建好的卫生厕所被废弃、被拆掉；村民翻盖新房，建造不久的卫生厕所便毁损或弃用，造成浪费等。

二、改厕工作发展不平衡

改厕工作进度差距较大。全国卫生厕所普及率较高的省份基本上是沿海、经济较发达的地区，已基本实现了卫生厕所的全覆盖；西部地区大部分低于全国平均水平，尤其是偏远、贫困地区甚至存在改厕盲区，或根本没听说过改厕。改厕质量差别明显。在经济较发达地区，许多地方出现了家庭厕所入室，成为具有洗手和洗浴功能的真正意义的卫生间，建设了多种形式的小城镇集中污水处理厂；在经济不发达、自然条件较差的地区，改厕质量相对较差。例如，西北和东北地区，常见通风改良厕所、深坑厕所，粪便达不到无害化。

三、财政资金投入不足

当地政府未能及时安排资金。地方财力有限或重视不够，改厕资金主要靠农民自筹，实施起来困难较大，质量也难以保证。有些偏远、贫困地区，即使在有中央补助资金的情况下，由于厕所造价较高，地方财力依然不足，开展改厕工作进度慢，质量难以保证。地方培训督导经费未落实：在一些地方只提供了建设经费，缺乏工作经费，导致督导和培训工作难以开展，影响了改厕的进度和质量，影响了具体工作部门和人员的积极性。基层和贫困的地方，这种影响更明显，造成了越是贫困的地方，改厕工作开展越困难。

四、改厕技术仍有技术瓶颈问题需要解决

现存的技术类型难以满足广泛的应用：《农村户厕卫生规范》中推荐的 6 种无害化厕所类型适用于大部分地区，但在某些地区由于特殊的地理气候条件或使用习惯，仍存在一些技术瓶颈目前还无法完全解决，或解决起来难度大，应用存在一定的局限性。例如，三格式厕所和双瓮式厕所容积有限，不适合冲水量大的家庭和便器；粪尿分集式厕所不适合潮湿多雨地区，双坑交替式厕所需要较多的黄土覆盖料，两种厕所都存在管理维护困难的问题，不易保持卫生；沼气池式厕所需要温暖的气候，饲养较多禽畜来保证产气，维护管理较复杂；在北方，寒冷地区季节容易结冻，厕所冲水受到限制；完整上下水道水冲式厕所需要建造管网系统，具有较高的造价和管护成本，不适合人口分散的农村。存在的技术瓶颈还未完全突破：由于北方冬季气候寒冷，在不接受厕所入室的家庭，水冲式厕所在冬季无法使用；在西北地区，人们习惯使用旱厕以方便清运粪肥，容易造成粪便暴露污染环境；在一些牧区和宗教地区，人们不用人粪施肥，缺乏家庭适用的粪便处理技术；节水便器还需要推广应用完善；目前已有小型集中式的粪污处理系统生产企业，但缺乏统一的技术标准规范。

五、公厕建设与管理重视不够，农村公共厕所的改造仍处于“死角”

学校厕所建设被忽视，据调查，全国农村学校有卫生厕所的不足 1/4，许多学校是粪便暴露和渗漏的旱厕，严重影响到了学校的环境卫生和传染病防控。厕所蹲位数量不

足，男厕 1/4、女厕超过半数达不到要求；厕所洗手设施缺乏。超过 1/4 的学校没有洗手设施，还有部分虽然有，但经常停水。农村公厕管理不完善：一些集市村、交通要道边的村、旅游区等，即便建设了公厕，但由于采用的建造技术不合理，管理维护不到位，卫生状况较差；北方冬季缺乏防冻措施等，许多公厕难以正常使用，或直接关闭不让使用。

大多数村的村委会、卫生院、学校幼儿园基本上还是传统的旱厕，缺少人员管护，厕所卫生状况很差，不仅直接影响到环境质量，也影响到群众的健康。由于缺少相应的政府项目资金支持，极大地影响了农村形象以及群众的生活品质。

六、宣传倡导的力度不够

缺乏有效、广泛的宣传动员：人们对粪便传播疾病的严重性和卫生厕所对保护健康的意义认识不足，缺乏改厕积极性和主动性。例如，在贫困、偏远地区仍有不少农民没听说过卫生厕所，不知道怎样去改厕，也没有改厕的需求；或虽然希望厕所干净卫生，但简陋厕所世代相传，并不渴望改善；一些经济条件较好的家庭即便盖起了楼房，但仍习惯使用老旧厕所，或新建了粪便暴露的坑厕，这主要是由于传统的不良卫生习惯和观念根深蒂固，难以改变。对维护管理缺乏宣传指导：尽管使用上了卫生厕所，但不及时清理维护，造成卫生厕所不卫生，粪便有暴露，蚊蝇孳生；新旧两种厕所都使用，污染环境问题没有得到根本解决；随意排放厕所粪便，污染环境和水源；卫生厕所使用不注意维护，出现破损、配件缺失、功能受限等，或其他原因改建厕所时重新改用不卫生的厕所。

七、城镇化带来的新问题亟待研究解决

城镇外来人口增加，主要是人口的无序流动，增加了厕所和环境卫生的建设和管理难度，尤其是城中村的出现，造成的环境卫生问题更严重。城镇化也带来了农村从事农业的人口减少，人们不再使用粪肥种田，造成粪肥资源的浪费，增加了粪便处理难度和处理成本。农村空心化，户籍人口与常住人口相差太大，有些农户常年不在家住，但还在村里留有庭院，不改留有死角，改了不用造成浪费，他们对农村改厕也缺乏积极性，造成改厕的规划和实施困难。农村留守老人、儿童较多，这些人缺乏资金动员和行动能力，难以开展改厕工作。

八、改厕缺乏市场化的支持

企业参与产品研发不够：尽管近年来不少企业参与农村改厕，但主要是参与政府的改厕项目，并没有真正进入农村卫生厕所的市场，没有形成农民需求与企业产品的密切

联系，以市场为导向的改厕技术以及研发机制还不成熟，难以达到改厕的可持续性效果。企业参与后续管理能力薄弱：由于许多地方已不再使用粪便做肥料，对粪便的统一收集处理变得越来越重要。这不仅仅是政府的责任，更需要企业的参与，做好厕所的后续管理维护，采用先进技术使粪便成为资源，才具有可持续性。目前在局部有了一些试点，但能量能力还很薄弱。

九、后续管理和服务跟不上

当前，农村厕所革命出现了许多问题，关键还是在厕所的“建—管—用”上，存在不能衔接、建得很好、很快、很完美，但在“管与用”的延续性上执行起来很难。

在推进农村“厕所革命”中，由于体制不顺、资金不足、服务对象不集中等问题，重建轻管，后续管理与服务跟不上。例如，干旱缺水的山区半山区面临无水可冲，长期停水没有水来冲；有的农户不能正确管理维护和使用已经建成的无害化卫生厕所，盖板密封不严，导致粪便不能充分发酵，达不到无害化标准；有的农户嫌冲洗清掏不方便，干脆拆掉不用。

十、标准规范不统一，缺乏专业的施工队伍

缺乏厕所建设技术的规范标准，尤其对厕所的后期维护管理缺乏制度设计，厕所与污水同步治理问题、对新出现的厕所信息没有及时更新等；厕改产品的标准尚未发布实施，目前市场上的改厕产品质量参差不齐，价格五花八门，产品破裂漏水、变形坍塌等现象时有发生。施工队伍的监管上存在漏洞，由于施工队伍未经系统培训，专业技能不足，一些地方质检部门对建设过程缺乏必要监督管理，导致有些地方化粪池等设施的施工质量存在问题。例如，三格化粪池等未按相关规范的要求施工，有的未安装排气管，或者排气管直径、高度不够；有的清渣口密封不严、直径过大，导致粪污不能充分厌氧发酵，达不到无害化要求。另外，双坑交替式厕所厕坑没有安装便器和盖板等现象也较为普遍，存在安全隐患。

注：本章节参考陶勇《关于推进我国“厕所革命”的若干建议的解决方案》。

第三章　如何推进我国的乡村厕所革命

第一节　新形势下，我国乡村改厕的重点

一、明确任务要求，全面摸清底数

各地认真落实《农村人居环境整治三年行动方案》对各类厕所数量和改厕标准的任务要求，组织开展农村厕所现状大摸底，以县域为单位摸清农村户用厕所、公共厕所、旅游厕所的数量、布点、模式等信息。深入开展调查研究，了解农村厕所建设、管理维护、使用满意度等情况，及时查找问题，及时跟踪农民群众对厕所建设改造的新认识、新需求。

二、科学编制改厕方案

农村改厕要综合考虑各地的地理环境、气候条件、经济水平、农民生产生活习惯等因素，结合乡村振兴、脱贫攻坚、改善农村人居环境等规划，按照村庄类型，突出乡村优势特色，体现农村风土人情，因地制宜逐乡（或逐村）论证编制农村“厕所革命”专项实施方案，明确年度任务、资金安排、保障措施等。中西部地处偏远山区、经济欠发达的地方，特别是严寒、缺水等地区，可以县域为单位合理确定农村改厕目标任务。

三、合理选择改厕标准和模式

加快研究修订农村卫生厕所技术标准和相关规范。各地要结合本地区农村实际，鼓励厕所粪污就地资源化利用，统筹考虑改厕和污水处理设施建设，研究制定技术标准和改厕模式，编写技术规范，指导科学合理建设。农村户用厕所改造要积极推广简单实用、成本适中、农民群众能够接受的卫生改厕模式、技术和产品。鼓励厕所入户进院，有条件的地区要积极推动厕所入室。

农村公共厕所建设要以农村社区综合服务中心、文化活动中心、中小学、集贸市场等公共场所，以及中心村等人口较集中区域为重点，科学选址，明确建设要求。可按相关厕所标准设计，因地制宜地建设城乡接合部、公路沿线乡村和旅游公厕，进一步提升

卫生水平。施工建设砖混结构贮粪池时把不渗不漏作为基本要求，采用一体化厕所产品时注重材料强度和密闭性，避免造成二次污染。

四、整村推进，开展示范建设

各地要学习借鉴浙江“千村示范、万村整治”工程经验，总结推广一批适宜不同地区、不同类型、不同水平的农村改厕典型范例。鼓励和支持整村推进农村“厕所革命”示范建设，坚持“整村推进、分类示范、自愿申报、先建后验、以奖代补”的原则，有序推进，树立一批农村卫生厕所建设示范县、示范村，分阶段、分批次滚动推进，以点带面、积累经验、形成规范。组织开展 A 级乡村旅游厕所、最美农村公共厕所、文明卫生清洁户等多种形式的推选活动，调动各方积极性。

五、强化技术支撑，严格质量把关

鼓励企业、科研院校研发适合农村实际、经济实惠、老百姓乐见乐用的卫生厕所新技术、新产品。在厕所建设材料、无害化处理、除臭杀菌、智能管理、粪污回收利用等技术方面，加大科技攻关力度。强化技术推广应用，组织开展多种形式的农村卫生厕所新技术、新产品展示交流活动。鼓励各地利用信息技术，对改厕户信息、施工过程、产品质量、检查验收等环节进行全程监督，对公共厕所、旅游厕所实行定位和信息发布。

六、完善建设管护运行机制

坚持建管并重，充分发挥村级组织和农民主体作用，鼓励采取政府购买服务等方式，建立政府引导与市场运作相结合的后续管护机制。各地要明确厕所管护标准，做到有制度管护、有资金维护、有人员看护，形成规范化的运行维护机制。运用市场经济手段，鼓励各地探索推广“以商建厕、以商养厕”等模式，创新机制，确保建设和管理到位。组织开展农村厕所建设和维护相关人员培训，引导当地农民组建社会化、专业化、职业化服务队伍。

七、同步推进厕所粪污治理

统筹推进农村厕所粪污治理与农村生活污水治理，因地制宜地推进厕所粪污分散处理、集中处理或接入污水管网统一处理，实行“分户改造、集中处理”与单户分散处理相结合，鼓励联户、联村、村镇一体治理。积极推动农村厕所粪污资源化利用，鼓励各地探索粪污肥料化、污水达标排放等经济实用技术模式，推行污水无动力处理、沼气发酵、堆肥和有机肥生产等方式，防止随意倾倒粪污，解决好粪污排放和利用问题。

第二节　乡村改厕的保障措施

一、加强组织领导

进一步健全中央部署、省负总责、县抓落实的工作推进机制，强化上下联动、协同配合。省级党委政府负总责，把农村改厕列入重要议事日程，明确牵头责任部门，强化组织和政策保障，做好监督考核，建立部门间工作协调推进机制。强化市县主体责任，做好方案制订、项目落实、资金筹措、推进实施、运行管护等工作。

二、加大资金支持

各级财政采取以奖代补、先建后补等方式，引导农民自愿改厕，支持整村推进农村改厕，重点支持厕所改造、后续管护维修、粪污无害化处理和资源化利用等，加大对中西部和困难地区的支持力度，优先支持乡村旅游地区的旅游厕所和农家乐户厕建设改造。进一步明确地方财政支出责任，鼓励地方以县为单位，统筹安排与农村改厕相关的项目资金，集中推进农村改厕工作。

支持农村改厕技术、模式科研攻关。发挥财政资金撬动作用，依法合规吸引社会资本、金融资本参与投入，推动建立市场化管护长效机制。

在用地、用水、用电及后期运维管护等方面给予政策倾斜。简化农村厕所建设项目审批和招投标程序，降低建设成本，确保工程质量。

三、强化督促指导

对农村改厕工作开展国务院大检查。每年组织开展包括农村改厕在内的农村人居环境整治工作评估，把地方落实情况向党中央、国务院报告。落实国务院督查激励措施，对开展包括农村改厕在内的农村人居环境整治成效明显的县（市、区、旗），在分配年度中央财政资金时予以适当倾斜。落实将农村改厕问题纳入生态环境保护督察检查范畴。建立群众监督机制，通过设立举报电话、举报信箱等方式，接受群众和社会监督。

四、加强专业化技术指导与支持

对建厕人员进行专业系统培训，由培训合格的施工队伍承担建厕工作，或者公开招标，选择专业的厕所施工队伍承担工作，从而避免漏水、堵塞、发臭等问题的产生。同时，在建厕过程中，定期对施工现场进行监督和检查，以功能齐全、产品合格和结构安全为标准，规范施工管理。建议省级组织一个由改厕专家组成的检验鉴定团队，能够在改厕设备招投标环节作为评标人进行专业的检验鉴定，严格把握卫生设施材料的质量关，让质量合格的卫生洁具、管道材料进入改厕工程。

五、建立乡村厕所革命的“建—管—用”系统化机制

建议大力推广改厕和污水结合的方式，在建设农村厕所方面要规划并结合合理、科学、专业为一体。在厕所管理方面，一是在污水管网能够覆盖的地方建立水冲完整下水道式厕所，利用城镇污水管网，直接对粪便进行收集处理，或以村为单位建立污水处理设施，实现污水达标排放；二是推广使用小型一体化污水处理设备，对污水管网暂时没有覆盖到的地区优先选择使用小型一体化污水处理设备，达到生活污水与粪便一同处理，一步到位。

按照市场化运作模式，鼓励企业或个人出资进行改厕后检查维修、定期收运、粪渣资源利用等后续工作，形成管收用并重、责权利一致的长效管理机制。例如，费县积极主动推进绿色循环低碳发展，全县统一配备了抽粪车，将对处理后的粪便进行收集再利用。

六、注重宣传动员

鼓励各地组织开展农村“厕所革命”公益宣传活动。结合农村人居环境整治村庄清洁行动、卫生县城创建等活动，多层次、全方位宣传农村改厕的重要意义，加强文明如厕、卫生厕所日常管护、卫生防疫知识等宣传教育。鼓励和引导基层党员干部率先示范，引导农民主动改厕。发挥共青团、妇联等基层群团组织贴近农村、贴近农民的优势，广泛发动群众，激发农民群众改善自身生活条件的主动性和积极性。

让“厕所革命”走进乡村，走进广大农村，还有很漫长的路要走，对于新出现的问题，我们必须加强技术指导，提高建厕质量、建厕工作，要确保厕所数量与质量同步提升、农村厕所的颜值与品质同步升级，同时，也要加强领导意识与管理水平，加强“厕所革命”理念的宣教与普及。

第三节　我国乡村厕所革命的原则

一、政府引导、农民主体

党委政府重点抓好规划编制、标准制定、示范引导等，不能大包大揽，不替农民做主，不搞强迫命令。从各地实际出发，尊重农民历史形成的居住现状和习惯，把群众认同、群众参与、群众满意作为基本要求，引导农民群众投工投劳。

二、规划先行、统筹推进

发挥乡村规划统筹安排各类资源的作用，充分考虑当地城镇化进程、人口流动特点和农民群众需求，先搞规划、后搞建设，先建机制、后建工程，合理布局、科学设计，以户用厕所改造为主，统筹衔接污水处理设施，协调推进农村公共厕所和旅游厕所建设，与乡村产业振兴、农民危房改造、村容村貌提升、公共服务体系建设等一体化推进。

三、因地制宜、分类施策

立足本地经济发展水平和基础条件，合理制定改厕目标任务和推进方案。选择适宜的改厕模式，宜水则水、宜旱则旱、宜分户则分户、宜集中则集中，不搞一刀切，不搞层层加码，杜绝“形象工程”。

四、有力有序、务实高效

强化政治意识，明确工作责任，细化进度目标，确保如期完成三年农村改厕任务。坚持短期目标与长远打算相结合，坚决克服短期行为，既尽力而为又量力而行。坚持“建—管—用”相结合，积极构建长效运行机制，持之以恒将农村“厕所革命”进行到底。

注：以上参考中央农办、农业农村部、国家卫生健康委、住房城乡建设部、文化和旅游部、国家发展改革委、财政部 、生态环境部《关于推进农村“厕所革命”专项行动的指导意见》及《农村人居环境整治三年行动方案》。

第四章　国内乡村厕所史话

厕所革命，给我们带来了太多太多的思考。回溯历史，我们回望人类不断进步的足迹，会欣喜于今天的伟大。“厕所”，一个人类最沉重的话题，也是一个我们忌讳的禁区。在古人的“天人合一”“物我同化”的观念下，粪便直接排泄到大自然中，对于厕所的形式、马桶的发展、厕纸的变迁、有机肥的利用等，都有它特定的历程。在工业革命之后，西方及美日的厕所进步，成为时代的标志，“厕所史话”讲述厕所自己的故事……

第一节　我国乡村厕所的变迁及称谓

世界上最早的厕所遗迹是在1919年于古代苏美尔文化的中心地——幼发拉底河下游被发现的。那是一种在阿卡德王朝（公元前24—公元前22世纪）私人住宅里使用的水冲式厕所。大约在公元前2000年统一的巴比伦，后人于其第4代王朝乌尔纳穆王陵的第5个墓室里，挖出了用砖砌成的坐式厕所。这也是国外距今发现的最古老的厕所。

作为农耕文明为主的国家，中国农村的社会形态是先于城市的，因此，探讨厕所革命的问题应当立足于我国最基本的社会形态——乡村。

中国最早发掘的厕所是西安半坡村氏族部落遗址出土的一个土坑——我国厕所的滥觞。可见，“茅坑”果然最初是个坑！

中国的农村厕所历史悠久，不同的时代背景，赋予了农村厕所不同的称谓及内涵。《说文》：“厕，清也。”其反训之义为言污秽当清除之。先秦时期，人们称厕所为“沃头”，含有厕所污粪可做肥料之用的意思；秦汉时代的“溷”和“圂”字，里面含有猪圈和厕所的双重含义。从三国两晋的出土陶器或泥塑明器中可以看出，古代的厕所大多是厕所与牲口圈栏合为一体，既能圈养牲口，又兼备污粪排泄及存放的功能。这种形态的厕所多存在于中国的北方、华南及日本冲绳等地，一直延续至近代。

据史料记载，我国汉代厕所已开始重视隐私并有通风设计；唐朝设“司厕”官职；宋朝时，汴梁已出现公厕并有专人管理；清朝嘉庆年间建造了收费厕所等。中国古代厕所的不断改进，为现代文明厕所的发展奠定了扎实的基础。但一个基本的事实是，截至目前，中国农村的露天旱厕居多，使用人粪尿做肥料的现象依然寻常可见。

我国厕所的称谓还有很多：圊、厕、清、便所、毛司、灰圈、茅厕、茅坑、茅子、粪坑、井屏、西间、西阁（古人认为厕所应设于西方或南方）、舍后（民间厕所多设于屋后）、更衣室（唐代已有）、雪隐（宋代雅称）、溷厕、厕溷、厕屋、厕轩、净房、官房等。

人们要维持生命，离不开吃五谷杂粮、饮茶喝水。俗话说，人有三急。吃喝拉撒人人在所难免，但对于中国人来说，似乎上厕所却是一件颇有些隐晦的事。从古至今，中国人对上厕所这件事情，也因不同的时代背景、不同的地区、不同的场合而生出了不同的说法，如更衣、登东、出恭、净手、如厕、方便、大号、小号、1号，后来受国外影响又出现“上洗手间、上卫生间、上盥洗室、上化妆间”等称呼。厕所里的设备，从过去的虎子、马子、夜壶到今天的智能马桶，从如厕之后的“厕筹”“厕简”“厕篦”，到今天的厕纸、水溶性厕纸，都有各自的变迁，这里就不再赘谈。

第二节　乡村厕所的存在形式

我国地域跨度大，地形地貌各异，因此造就了广大乡村厕所在形态、结构以及功能上的不同体现。

在我国南北方的乡村，茅房、茅坑非常普遍，其结构简易，由茅草或砖瓦盖成小屋，在里面放置一个大瓮或用水泥砌成的大坑，上面有木板，中间留一条缝，或是水泥预制块。家庭厕所不分男女，只有在乡村集市或小镇，才有较正规的分男女厕的公厕，但基本上都是旱厕，没有冲水设备和导流通道。大多农村地区至今保留“肥水不流外人田”的传统，正所谓“庄稼一枝花，全靠粪当家”，村民们会将人畜粪便收集在一起，作为农作物的有机肥。

“牛粪凉，马粪热，羊粪啥地都不劣”“上粪上在劲头，锄地锄到地头”“各肥混合用，不要胡乱壅”“粪草粪草，庄稼之宝；种地无巧，粪水灌饱”“庄稼要好，肥料要饱”，这些都是在农村口口相传的俗语。华夏民族作为典型的农耕民族，其农耕文明的突出特点之一，便是较多使用人和家畜排泄物作为农作物的肥料。然而，随着科技的发展，尿素、复合肥、氮磷钾等肥料在农村的使用量急剧增加，不仅对环境造成了污染，还极大地降低了农村人畜粪尿的资源利用。因此，提高农村厕所的文明建设，解决农村人畜粪尿的处理问题，是目前需要关注的重点。

中国地大物博，各式各样的如厕行为构成了厕所文化形态的一部分。不同地区地理与人文特色不同，造成了不同地区各具特点的如厕方式以及排泄物的管控和处置方式。在草原、森林、山地、高原地区的游牧、游猎、游耕的族群中，由于生存环境的特殊性，人畜的排泄物处置通常不构成问题，因此很少建造公共厕所。

而在广大的南方地区，由于水源丰富、河流港叉纵横，会根据实际情况建造旱厕和河厕（日本人称之为“川厕”）。所谓河厕，就是茅厕与一条小河连在一起，粪水随排随流。通常这条小河会流向有水稻的庄稼地，将有机肥料与田地直接借助水力冲走。

在东北、西北的寒冷地带，由于北方农村地区缺乏完善的自来水和排污管道设施，农民只能在自家院里或田间地头搭起简陋的厕所。他们遵循着“一个土坑两块板，三尺土墙围四边”的建厕方式。这样的厕所，夏天蚊虫乱飞、臭气扑鼻；冬天粪秽冻结、如厕艰苦，极易引发病菌感染。这是农村地区容易引发疾病的重要原因之一。

沿海地区的厕所，大多采用“路边坑”式或露天旱厕，有些沿海区域，古代农村厕所采用吊脚楼式，利用海水涨落的规律，直接可以将粪便冲走。

西南地区一些经营山地农耕的少数民族，不使用人粪尿作肥料。他们觉得和汉人用人粪尿施肥相比，他们的土地比较干净。根据西南地区山地和丘陵地形多、雨水汇集快等特征，人们采用水冲厕所，将厕所建在半坡或山腰，利用梯田或海拔高度差将粪水排出。分流排水道厕所在云贵川一带很普及，用管道排除污水，管道与梯田甚至果园接通，雨水可采用明渠收集排放。

但在西藏高海拔地区，其农村厕所较独特。高台厕所与连绵的雪山、绝美的高原措湖融为一体，无水冲旱厕，粪水都是利用高原高海拔进行自然风干。在今天，采用微生物降解及干封粪尿分集式处理，已经成为高原高寒地区的一个改厕实践。

发展至今，由于受西风东渐的影响，厕所建造有了长足进步。

第三节　我国乡村改厕的六个阶段

在我国由于人口稀疏以及村落间的交流有限，人们所使用的厕所基本是旱厕。到了秦汉时期，人们对厕所逐渐重视起来，厕所分蹲、坐两式，区分男女，并有隔断。汉代尤为重视隐私和使用的方便，并增添了通风设计。唐宋时期建设厕所之风盛行。唐朝专设“司厕”的官员；宋朝的汴梁等大都市的公厕已具行业性质，有专人管理。清嘉庆年间出现了收费公厕。中华人民共和国成立初期，全国上下建厕所、管粪便、除“四害”，人们开始了农村改厕的号角，当时，南方多个血吸虫等传染病严重的省区率先进行了厕所、猪圈、水井的改造。

中国的乡村改厕从中华人民共和国成立初期到现在大致可分为 6 个阶段，每个阶段的特点有所不同，解决的问题也有所侧重。伴随着厕所硬件的改善，人们关于厕所的观念意识和需求也在改变。

一、改变乡村无厕所状态阶段

中华人民共和国成立初期，乡村环境普遍不清洁，街道院内杂乱不堪，许多农村人畜共同生活在一个场院，畜粪多堆在院内，人无厕、畜无圈的现象极为普遍。当时，我国乡村厕所面临着两大难题：

（1）没有真正意义上的厕所。农村有家庭厕坑，相对固定场所，许多人共用很少，缺乏正规的厕所建筑。

（2）厕所建设不达标。例如，露天粪坑、简单围墙、粪便暴露，环境恶劣（如臭气熏天、蝇蛆乱飞乱爬），致使农村地区痢疾、伤寒等肠道传染病高发，蛔虫病高发与连茅圈关系密切，寄生虫病高发更普遍。

20世纪60年代中期形成了“两管五改”的基本概念——“两管”是管水、管粪，“五改”是改厨房、改水井、改厕所、改畜圈和改善卫生环境。人们提倡以做好粪便、垃圾、污水的管理和利用，特别是做好人畜粪便的管理和利用，作为除害灭病的重要措施。

20世纪70年代末，农村粪便渗漏、污染地下水是主要问题。再加上当时化肥的产量低、用量少，人畜粪便是宝贵的有机肥资源，不会随意丢弃。人们提倡一种生态处理模式——使用不暴露粪便的便器隔断蚊蝇传播，建造不渗漏的粪缸、粪坑，将收集到的粪便经过堆肥处理转化成无害化的有机农肥。

农村恶劣的污染环境，引发了一系列传染病，严重危害人体健康。其中，血吸虫病在众多传染病中是历史悠久的一种流行于长江中下游的人畜共患的寄生虫病。

早在1953年，毛泽东同志就指出：“血吸虫病危害甚大，必须着重防治”，并把消灭血吸虫病列入《全国农业发展纲要》。据统计，1957年有12个省区的1亿多人口受到血吸虫病的威胁，其是当时长江流域及其以南地区危害最大的流行病。

为从根本上消灭这一病害，中国制定了以“灭螺”为主的综合性措施，包括：

（1）在疫病流行地区的村庄周围消灭钉螺；

（2）实行人粪管理，达到积肥灭卵的目的；

（3）向群众进行安全用水和个人防护的宣传教育。

通过在疫区改水管粪，有效地切断传播途径，阻断了血吸虫病通过疫水和粪便感染的机会，使得全国血吸虫病流行地区大面积下降，血吸虫病人数明显减少。

在血吸虫病重疫区江西省余江县（图4-1），当地部门将消灭钉螺与农田水利建设相结合，利用粪便管理消灭虫卵，进行积肥。经过两年苦战，1958年，终于成功控制了病情。喜讯传来，毛泽东同志于1958年7月1日提笔创作了《七律二首·送瘟神》（图4-2），赞扬了血吸虫病防控工作取得的巨大成功。

图 4-1　江西省余江县开展消灭血吸虫病活动的情景

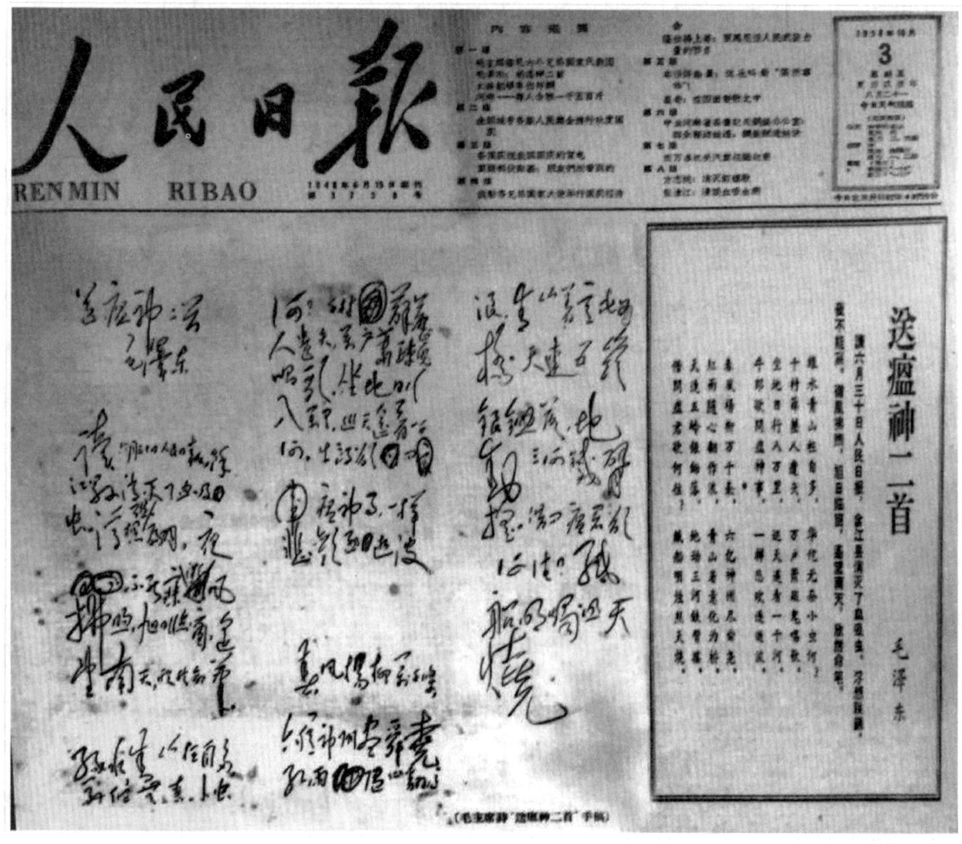

人民日报

RENMIN RIBAO

送瘟神二首

毛泽东

读六月三十日人民日报，余江县消灭了血吸虫。浮想联翩，夜不能寐。微风拂煦，旭日临窗。遥望南天，欣然命笔。

绿水青山枉自多，华佗无奈小虫何？
千村薜荔人遗矢，万户萧疏鬼唱歌。
坐地日行八万里，巡天遥看一千河。
牛郎欲问瘟神事，一样悲欢逐逝波。

春风杨柳万千条，六亿神州尽舜尧。
红雨随心翻作浪，青山着意化为桥。
天连五岭银锄落，地动三河铁臂摇。
借问瘟君欲何往？纸船明烛照天烧。

（毛主席诗"送瘟神二首"手稿）

图 4-2　毛主席"送瘟神二首"手稿

二、乡村卫生厕所改造起步阶段

20 世纪 70 年代末到 80 年代，随着我国改革开放和工作重心转移到经济建设，特别是农村生产体制变化后，化肥的使用量大幅增加，集体经营的粪便收集和利用办法的停用加剧了粪便污染问题。

在全国，以粪便为主的污染源大量增加，一时间，粪便的处理问题难以得到及时解决，很多地区没有专门的粪便处理单元，导致未经处理的排泄物直接被排放到自然环境中，严重污染当地的水源、土壤等。其中，粪便中含有的大量致病菌在未经处理的情况下，通过各种途径进行传播，极大地威胁到了当地居民的健康安全，引起了政府的关注。

国际社会非常重视饮水卫生、厕所卫生和粪便管理。1980 年，联合国第 35 届大会做出决定：从 1981 年至 1990 年发起一场为期 10 年的“国际饮水供应和环境卫生”活动，以解决全世界一半以上人口的安全饮水和环境卫生设施问题。

我国政府对此表示赞同和支持，并提出“以 1981—1990 年的 10 年为目标，争取通过 10 年或更长时间的努力，使我国人民的饮水和卫生条件有较为显著的变化，为实现‘国际饮水供应和环境卫生十年’奋斗目标，作出中国人民的贡献”。

自此，中国政府积极争取了联合国有关组织及欧洲经济共同体（以下简称欧共体）等援助：联合国开发计划署（UNDP）资助的手动泵和通风改良厕所试点项目、世界卫生组织水质监测项目、世界银行贷款农村供水和环境卫生改善项目、欧共体资助的中国农村供水能力建设及机构改进项目等。这些项目不仅为我国提供了资金支持，也提供了技术支持，引入了先进的改厕理念，在国内进行了乡村改水改厕的有益探索。

其间，我国在改厕中的技术创新成果是“双瓮漏斗式厕所”。

该项技术由河南省虞城县卫生防疫站宋乐信医师等创造发明，相对卫生清洁且具有粪便无害化处理的功能，受到了当地农民的欢迎。

与此同时，在南方地区出现了两格、三格式厕所，经过不断发展和完善，基本确立了卫生厕所的概念，即厕所有墙、有顶，厕坑及储粪池无渗漏，厕内清洁、无蝇蛆，粪便定期清除并进行无害化处理。

三、乡村卫生厕所全面推动阶段

1978 年，苏联的阿拉木图召开了国际初级卫生保健会议，提出“到 2000 年人人享有卫生保健”的目标，我国政府做出承诺，并在 1990 年提出了《我国农村 2000 年人人享有卫生保健的规划目标》。

其中包括安全饮用水的适量供应及基本环境卫生设施的享有。环境卫生设施主要是安全、卫生的厕所。

1990 年 9 月 29 日，联合国召开了历史上最大的一次关于儿童问题的世界首脑会议，通过了《儿童生存、保护和发展世界宣言》（以下简称《宣言》）和《执行九十年代儿童生存、保护和发展世界宣言行动计划》（以下简称《行动计划》）。李鹏总理代表中国政府在《宣言》和《行动计划》两个文件上签字。1992 年制定了《九十年代中国儿童发展规划纲要》，把改善供水和环境卫生作为十大发展目标之一。

20 世纪 90 年代是农村卫生厕所的普及时期。从国家、各级党委和政府的重视与主导，到各级爱卫办的组织和协调以及国际组织的积极参与，通过示范点建设和技术研制，农民对卫生厕所的认识和需求逐步提高，改厕模式逐渐成熟，推动了改厕活动在全国农村的普及。

为了提高人们对健康水平的需求，同时也为了实现政府对保障儿童生存与发展权利的承诺，我国政府越来越重视农村环境卫生的改善。

1999 年，全国爱卫会、国务院妇儿工委、共青团中央、全国妇联、卫生部共同在河南新郑召开了全国农村改厕工作会议。会议总结交流了农村改厕的成绩和经验，提出了今后改厕工作主要措施，指出了工作的方向和方法。中央和国家各部门的重视，对推动农村改厕起到了关键作用。

四、规范化科学化乡村改厕阶段

1993 年 5 月，全国爱卫办组织了我国首次农村厕所及粪便处理背景调查，即在全国 29 省的 470 个县（市）约 78 万农户开展了农户厕所和粪便处理情况调查。调查结果显示，我国农村有厕率为 85.9%；卫生厕所普及率为 7.5%；粪便无害化处理率为 13.5%。这表明我国农村卫生厕所普及率和粪便无害化处理率的水平很低。通过此次调查，建立了全国和各省的数据库，为我国规划农村改厕提供了基础性资料。

1995 年，全国爱卫会发出通知，要求建立全国农村卫生改厕统计年报制度［（《关于建立全国农村卫生厕所统计年报制度及有关报表事项的通知》（全爱卫办〔1995〕14 号）］。2001 年后，经国家统计局备案，该改厕统计年报制度可作为国家法定统计工作内容。

“农村改厕统计年报”主要指标增加为 8 个：农村总户数、累计卫生厕所户数、卫生厕所普及率、无害化卫生厕所普及率、累计改厕类型（三格化粪池式、双瓮漏斗式、三联沼气池式、粪尿分集式、完整下水道水冲式、双坑交替式、其他类型）的数量、新增无害化卫生厕所户数、累计使用卫生公厕户数、当年用于农村改厕投资及资金来源。

修改后的统计报表更便于准确掌握我国农村改厕进度及类型、投资情况。这对了解农村改厕的底数和进度、科学规划实施农村改厕工作起到了推动作用。通过逐年发布改厕统计年报，促使各地政府重视农村改厕工作，促进了各地农村改厕活动的开展和卫生厕所普及率的提高。

其间，国际上多边和双边机构参与我国改厕活动，对我国农村改厕起到了积极的推动作用。

联合国开发计划署首次将通风改良式厕所引入我国，在新疆维吾尔自治区、甘肃省和内蒙古自治区进行了试点。

世界银行贷款农村供水与环境卫生项目从二期开始将改厕和个人卫生教育与改水结合，示范推动改水、改厕、健康教育“三位一体”的模式，提出了“以改水为龙头，以健康教育为先导，带动农村改厕工作的开展”，起到了示范带动作用，其经验已在国际上介绍和推广。

由全国爱卫办组织制定，由卫生部或国家标准化委员会发布粪便无害化卫生要求，制定厕所卫生标准，2004 年实施《农村户厕卫生标准》（GB 19379—2003），2012 年修订为《农村户厕卫生规范》（GB 19379—2012），编写了《中国农村环境卫生设施低造价手册》《中国农村厕所和粪便无害化处理设施图选》《农村环境卫生与个人卫生》等，并培养了大量改厕的专业人才。

五、新世纪乡村改厕快速推进阶段

2000 年 9 月，世界各国领导人在联合国千年首脑会议上通过“联合国千年宣言”，确立了千年发展的八大目标。其中，第七个目标是“以 1990 年为基点，到 2015 年，使没有获得安全饮水和基本环境卫生设施（厕所）的人口比例减半”。我国政府做出承诺，确定到 2015 年我国卫生设施改善的目标要达到 75%。

2000 年卫生部、发改委、财政部等 7 部委联合发布了《中国农村初级卫生保健发展纲要 2001—2010 年》，提出到 2010 年我国东、中、西部地区的卫生厕所普及率分别达到 65%、55%、35%。

《中国妇女发展纲要（2001—2010 年）》中也提出“加强农村改厕技术指导，提高农村卫生厕所普及率，2010 年卫生厕所普及率达到 65%”。

2004—2008 年，我国开始实施中央转移支付农村改厕项目，这是中国第一次由中央政府资助农村卫生厕所建设，4 年连续投入近 13 亿元中央补助资金，支持了近 440 万户无害化厕所建设。其中，2006 年集中在血吸虫病流行的 7 个省，对重点血吸虫病流行的村实施卫生厕所全覆盖。

2009 年，国家实施重大公共卫生服务农村改厕项目，将改厕作为实现基本公共卫生服务均等化目标的重要内容。

五年间，中央财政共投入 70.7 亿元，用于支持了 1683.07 万户无害化卫生厕所建设，重点支持中西部地区的农村改厕，缩小了中西部与东部地区卫生厕所普及率的差距。

到2010年，全国农村卫生厕所普及率达到了67.43%，无害化厕所占45%，完成了《中国妇女发展纲要（2001—2010年）》制定的65%的改厕目标。

根据联合国公布的千年发展目标联合监测项目（JMP）的结果：中国环境卫生设施改善率从47.50%增加到76.50%（JMP的评价方法和标准与国内有差别），已履行了实现环境卫生千年发展目标的承诺。

六、从“农村改厕”走向“厕所革命”新阶段

2014年12月，习近平总书记在江苏镇江考察调研时指出：改厕是改善农村卫生条件、提高群众生活质量的一项重要工作，在新农村建设中具有标志性作用。

2015年，习近平总书记在延边调研时强调，随着农业现代化步伐加快，新农村建设也要不断推进，要来个“厕所革命”，让农村群众用上卫生的厕所。基本公共服务要更多地向农村倾斜，向老少边穷地区倾斜。

2016年8月，在全国卫生与健康大会上，习近平总书记充分肯定“厕所革命”的重要意义和成果，提出持续开展城乡环境卫生整洁行动，再次强调要在农村来一场“厕所革命”。

2017年11月，习近平总书记强调“厕所问题不是小事情，是城乡文明建设的重要方面，不但景区、城市要抓，农村也要抓，要把它作为乡村振兴战略的一项具体工作来推进，努力补齐这块影响群众生活品质的短板”。

中共中央、国务院印发《“健康中国2030”规划纲要》中指出，要加快无害化卫生厕所建设，力争到2030年，全国农村居民基本都能用上无害化卫生厕所。

《“十三五”卫生与健康规划》中提出：完善城乡环境卫生基础设施和长效管理机制，加快推进农村生活污水治理和无害化卫生厕所建设，农村卫生厕所普及率达到85%以上。

2015年联合国提出了全球可持续发展目标：到2030年人人都公平享有充足的环境卫生和个人卫生，消除露天排便；确保厕所不对生态环境造成危害，支持当地社区参与管理水与环境卫生的改善。新的奋斗目标，将重点解决贫困地区的厕所问题，提高群众的用厕体验和舒适度，满足人民群众对卫生、方便厕所的需求。

习近平总书记提出的“厕所革命”是一个创新的命题，为了实施好“厕所革命”，使其能够产生革命性的成效，必须对其内涵进行深入分析和把握。“厕所革命”内涵更加丰富，包括观念的革命、处理技术的革命及粪便管理和资源化的革命。而其外延不仅仅与健康相关，还与农村环境和人文面貌改变有关，更是乡村振兴的有力切入点。

厕所之“难”，最难的是观念和意识，即转变农村居民对厕所的观念和意识，激发对于厕所卫生的要求，形成自发的如厕卫生行为。

改变国人的传统观念，使其了解厕所与生活质量和品位、文明和健康、权利和尊严的关系，意识到一个好的厕所对其个人和家庭的重要意义，从而产生使用舒适、卫生、体面厕所的需求，这就是观念的革命。

解厕所之困的关键是观念、意识的培养和厕所卫生文化的建立。个体和群体的主观世界改造了，农村厕所问题才能得到长效的、可持续的、根本性的解决。但也应该看到，观念和意识转变、行为形成和文化的树立需要相对长的过程，需要全社会的重视和参与。

要把农民厕所观念、意识和行为转变作为这次“厕所革命”的核心内容，建设具有中国特色的厕所卫生文化，把“厕所卫生文化素养”的提高作为“厕所革命”的考核评估指标之一。

只有广大农民关于厕所观念、意识和行为得以彻底转变才是本次“厕所革命”伟大之所在。可以说，一部我国农村的厕所变迁史，就是我国社会环境不断进步、不断进入到科学发展的历史。从古时屋外简易“茅坑”到现代室内干净整洁“卫生间”，从简单的“马桶”到日益人性化、高科技“智能马桶盖”，标志着我国农村文明的不断进步。

注：本节引自陶勇《从“农村改厕”走向“厕所革命”的发展历程》。

第五章　国外厕所发展

厕所在世界各地普遍受到重视，一般来说，经济发达地区的厕所革命推行得比较顺利，而且成就可观。而在发展中地区，受生活习惯与文化的影响，加上经济不发达，推行起来较困难。日本厕所技术含量较高，设计贴心合理，已经征服了全球不少游客。美国的麦当娜、威尔·史密斯在体验过日本厕所后，对其干净舒适的体验“赞不绝口”。欧美先进的地区在厕所的硬件设施与现代化智能运用上，成为时尚生活的引领。而在非洲、亚洲、拉美等地区，设施齐全、安全卫生的厕所还是稀缺，尤其在落后地区，厕所得不到重视。

2013 年 7 月 24 日，在第 67 届联合国大会上，世界厕所组织协同新加坡外交部向联合国提交了一份名为“*Sanitation for All*”（为了全人类的厕所卫生）的议案 ，提议通过庆祝每年的“世界厕所日”来号召公众一起行动来解决全球厕所卫生危机，议案获得联大全体成员的一致赞同。联大会议决定，每年的 11 月 19 日为“世界厕所日”。

大力推进不发达地区的“厕所革命”是联合国千年计划的主要内容之一。在国外，部分不发达的国家与地区，厕所环境的安全性、如厕文明的风俗与习惯，还需从思想上、根本上进行扭转。公共厕所是公共场所的标配，有收费的，也有免费的。对于厕所分布、数量的要求，世界各国有各自的特点，有些国家甚至通过立法的形式对公厕进行管理。国外的厕所革命已先行一步打响并取得了实效。

第一节　日本的“厕所革命”

第二次世界大战后，首都东京的许多公共服务设施都随着经济的迅速发展得到了改善，然而脏污、昏暗、恶臭的公厕却备受诟病。到了 20 世纪 60 年代，日本开始出现蹲式马桶（日式厕所），当时的普及率仅为 9%。进入 20 世纪 70 年代，坐式马桶（西式厕所）从首都东京开始辐射向全日本。这种与城市发展相当不匹配的状况一直持续到 20 世纪 70 年代末，造成了很低的公厕使用率。20 世纪 80 年代进行了“公厕革命”，其建设和管理取得了良好成效，受到社会各方面的好评。

日本的公共厕所从侧面反映了日本科技发展水平的进步以及人们对生活追求的提高。通过比较日本东京的公共厕所发展、设置和管理现况，可以找出值得借鉴的地方。

走入任一间公共厕所，墙壁、地砖、水斗无一不干燥清洁，见不到一个滴水的龙头、一个污秽的马桶、一扇损坏的门扉。如今，东京的公共厕所之清洁度、便利度、先进度已列世界前茅，但数十年前却并非如此。

20 世纪 70 年代后，随着生活水平不断提高，国民对改善公厕现状的强烈诉求，促使全日本范围内将“公厕革命”列入地方行政的重要事务加以实施。厕所在日本已上升为一种独特的文化。日本人在厕所的功能结构上做了大量高科技开发和人性化设计，所表现出的智慧和细致给人们带来独特的体验，尤其是细节上的处理，达到了极致。表现在设备配套齐全、人性化的“亲子厕位”、配置充足的“残疾人厕所”、先进而舒适的“智能坐便器”、针对女性如厕，礼貌又节水的“音姬”装置，日本厕所的智能化令人叹为观止。

一、东京的厕所

以东京为例，“东京都 23 区”622.99 平方千米范围内，各类公共厕所合计共 6900 余处，每平方千米超 11 处。数量上充足，分布上做到“广域”。

1. 标识清晰、便于找寻

为了便于使用者查找，东京公共厕所的位置都被明显地标注在地图和街区导向牌上。这些导向牌都设置在较为明显的位置，对厕位的所在位置、内部具体设置（蹲式、坐式、无障碍设施、母婴）及使用状态等都清晰地进行了标识，各种设备的图例采用“文字加图案”的方式，清晰而直观，无论是否通晓日语都能轻松找到合适的厕位。为方便残障人士使用公共厕所，部分厕所导向牌上还印刷了盲文。

2. 注重细节、厕纸配备

受制于寸土寸金的地价，东京的公共厕所往往面积较为狭窄。麻雀虽小，五脏俱全——厕纸、消毒剂、洗手液、烘手机、扶手、挂衣钩都是最基本的配备。为避免未及时更换厕纸给如厕人员带来不必要的麻烦，备用厕纸也不可或缺，即便遇到厕纸告罄的情况，也可通过呼叫铃联系管理人员送来厕纸。

3. 母婴厕位、方便适用

东京的公共厕所在母婴厕位的人性化细节上做得非常到位，为方便带婴儿的女士，在厕位旁留出放置婴儿车的空间。考虑到母婴一同如厕的实际需求，女厕内一般设有多功能“婴儿专座”，母亲既可以在隔板上为婴儿更换尿布或将婴儿暂放在隔板上，也可以在如厕时让稍长的儿童坐于婴儿座位内。有些厕所内部还备有儿童专用的小号坐便垫，帮助儿童学习使用公共厕所。

4. 专用厕所、人性关怀

目前，东京的大多数公厕都附设一间残障人士专用厕所，使他们同普通人一样，能够获得室外活动的平等权利。考虑到一大部分残障人士依靠轮椅出行，其使用的厕位面积都较大，日本更对公共厕所中供残障人士使用的厕位单间面积、入口尺寸、洗手台高度、镜面高度及倾斜度等提出了详细要求。

5. “音姬”装置、避免尴尬

“音姬”是一种可以模拟冲水声的电子装置，最初主要安置在女厕所中。因为不希望被别人听到声响，日本女性每次如厕平均要按下冲水阀 2～5 次。为避免水资源的巨大浪费，著名的 TOTO 卫浴公司针对这一习惯，于 1988 年 5 月发明了“音姬”——只要按下带有音乐符号的按钮，厕位内便会响起持续 30 秒左右的冲水声，使用者也就不会觉得尴尬了。目前，“音姬”几乎覆盖了东京全域的公共厕所。

6. 智能便器、引领未来

智能坐便器起源于美国，最初设计用于医疗和老年保健，仅具备温水洗净功能。后经 TOTO 卫浴公司反复研究与试验，于 20 世纪 80 年代推出了世界上最先进的温水洗净坐便器，集加热、温水洗净、暖风干燥、杀菌等多种功能于一身。经过近 30 年的发展，日本的智能坐便器技术已能代表世界级高度，在使用便捷度及舒适度上不断触摸着极限。

日本内阁办公室的调查显示，智能坐便器深入日本民众的生活，与欧美国家平均 35％的普及率相比较，72％的日本家庭安装了智能坐便器。

二、日本“厕所革命”的影响

为了进一步推动及延续“公厕革命”，1985 年非营利组织“日本厕所协会”在东京成立。协会成立伊始，提出了“创造厕所文化”的口号，并长期致力于厕所文化的创新、舒适的厕所环境创造、与厕所相关的社会课题研究的深化等。

协会每年举行一次“最佳厕所”评选以进一步深化组织管理的理念，由化学家、医生、环保专家、社会名人和用户代表等组成专家团，综合考评厕所文化及环境创新。由于名额有限，评选要求非常严格。

日本将每年的 11 月 10 日定为“日本厕所日”，在这一天举行多种多样宣传“厕所文化”的活动，几乎所有的公共厕所都被装扮一新，厂商也大张旗鼓地宣传相关产品。

日本厕所革命的成功，源于日本人的清洁习惯与科技的发展，用心做好每一件事，善于学习他人的先进技术，并完整地保留好。日本厕所产业的发展十分完备系统化，促进了日本厕所在全球的领先地位。

日本厕所的建设、管理、使用，符合时代发展的需要。体现在人性化、高度智能化上，就连一个小小的马桶盖都有加热、清洁等多种功能；日本的厕所与我们传统的厕所大不相同，它涵盖了泡澡、如厕、洗衣、洗脸四大功能，日本基本上家家户户都是这样的卫生间设计格局，而且日本的厕所还有轮椅升降机、扶手、紧急呼救按钮、儿童专用坐厕等多样化的种类。

第二节　欧美先进国家厕所

欧洲国家是地区世界时尚流行的发源地，重视环境建设与公共卫生的管理，因此在厕所的问题上略显保守但也很有特色。1775 年，英国钟表师亚历山大·卡明对抽水马桶进行改进，使之成为商品。自此以后，欧洲的洁具、卫生产品处于人们生活中的首选。

在欧洲，大部分人的想法都是，马桶只要能够满足基本需求就可以了，不需要像厨房那样花大钱追求舒适度。而且和日本相比，欧洲城市租住房屋的比例较高，很少有人会自费改造租住公寓里的厕所。

美国科技发达、经济实力雄厚，对厕所与家庭马桶等方面很重视，且设备十分先进，智能化程度高。美国的所有餐厅、超市、商场、酒店的厕所都是公厕，对所有人开放。美国公厕的普及程度出乎意料。在公共人员聚集之所，比如银行、市政、学校、邮局，都有公厕，而这些单位在美国无论规模多小，只要一开业，厕所必须是标配。在美国上厕所不会看眼色，随便走进一家店铺、餐厅或者超市，大大方方询问厕所在哪里就好，服务员也会热情引导，不会让人产生尴尬与不便。

第三节　以印度与尼日利亚为典型的发展中国家厕所

印度与尼日利亚，是世界发展中国家“厕所革命”难而又急需进行革命的典型国家。

曾经，印度有 6 亿人在室外解决如厕的问题，并且超过半数以上的家庭是根本没有厕所的。而室外上厕所会造成很多问题，例如污染环境、传播疾病等。

2014 年莫迪就任印度总理后强力推进“厕所革命”，开展“清洁印度”计划。通过一系列优惠政策，鼓励家庭自建厕所，划拨专门的资金补贴民众修建厕所的费用。其中，政府财政承担一半的费用，地方财政补助四分之一，剩下的少量费用由家庭自行承担。2015 年全印度共建厕所近 500 万座，2016 年建成 580 万座。2017—2018 年，印度的厕所建设达到高潮，一年内建成厕所数量近 3000 万个。向世人展示一个干净清洁、文明美丽的印度成为印度公改厕革的现阶段目标。对于印度而言，推进厕所革命，还有相当长的一段路要走。

曾经，尼日利亚约 4700 万人无处上厕所，基本卫生设施普及率仅为 33%，每年有

7万多名5岁以下儿童死于不安全的用水和糟糕的卫生条件。3200万尼日利亚人正在使用未经改善的厕所，没有清洁的水和适当的卫生设施。在尼日利亚774个地方政府中，只有吉加瓦、包奇、贝努埃和克罗斯河等13个地区杜绝了随地大小便的习惯。

在尼日利亚总统布哈里领导下，政府开展了“清洁尼日利亚・使用厕所”运动，从变革人们的观念入手，动员整个国家，让每个人都思考和谈论卫生问题。由尼日利亚水利部主导，支持各州和地方政府促进基层干预，结束露天排便。政府将在全国各地建立社区委员会，派出监察员；寻求公共和私营部门共同参与以解决厕所问题。目前，尼日利亚每年大约完成16万个厕所的改造，要想全民形成良好的卫生习惯与推进“厕所革命”之路还是很漫长与艰巨的。

第四节　厕所外交，意义深远

信息时代与全球一体化，我们同住一个地球村，人类应当共享“厕所革命”带来的成果。世界厕所组织的创始人沈锐华在新加坡开设了世界首家公厕学院，培养厕所管理人员，提升厕所清洁工的能力，使其具备修理水龙头、技术性清洁等各种能力，并计划开设厕所设计和建筑课程。具有“亚洲花园城市”美称的新加坡是世界花园城市，市政建设与环境规划十分合理且井然有序。尤其是公共领域的卫生，十分严格。新加坡政府向来非常重视公厕问题，早在20世纪90年代中期就倡导了声势浩大的公厕清洁运动，每年还举行公厕的星级评选活动。

在比尔・盖茨先生与“世界厕所先生”——沈锐华的倡导下，人类重视厕所安全与卫生的意识不断提升，在全球范围推行“厕所外交”。先进国家凭借自身技术优势在旅游景区、机场等地打造“最棒的厕所”，以吸引全球游客前往旅游，既促进了经济发展，又推广了“厕所文明”。为推动世界各地人们的“厕所革命”，要学习日本、欧美等国的厕所技术，从厕所的“建—管—用”到厕所技术创新、科技含量与智能化的提升、设计贴心合理。无论是公共厕所、私人住宅的厕所，还是第三空间等不同公共场合的厕所，都要进行不断的改进，以更好地满足人们的如厕需求，例如自动感应肢体动作、驱散异味、母婴室、化妆间、残障人士方便等附加功用的建设。

“魔鬼藏在细节中。”注重环保、节能、节水的厕所，是未来厕所的发展方向。拓展国际化视野，立足国内，走出国门，以“厕所”为媒介，以“厕所”为突破口，进行“厕所外交”；同时，也将我国“厕所革命”的经验分享出去，利用产品输出、技术输出、管理输出、文化输出，让世界人民共享厕所文明的成果。

建设篇

建好厕所，指为厕所创建一个良好的硬件基础。

创建一个健康舒适、符合人性化的如厕环境显得尤为重要。要建造一个健康舒适的乡村公厕，不仅要考虑人流、布局、规模等因素，还要考虑地域文化特色、设计元素，做到外观与环境融合、内部空间分配合理。在建设的理念上，应当遵循规划便民化、建设装配化、能源节约化、管理标准化、标识统一化、使用智能化、运营商业化、服务人性化的『八化原则』，保障乡村公厕良性可持续发展的需要。

第六章　我国乡村厕所的类型

为深入贯彻习近平总书记关于农村厕所革命的重要指示批示精神，全面落实党中央、国务院部署要求，按照《农村人居环境整治三年行动方案》《关于推进农村“厕所革命”专项行动的指导意见》《关于切实提高农村改厕工作质量的通知》要求，全国农村正在积极改善厕所卫生条件，以就地就近处置、源头控污减排为原则，促进农村厕所粪污无害化处理与资源化利用，切实改善农村人居环境，不断提升农民群众获得感、幸福感。

我国农村厕所无害化改造常用类型主要包括三格化粪池式、双瓮（双格）式、沼气池式、粪尿分集式、双坑（双池）交替式、完整上下水道水冲式等。“无害化”是农村厕所改造的基本要求。无害化卫生厕所建造的贮粪池具有不渗、不漏、密闭有盖的特点，从一定程度上可以达到厕内清洁、无蝇蛆、基本无臭的效果。因此，可以将无害化卫生厕所定义为：按规范进行应用管理，符合卫生厕所的基本要求，具有减少、去除、灭活粪便中生物性致病因子，使之失去传染性的处理设施的厕所。农村厕所改造经验表明，厕所粪污治理是推进农村厕所革命的关键，首先是解决粪污无害化处理问题，在此基础上积极推进资源化利用。

第一节　乡村改厕常用厕所类型

农业农村部办公厅、国家卫生健康委办公厅、生态环境部办公厅关于印发了《农村厕所粪污无害化处理与资源化利用指南》和《农村厕所粪污处理及资源化利用典型模式》的通知。其中推荐了 6 种无害化类型厕所：

（1）三格式化粪池厕所；

（2）双瓮（双格）式厕所；

（3）沼气池式厕所；

（4）粪尿分集式厕所；

（5）双坑（双池）交替式厕所；

（6）完整上下水道水冲式厕所。

三格式化粪池厕所有《农村三格式户厕建设技术规范》（GB/T 38836—2020），其余常见厕所类型如双瓮漏斗式厕所、三联通沼气池式厕所、粪尿分集式厕所、双坑交替式厕所在《农村户厕卫生规范》（GB 19379—2012）中有所规范建设标准。而在洁具、建筑材料、管道建设时应当参考《卫生瓷器》（GB/T 6952—2015）、《节水型卫生洁具》（GB/T 31436—2015）、《非陶瓷类卫生洁具》（JC/T 2116—2012）、《建筑给水排水设计标准》（GB 50015—2019）、《给水排水管道工程施工及验收规范》（GB 50268—2008）、《玻璃钢化粪池技术要求》（CJ/T 409—2012）、《塑料化粪池》（CJ/T 489—2016）等。

一、三格式化粪池厕所

1. 基本组成

三格式化粪池厕所主要由便池蹲位（或坐便器）、过粪管和化粪池组成（图 6-1）。

图 6-1　三格式化粪池厕所部分示意图

（1）便器：三格式化粪池的厕所便器一般采用陶瓷便器，便器下口通过排粪管与化粪池第一池连通，为了便器清洁，便器设置了冲水装置或设备，如节水型高压冲水器或水桶、水舀等。为控制臭气从贮粪池进入厕屋，便器由于冲水量小，不应设置水封装置。

（2）化粪池：化粪池由两根斜角 60°过粪管连通的三个粪池组成。根据三个池的主要功能可依次命名为截留沉淀发酵池、再次沉淀发酵池和贮粪池，一般采用长方形的粪池。为实现无害化处理，应确保厕所粪污贮留的有效时间：三格式化粪池第一池不少于 20 天，第二池不少于 10 天。根据农户宅基地实际地形和土地条件，也可采用可字形、品字形、丁字形等形式。

（3）过粪管：三格式化粪池的格与格之间由过粪管连通。过粪管用 PVC 塑料管为宜，也可用陶管等其他材料，不得使用再生材料，要求内壁必须光滑，有一定的强度，与隔墙连接部分必须固定。过粪管形状形式多样，有斜插管、倒U形管、倒L形管等，但以倒L形管为首选。新鲜粪便进入粪池后，多集中在上层形成粪皮，然后逐渐疏松崩解，比重较大的下沉形成粪渣，粪皮与粪渣之间为稀粪液。寄生虫卵一般都集中在粪皮和粪渣中，因此，过粪管位置要放在寄生虫卵较少的中层粪液。过粪管位置应斜插安装在两堵隔墙上。

2. 适用地区

三格式化粪池厕所由厕房、便器和三格式化粪池等几部分组成，其核心部分是三格式化粪池。三格式化粪池式厕所粪便无害化处理效果好，厕室基本无臭味。三格式化粪池厕所是我国应用最广泛的厕所模式，不同地域适应性强，既适合我国南方地区，也适用于北方地区。在极端缺水的干旱地区、冰冻期较长的高寒地区，由于用水与防冻方面的困难，推广应用受到限制。

3. 技术特点

优点：应用广泛、结构简单、易施工、流程合理、价格适宜且粪便无害化处理效果好。第一格搜集粪便，与外界空气完全隔离，可降低蚊蝇孳生率；第二格发酵杀死微生物和寄生虫，可有效保证农村饮用水安全，控制肠道疾病的发生率；第三格储粪，在减少废弃水和粪便对环境的污染的同时还可使处理后的粪便成为优质肥料，一举多得。

缺点：

（1）不能应用于大量冲水的坐便器，水压不足的自来水不能直接应用；

（2）人口多、用水量大时要增加化粪池容积；

（3）寒冷地区冬季容易冻结，包括冲水装置和过粪管，管理和使用困难；

（4）不使用粪肥的地区慎用，直接排放会污染周边环境。

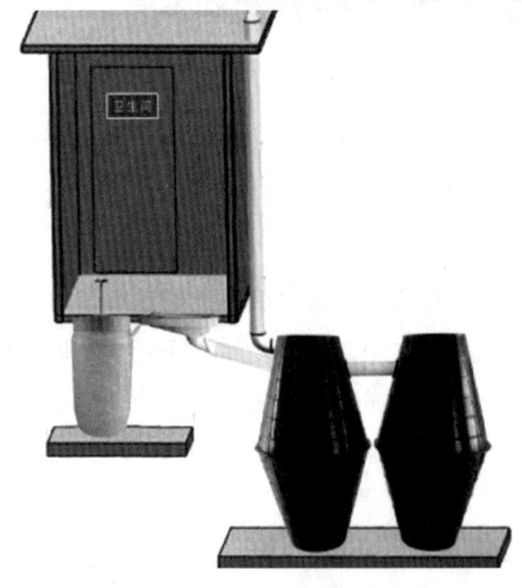

图 6-2　双瓮（双格）式厕所

二、双瓮（双格）式厕所

1. 基本组成

双瓮（双格）式厕所主要由漏斗形便器、前后两个瓮型贮粪池、过粪管、盖板和厕室组成（图 6-2）。

（1）便器：双瓮（双格）式厕所使用的便器应比普通水冲式便器要深，坡度要大，便于落粪，要专门定制。便器置于前瓮上部或便器增加防臭装置，增加了粪池的密闭性，使前瓮内呈黑暗状态，可阻断蝇类繁殖，因而具有防蝇、防蛆和部分防臭的功能，也能使前瓮的粪液尽可能多地处在厌氧发酵状态。

便器首选白色的陶瓷制品，也可选用质量好的工程塑料材料制造的便器；选择的产品与材料应坚固耐用，有利于卫生清洁与环境保护。制造材料必须是正规生产厂家的合格产品。

(2) 前后瓮粪池：呈瓮形，中部大口小，一前一后，前瓮略小些，后瓮大些，有利于粪便发酵。前瓮用作接纳和储存粪便，并在此有效停留 30 天以上。粪便在前瓮充分厌氧发酵、沉淀分层，粪便内寄生虫卵和病源微生物逐渐被杀灭，达到基本无害化要求。后瓮粪池主要是用于储存粪液。经前瓮消化发酵、腐熟的粪便液体，由连通管流入后瓮，内含大量氨，是优质肥料。后瓮的粪液已经无害化。后瓮粪池口应有一个水泥盖板，平时盖严，取粪时打开。在寒冷地区，为防冻，可把前后瓮粪池上部脖颈加长，以做到瓮体深埋，可以达到防冻效果。

(3) 过（进）粪管：可采用塑料（PVC、PE 等）管件，应坚固耐用，有利于卫生清洁与环境保护，且必须是正规生产厂家的合格产品，要求内壁光滑，过粪管内径为 120mm，进粪管内径为 90mm，长度可根据实际需要而定。

(4) 封盖：前瓮应安装水封便器或带防臭装置的便器，如非水封便器口应有大小及形状相一致的带柄木盖，其他材料也可以但质量要轻巧；后瓮粪池上的出粪口应高出地面，并有完整的水泥盖板，平时盖严，出粪时打开。以上两盖均有利于防蝇、防蛆、防臭，后瓮加盖还有防止雨水倒流和安全的作用（图 6-3）。

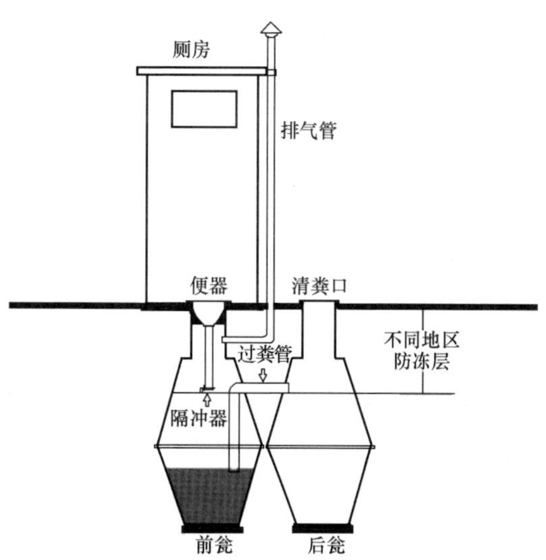

图 6-3　双瓮（双格）式化粪池结构

2. 适用地区

双瓮（双格）式厕所在我国广泛应用，该厕所几乎遍布我国各地的农村，由于使用广泛，各地均在原有的基础上有些变化。

3. 技术特点

双瓮（双格）式化粪池无害化厕所是以高、低压废旧塑料加入一定的偶联剂、防老化剂制作而成的。其具有工艺流程简单、强度高、密度好、无渗透、耐酸碱、防腐蚀、易拆装、便运输、安装快、寿命长等优点。产品封闭性能好，不渗不漏，使用后少许水冲，无臭味，灭蛆效果好，可使苍蝇密度降低 6.1%，肠道传染病减少 76.1%，使用该厕所发酵后的肥料能达到灭虫杀菌，粪便无害化的标准，含氮量 96.7%，增加土壤肥力，防止土壤板结且两瓮都有封盖，使用安全方便。

三、沼气池式厕所

沼气发酵池厕所简称沼气式厕所，适用于我国南部农村地区，在北方寒冷地区只要处理好冬季防冻问题（例如沼气池建在暖棚内），沼气池式厕所应用效果也比较好（图 6-4）。

图 6-4　沼气发酵池（在建）

1. 技术特点

（1）可以减少和控制对环境造成污染的粪便排放，过程中对粪便进行了无害化处理，切断了粪便传播肠道传染病和寄生虫病的途径。

（2）为农户提供沼气这种新能源，提供优质的农家肥。

因此，建设沼气池式卫生厕所是一项集能源、卫生、肥料于一体的综合建设，一举多得，效益显著。

2. 使用方法

从封池第二天起就可以接通和使用便池，将人畜粪便以及部分生活污水引入池内。为增加沼气产量和积肥量，可将青秸秆、蔬菜叶茎、杂草水生植物铡碎后逐步加入池内。当投入料达到一定程度以后，沼液就会流入水压间（出料池）。进入出料池或储粪池的沼液为基本无害化粪液，看似稀薄水溶液，但内含大量肥效成分，可作肥料或牲畜的饲料添加剂，也可浸种、入塘养鱼等。

3. 使用要求

（1）可以根据需要随时舀取出料池或储粪池内沼液，但绝不能随便揭开发酵池顶盖直接取粪用肥。

（2）经一段时间后，需要出料进行清渣，保留活性污泥，重新投料，以防止渣越积越多，影响发酵池的有效容积和产气效果。一般按需要可一年左右清渣一次。

（3）清渣时先将发酵池顶盖打开，人员不能立即进入池内。将鸡鸭等家禽投入池内作测试，如对其没有影响，说明沼气已排空，方可入池液抽净，然后清出池渣，但需要留 20%以上料液作菌种。

（4）清渣后立即封池，将原料投入后重新启用，也无须再接种菌种。

四、粪尿分集式厕所

1. 基本组成

粪尿分集式厕所采用源分离技术，从源头对粪与便进行分别收集、分别处理、分别利用。该厕所由储粪池、储尿池、蹲板、厕屋及其他附件组成（图 6-5）。

（1）储粪池：粪尿分集式厕所的储粪池，只接受粪和草木灰等各种干燥、灰状的覆盖料，粪便在储粪池内脱水后成为优良的土壤改良剂。储粪池内要保持干燥，确保雨水、尿等不进入储粪池。同时，应设置与外界相通的排气管，可以设置接收阳光热能的涂黑晒板加速粪的干燥。

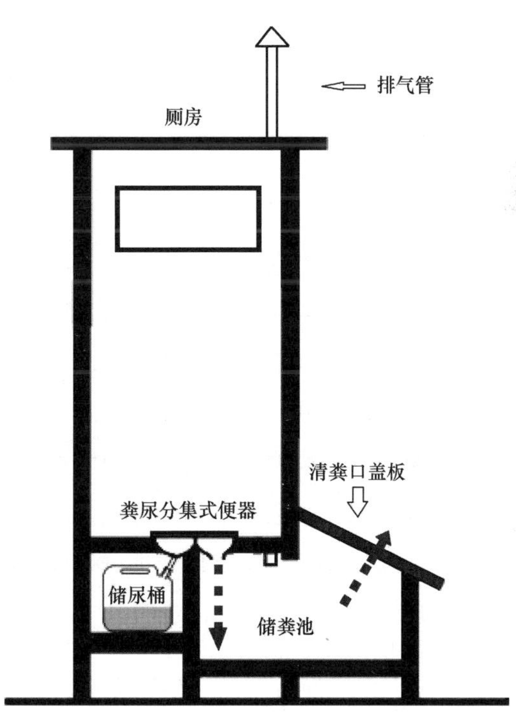

图 6-5　粪尿分集式厕所

（2）储尿池：可以砌一个储尿池或就地取材使用塑料桶或陶瓷缸。储尿池的容积大小在北方地区需满足越冬要求，储尿池埋深需超过冻土层以防止尿液在冬季无法使用；在南方地区，储尿池需注意低温、避光、密封，储尿池或尿收集器要放置在日光不能直射的地方，尽量减少高温的影响。

（3）蹲板：蹲板既是储粪池盖板又是厕室墙壁的基础，其结实程度对农厕应用的安全性具有重要作用。蹲板与储粪池的池体要相互吻合，增加严密性与稳定性。

2. 适用地区

我国南方、北方地区多省市有应用。粪尿分集式生态卫生旱厕，适宜在干旱缺水、日照较充足的地区使用。可用水冲的粪尿分集式生态卫生厕所，与三格式化粪池式、三联通沼气池式、双瓮漏斗式厕所的应用范围相同。

在不同地区设计粪尿分集式生态卫生厕所时，便器、储粪池、储尿池结构应依据当地的实际，因地制宜进行相应改进。

3. 技术特点

粪尿分集式厕所是一种防蝇、无臭、可使粪便无害化，不污染外环境，节水，可回收尿肥、粪肥，适用范围广泛的生态卫生厕所（图 6-6）。其具有如下特点：

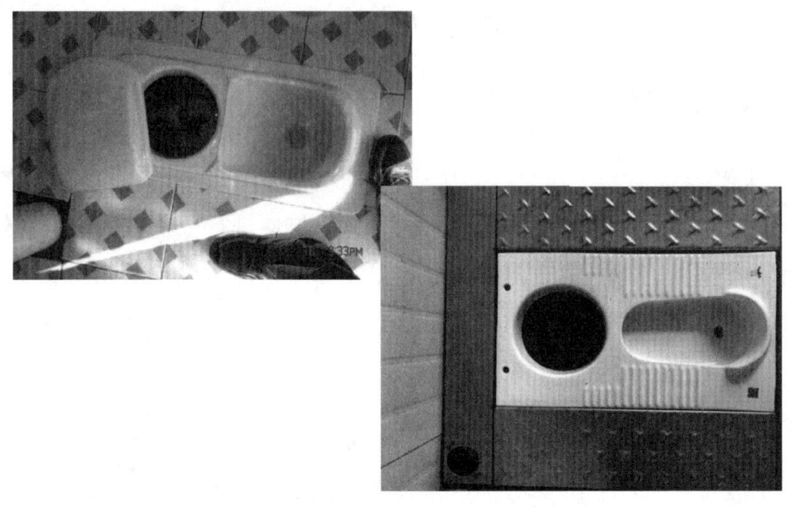

图 6-6　屎尿分集便器

（1）减量化：只处理必须处理的粪便。

（2）无害化：基本无污染环境与危害人体健康自然能源与粪肥的循环应用，减少化肥的应用量，同时厕所采用粪便干燥脱水的办法可从源头杀灭病原体。

（3）节约水资源少：用或几乎不用水，这点对缺水地区尤为可贵。

（4）回收肥料：把数量较多且不含病原体的尿直接利用，把数量较少、含病原体较多的粪便单独收集进行无害化处理，处理后的粪便作为优质农家肥用于农作物，实现生态上的循环。

五、双坑（双池）交替式厕所

1. 基本组成

双坑（双池）交替式厕所，是由两个结构相同又互相独立的厕坑组成（图 6-7）。先使用其中的一个，当该厕坑粪便基本装满后用土覆盖将其封死，再启用另一个厕坑；第二个厕坑粪便基本装满时，将第一个坑内的粪便全部清除重新启用；同时封闭第二个厕坑，这样交替使用。经过半年以上的堆沤，待第一池内粪便充分分解沤熟后，全部清出，再重新投入使用；同时密封第二池，实现两个储粪池交替循环使用。

2. 适用地区

无须水冲，主要适用于我国干燥、缺水及寒冷地区，如干旱缺水的黄土高原地区，在东北地区也有应用。

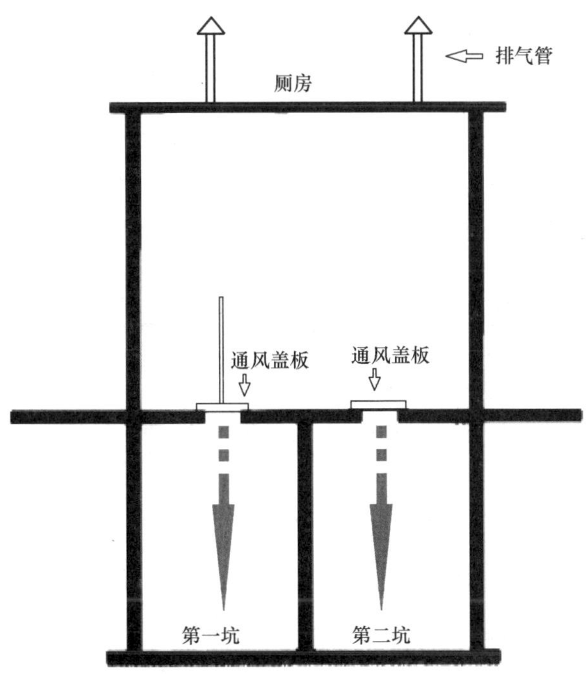

图 6-7　双坑交替式厕所示意图

3. 技术特点

双坑（双池）交替式厕所是在西北地区农村原应用模式的基础上改造而成的，西北农民便后在厕坑内加入略经干燥的黄土，密封贮存，粪便中的有机质缓慢降解，长时间储存后用于农田施肥，在储存时需要强调密封，在便后要及时加土覆盖，解决了一般防臭、防蚊蝇等卫生问题，也使粪便中的致病微生物有较大幅度的数量降低。

优点：

（1）技术要求不高，两个旱厕坑；

（2）管理方便，基本不改变原有用厕习惯，便后黄土覆盖；

（3）不用水冲，适用于缺水、干旱地区。

缺点：

（1）传统旱厕，需要黄土料覆盖；

（2）厕内卫生较难保持；

（3）管理不好容易出现粪便暴露、臭味；

（4）不能完全隔绝蚊蝇。

六、完整下水道水冲式厕所

1. 基本组成

传统意义上的完整下水道水冲厕所是指在靠近城镇污水处理厂的范围内，直接将旱厕改造为水冲厕所，即将污水直接接入污水管网，统一运送至污水厂进行处理。完整下水道水冲厕所冲水式马桶是综合应用了连通器原理、虹吸现象和空吸作用的产物。

在厕屋建造方面，卫生厕所对厕屋的一般要求为墙顶门窗结实坚面，厕屋高度、内部布局及通风、采光、照明要适宜人们如厕的需要。北方寒冷地区厕屋需考虑寒冷冬季的保暖问题。公厕要考虑蹲位及小便池合理设置以及通风换气问题。

在便器及冲水装置方面，卫生厕所选择的便器要方便清理，应尽可能采用表面光滑、结实耐用的厕具。在没有市政下水设施的农村，应选择节水型便器冲水装置。北方地区还需考虑冲水装置冬季防冻问题。

在储粪池建造方面，卫生厕所储粪池应不渗不漏，抗菌耐用。储粪池的容积设计应满足实际需要。

2. 技术特点

卫生清洁但用水量大，旱厕问题转变成水厕问题，不仅将污染扩大、浪费水源，更造成大量能源物质无法回收。因此，其不适合缺水地区，需要下水系统和污水处理设施。以河北省邯郸市某村庄厕所改造为例，可基于源分离的理念，结合负压排水技术分别收集高浓度黑水（粪尿污水）和低负荷灰水（杂排水），前者用于沼气罐厌氧发酵产沼气供能，后者则通过人工湿地处理达标后用于绿化、灌溉或涵养地下水，实现资源化利用。

第二节　乡村改厕新型厕所类型

随着化学工业的发展，在大规模施用化肥后，土地与人类、乡村与城市之间的天然连接断裂，城市居民的粪便成了城市的巨大负担，不得不建设越来越庞大的污水处理厂，斥巨资将原本宝贵的有机质从相对洁净的杂排水中分离出去。城市人口越来越密集，污水处理的成本不堪重负，农村土壤日渐贫瘠，这都是我们要面对与思考的问题。

传统型旱厕，又脏又臭，但是它保留了粪便的全部利用价值，曾在农业肥料中占有重要地位，随着居民生活水平的提高，正逐步退出居民的生活范围。水冲式厕所，干净卫生，但是它的弊病也是显而易见的，首先是被水冲释的粪便失去了大部分的营养成分；其次是冲洗粪便需要大量的水资源，还要配套的排污管网和自来水管网同时跟进；最后是进入污水处理站的粪水混合物，经过固液分离，因为富含各种杂质，失去了再利用的价值。还有由于饮食原因，一部分人的粪便特别黏稠，用水冲洗很难冲净，这也是中国厕所如果无人每天多次清洗维护就会又脏又臭的原因。因此，新型生态厕所的改进至关重要。

生态厕所可将粪尿分别收集，尿定期收集使用，粪加草木灰使之干燥达到无害化处理，可作肥料施用。这种厕所结构简单，原理科学，又可综合利用，是农村改厕的好模式。此外，这种生态卫生厕所能够对粪便进行无害化处理，特别是可以防止蝇蛆的孳生，以及其他病菌的孳生。以前的厕所很容易生虫，隔一段时间不挑粪，虫子爬得到处都是，让人看得也恶心。而这种新型厕所有效地促进了农村的除害防病工作，改变了农村村容村貌。“自然界没有废物。一种生物废弃的东西是另一种生物的食物。”粪便堆肥后，所含营养物质比较丰富，且肥效长而稳定，同时有利于促进土壤固粒结构的形成，能增加土壤保水、保温、透气、保肥的能力，而且与化肥混合使用又可弥补化肥所含养分单一，长期单一使用化肥会使土壤板结，导致保水、保肥性能减退等的缺陷。尿液更是好东西。尿液中含有氮、磷、钾，都是植物生长必需的元素。尿水含有肥料价值非常高。尿肥容易被作物吸收并且吸收效果显著（三个月以内吸收，全部尿成分吸收，有效化率 100%），是完全肥料。发酵、稀释后的尿液可以直接用于作物的浇灌。

目前粪便的利用率最高的生态厕所是利用微生物菌种分解粪便，它利用其生长繁殖活动对粪便中可利用的大分子有机化合物进行生物降解并转化为菌体生物量，竞争性的抑制并杀死粪便中的病原性微生物，吸附、降解、转化粪便中产生的臭味物质，实现了粪便的无害化、资源化处理。其能达到零排放的功能，对环境完全不造成任何污染。

生态堆肥厕所即生态厕所（Bio-toilet）是环保厕所中的一类，是指具有不对环境造成污染，并且能充分利用各种资源，强调污染物自净和资源循环利用概念和功能的一类厕所。

好的生态厕所设计，能解决生活、生态问题。通常的生态厕所有：新能源生态厕所、免水冲洗厕所、循环水冲洗厕所、干封粪尿分集式厕所以及乡村微生物可降解厕所。

一、新能源生态厕所

新能源生态厕所是一种生态型厕所，主要依靠太阳能等自然能源，可以建成固定式的结构，另外由于其配套处理设施小巧，对外界的依赖除电力外几乎没有，因此具有可移动的特点，是移动型和临时性厕所的首选。生态型厕所在使用功能上与传统厕所相同，增加的净化单元不仅可以与新型厕所组成一个有机整体，而且可以用在现有厕所的改造和更新上，净化处理单元与现有厕所可以很方便地结合起来，实现现有厕所的升级换代。

新能源生态厕所对建筑外墙进行保温，并把向阳面做成集热墙。集热墙上下部分别设可调式通风口，利用物理原理使吸热体内的热空气与室内的冷空气之间形成自动循环，达到冬季提高公厕内室温，防止厕内水管冻裂的目的。新能源环保公厕内排风、冲水、加热等系统都是自动开启和关闭，高压冲水系统更加节水，粪便箱里的泡沫专利技术能够隔离臭气。普通公厕无采暖设备，冬季室温降到零度以下，不仅给上厕的人带来困难，也使厕内管道设备经常冻坏，维修量增大。

二、干封粪尿分集式厕所

干封粪尿分集式厕所如图 6-8 所示。

图 6-8　干封粪尿分集式厕所

这种厕所的设计思想先进，其主要优点有：

（1）无害化。

粪与尿的处理不同。尿必须静置才可使用，而粪便需经脱水干燥、杀灭病菌虫卵，达到无害、不污染外环境，预防传染病的蔓延。粪尿分离，易于无害化处理。

（2）卫生。

厕坑干燥、无臭、无蝇蛆，使农村旱厕建在室内成为现实。

（3）节省。

在水资源日益缺乏的现在，冲水式厕所将粪污进行稀释转移，增加了处理负担；粪尿分集免冲节水，减少排污，节省了相关储运和处理设备花费。

（4）方便。

粪便每半年到一年清掏一次，干燥无臭，不给人厌恶感，不造成运输污染；管理方便，使用安全。

（5）生态。

粪便转化成腐殖质施肥改良土壤，尿肥定期稀释利用，粪与尿进入自然界的再循环，利于生态农业建设。

（6）可塑性强。

依用户经济状况可建成低（因陋就简）、中、高不同档次的厕所，可建造在室外、室内，也可建造在楼下、楼上，适用范围广泛。

（7）经济性。

设计施工简单，可塑性强，造价适度并可调节。

（8）抗冻。

粪尿分集厕所不用水，粪便干燥过程中水分降低，抗冻能力增强，为北方寒冷地区和高纬度、高海拔地区农村厕所建设提供思路。

现在这种新型干封式粪尿分集生态厕所，真的可谓是农村庄稼人的福音，种菜、种庄稼拥有更多的肥料。有了这些肥料，庄稼人也可以少花钱去市面上买各种杂七杂八的肥料，可谓省了一大笔开销。

三、免水冲室内生态厕所

由于全部是通过固液分离技术和微生物发酵技术，将粪便和尿液处理成有机肥，无须连接给排水，实现真正意义上的零排放、无污染。此外，农村免冲室内生态厕所不仅使用便利、维护方便，还集成了感应和保温等先进技术，实现低温环境中正常运行，彻底解决了过去农村改厕考虑高寒、水源、管网走向和污水处理等系列问题。

免水生物处理制肥型的生态厕所安装了一个核心生化反应器，反应器中有可定期补充的生物填料。滑入反应器的粪便通过微生物的作用而降解，反应过程产生的高温可以消灭各种病原菌。粪便发酵完成后变成主要成分是腐殖质的有机肥。这种肥料可以直装出售，也可以用于就地的绿化工程（图 6-9）。

四、乡村循环水冲洗厕所

循环水冲洗生态厕所，其结构是高位水箱通过水管依次与坐便器、搅拌粉碎装置、固液分离装置、厌氧反应装置、兼氧反应装置、好氧反应装置和臭氧消毒装置连接，臭氧消毒装置再通过水泵与高位水箱连接。

这种冲水厕所突破了厕所对水的依赖性以及其他类型的生态厕所污染物需异地无害化处理的局限性；克服了目前应用较广泛的生态无水收集型厕所的运输、收集、包装材料的二次污染的潜在缺陷；提高了粪便的原位处理效率和无害化处理程度；拓展了生态

图 6-9　免水生物处理制肥

厕所的理念和应用领域；充分利用了排泄物中丰富的微生物资源，强化其功能消化效果；提高了人性化设计程度，更新了生态卫生厕所的新观念。

五、乡村微生物降解厕所

当前，在我国推进“农村厕所革命”的时候，我们发现现有的马桶不仅费水费电，而且不易于地区环境卫生的改善。除此之外，现有水冲马桶后的粪便不能满足农村对于粪便处理的需求，使用冲水马桶后的粪便不能直接使用，需要很多烦琐的工序才可使用，如此一来，既浪费了宝贵的自然资源，又污染了生态环境，且增加了人体粪便处理成本，不利于经济长期发展。农村对于粪便的传统处理办法是直接存储，然后收集运输至田间作为肥料使用，或者直接流入排水道排出，但粪便的效果远不止这些，人们可以通过粪便发酵来获取更高价值的肥料。

1. 乡村免水冲厕所厕具——微生物降解马桶

生物降解马桶包括箱体、搅拌装置和用于驱动搅拌装置搅拌的驱动装置，所述搅拌装置设置于箱体内，驱动装置设置于箱体外侧壁上，且与搅拌装置相连。将粪便降解微生物菌种倾倒入粪便池中，通过驱动装置驱动搅拌装置旋转，搅拌头S形或螺旋状结构实现对箱体内的粪便充分搅拌，使其在3～5小时内发酵完成，且发酵均匀；通过锥齿轮组的不同位置设置及其组合，满足手柄对于不同位置的需求，使排泄物快速分解，达到堆肥效果。

微生物降解马桶是无水自降解坐便器，适用于不同的场合，粪便可降解马桶适用性强，可广泛用在城区胡同小巷、城乡接合部、施工工地、旅游景区、乡镇中小学、居委会、村民广场以及每个家庭等多种场所，可以说是农村环境护理能手，无水分解、无味环保，是当下“乡村厕所革命”的必备神器。

2. 装配式生物环保乡村公厕

装配式生物环保乡村公厕是适用于广大农村地区的一种新型生态环保公厕，它是微生物分解处理公厕粪污污染物与钢结构装配式建筑的完美结合的产物（图 6-10、图 6-11）。

图 6-10　青岛世园中生态洁环保公厕

图 6-11　山东日照某乡村使用生态洁环保公厕

其特点是：(1) 采用生物强化处理技术，安全环保，免除污染；(2) 无须铺设排污管网，根据地形安放，建设费用较低；(3) 出水达标排放，也可用于灌溉和绿化，节省水源；(4) 外观设计具有景观效应，可提升乡村、旅游景区的品位；(5) 使用寿命长，故障率低，无须专业人士维护。

装配式生物环保乡村公厕的技术原理：在倒置 A^2/O 和接触氧化法相结合处理工艺的基础上，通过在降解反应器内添加一定优化配置的生物强化菌剂，对粪污进行高效降解，实现对污水的净化并循环利用的高科技产品。其工艺流程是：粪污、污水首先进入格栅池，去除颗粒杂物，然后进入调节池进行水量调节；再提升至缺氧池进行酸化水解和硝化反硝化，降低有机物浓度，实现脱氮除磷；再进入厌氧池，进行厌氧反应，进一步降低污水中有机物浓度，然后进入好氧池进行好氧生化反应，在此绝大部分有机污染物通过生物氧化、吸附得以降解，并通过硝化反应将氨氮转化为硝态氮；最后出水经 MBR 膜过滤后至清水池回用于灌溉或绿化。好氧池中的少量污泥通过回流进入缺氧池，进一步促进反硝化脱氮效果。

第三节　乡村改厕其他厕所类型

一、堆肥式厕所

1. 基本组成

堆肥式厕所通常由塑料、陶瓷或玻璃纤维制成，其核心为便池和堆肥箱。该原理在于将排泄物统一收集至堆肥箱与基质充分混合，由好氧微生物降解为 CO_2、H_2O 及有机粪肥。其结构如图 6-12 所示。堆肥厕所按分类标准的不同可分为自给式或集中式，单室堆肥或者多室堆肥，无水冲式或气水冲式，耗电式或不耗电式，粪尿分离式或混合式等多种类型。

图 6-12　堆肥式厕所

2. 技术特点

堆肥式厕所具有很多显著的优点：一方面，该类厕所需要很少或几乎不用水，将厕所与供水和污水处理设施完全分开，显著减少水和废水的量；另一方面，能够有效促进营养循环及运输。

然而，该类厕所在推广应用过程中面临很多困难，主要有以下几方面：

（1）堆肥技术本身有待提高，其技术稳定性及末端产品安全性能有待提高。例如，锯末作为当前普遍使用的一种基质，会滞留排泄物中的某些病原菌造成使用者被感染，另外，粪便在好氧堆肥过程中存在 NH_3 释放，有文献报道，因 NH_3 挥发造成的氮元素损失最高至 90%以上。

（2）关于堆肥技术的经验及相关文献资料贫乏，相关指导原则及技术规范不足。

（3）公众对堆肥技术缺乏足够了解，由于堆肥技术带来的气味问题及其维护和管理等问题对该技术产生抵触情绪。堆肥箱中填充剂的使用是影响堆肥效果的关键技术。加入合适的填充剂，例如锯末、树叶和食物垃圾等可有效调节碳氮比及堆肥孔隙率。

二、双池式厕所

双池式厕所是在双坑式厕所的基础上改进型的厕所，由两个水冲式便器，两个池交替使用，也可定期加水形成厌氧环境。

其原理是：根据密封厌氧条件下使粪便发酵产生氨气，在氨化和拮抗作用下，将粪便中的虫卵、细菌杀灭，并通过控制粪尿混合液的有效停留时间及沉卵，使粪便达到无害化标准。

双池交替式无害化厕所是一种将粪液收集和无害化处理结合在一起的卫生厕所，粪便通过化粪池内密闭储存，厌氧发酵，沉淀分层，其中的细菌、病毒、寄生虫卵被杀死，达到无害化标准。

三、生物菌旱厕

生物菌旱厕通过加 EM 菌加速消化粪便，不用加土，储存时间长（图 6-13）。

图 6-13 生物菌旱厕

HG 生物菌旱厕，利用 HG 酵母共生菌酶解粪尿，添加菌剂，消化粪便、消除粪便臭味。运用新技术、新厕所产品，仍需试点示范和验证。

四、三联通沼气池式厕所

1. 基本组成

三联通沼气池式厕所以厕所、猪圈（畜禽舍）、水压式沼气池为基本结构（图 6-14）。其地下部分由便器、进粪（料）口、进粪管、沼气池（由发酵间和储气室组成）、出料管、水压间（出料间）、储粪池、活动盖、导气管等部分组成。地上厕室和猪圈不再赘述。为方便沼气的应用，还应有配套的灯具、灶具。沼气池主要有三种池形，即圆筒形、球形和椭球形。

2. 适用地区

三联通沼气池式厕所适用于我国南部农村地区，尤其适用于养猪农户应用，与三格化粪池厕所的应用范围同样广泛。在北方寒冷地区只要处理好冬季防冻问题（例如沼气池建在暖棚内），沼气池厕所应用效果也比较好。

3. 技术特点

三联通沼气池厕所的优点是在粪便无害化的同时又能产生沼气，为农户提供卫生清洁的能源。从卫生角度来看，此种池型结构的特点主要是采用中层出料，由于出料在发酵间壁的中下三分之一处，发酵液残渣全部拦阻于池中。在实际应用中，在血吸虫流行地区与肠道传染病高发地区农村，不宜采用随意抽取沼液的设计，防止无害化效果打折。

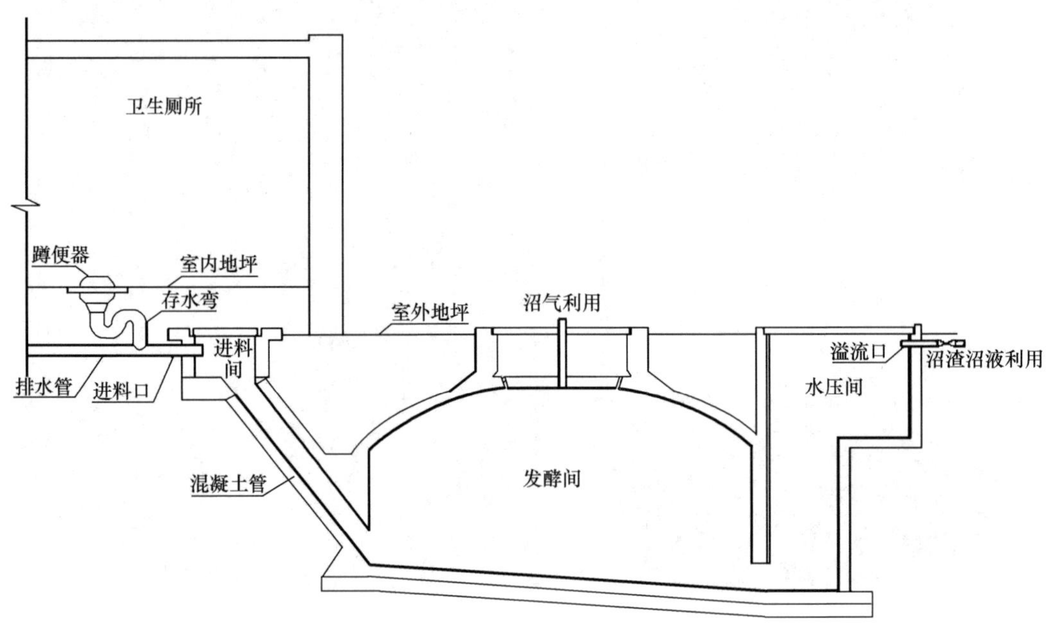

图 6-14　三联通沼气式厕所示意图

几类常见的乡村厕所优缺点对比见表 6-1。

表 6-1　几类常见的乡村厕所优缺点对比表

厕所类型	优点	技术适应性或缺点	存在问题
三格式化粪池厕所	应用广泛，具有结构简单、易施工、流程合理、价格适宜、粪便无害化处理效果好的特点	(1) 不能应用于大量冲水的坐便器，水压不足的自来水不能直接应用； (2) 人口多、用水量大时要增加化粪池容积； (3) 寒冷地区冬季容易冻结，包括冲水装置和过粪管，管理和使用困难； (4) 不使用粪肥的地区慎用，直接排放会污染周边环境	建设中的问题： (1) 化粪池深度和容积不足； (2) 过粪管直径和安装角度不符合要求； (3) 使用粪便暴露的开放式便器或冲水多的非节水便器。 使用中的问题： (1) 冲水量过大或过小，不及时冲水； (2) 洗澡洗涤用水排入第一格； (3) 化粪池破损不及时修复； (4) 不使用粪肥，三格池后直接排放或用清粪车一次将三个池粪便全部清理

续表

厕所类型	优点	技术适应性或缺点	存在问题
双瓮漏斗式厕所	适用于土层厚的温带地区，中原地带较多见；在干旱少雨的西北、西南地区也可使用，其结构简单，易于企业规模化生产	与三格式化粪池类似	建设中的问题： （1）使用非节水便器； （2）排臭管没有安装，或排臭管直径、高度不符合要求，影响排风效果； （3）过粪管安装不严密，造成渗漏； （4）寒冷地区塑料瓮体脆性增大，易损坏。 使用中的问题： （1）冲水量过大或过小，不及时冲水； （2）洗澡洗涤用水排入第一瓮； （3）不使用粪肥，二瓮后直接排放，或用清粪车一次将两个瓮粪便全部清理
三联通沼气池式厕所	（1）粪便无害化效果好，肥效好； （2）沼液可以直接喷施果实，有杀虫和提高产品质量的功效； （3）沼气可以做饭和照明，节省燃料； （4）经济效益比较明显	缺点： （1）建造技术复杂，需要专业技术人员； （2）占地面积相对较多，一次性投入较大； （3）需要饲养家禽或牲畜（3～5头猪粪尿可满足一家用气要求）； （4）用水较多，需要取水较方便的地区； （5）天气冷时产气量小，需加保温措施； （6）出现故障一般需要专业人员维修	建造中的问题： （1）沼气池建设不与厕所连接，或与粪便暴露的厕所连接； （2）在血吸虫流行地区选择不符合要求的类型； （3）沼气池距家远，影响正常使用和管理。 使用中的问题： （1）没有饲养牲畜或条件，产气量不足，使用效率低； （2）出现故障不懂如何维修（池、灶等），放弃使用； （3）沼渣直接施肥或做饲料，不符合无害化要求； （4）寒冷地区保温措施不够，冬季不使用
粪尿分集式厕所	生态旱厕，造价低廉，基本不用水冲，干燥的粪便体积小、无臭味、无害化，可做粪肥； 可在缺水、干旱、寒冷地区使用	（1）当地有充足的草木灰，便后需要加灰覆盖； （2）家庭人口较少，不适用公厕； （3）有使用固态粪肥的习惯； （4）气候干燥、空气湿度小的地区更适合； （5）需要勤于清洁维护	建设中的问题： （1）储粪池密封不好，容易雨水进入； （2）晒板接收不到阳光，加热效果差； （3）粪尿分集式便器材质不合格，容易损坏； （4）厕屋台阶太高或陡，老人和儿童不方便。 使用中的问题： （1）便后不加灰或不及时加灰； （2）小便尿到大便池； （3）寒冷地区冬季，排尿管容易冻结； （4）排尿管脱落后不维修，粪尿混合

续表

厕所类型	优点	技术适应性或缺点	存在问题
双坑交替式厕所	（1）技术要求不高，两个旱厕坑； （2）管理方便，基本不改变原有用厕习惯，便后黄土覆盖； （3）不用水冲，适用于缺水、干旱地区	缺点： （1）传统旱厕，需要黄土料覆盖； （2）厕内卫生较难保持； （3）管理不好容易出现粪便暴露、臭味； （4）不能完全隔绝蚊蝇	使用中问题： （1）两个坑同时使用，不加盖； （2）便后不加黄土覆盖，臭味较重； （3）清理粪便较困难
完整下水道水冲式	卫生清洁	用水量大，不适合缺水地区，需要下水系统和污水处理设施	

第四节　乡村生态户厕改造案例

目前我国大部分农村地区、山岭地带、国道省道等没有地下污水管网，在西北地区、内蒙古、东北的乡村水资源紧缺，另外农村的老龄化程度非常高，因上厕所造成跌倒、蹲站困难等健康风险非常多，在本次的农村厕所革命中出现了不少人性化产品，其中蹲坐一体式生态旱厕真正把提高百姓生活质量体现在如厕过程之中。该系统已在新疆伊犁、陕西榆林、山西大同、四川德阳、内蒙古赤峰、内蒙古鄂尔多斯等地广泛使用。生态农厕建立后蝇虫问题基本杜绝，臭味基本消除，为村民提供了更加舒适且卫生的如厕环境。

一、系统原理及说明

该设计以人为本、生态优先，既保留了传统蹲便习惯，又满足了长者坐便需求；对粪尿进行减量化，2～3年清掏一次，农户自己即可清掏，节省农户的开销；粪尿资源化处理，可直接还田；泡沫坐便圈，解决了北方冬季如厕“冰屁股”的痛点，用户体验非常好。

本产品系统已获得2019年中国设计智造大奖佳作奖以及2020年日本Good Design Award优良设计大奖优秀设计奖（图6-15）。

二、系统优势

系统优势及数据说明见表6-2。

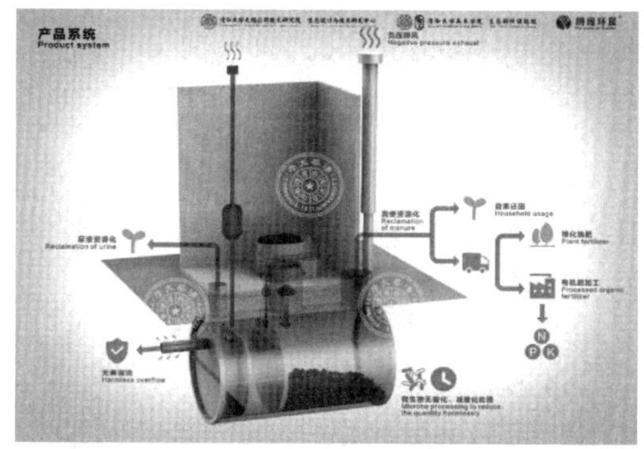

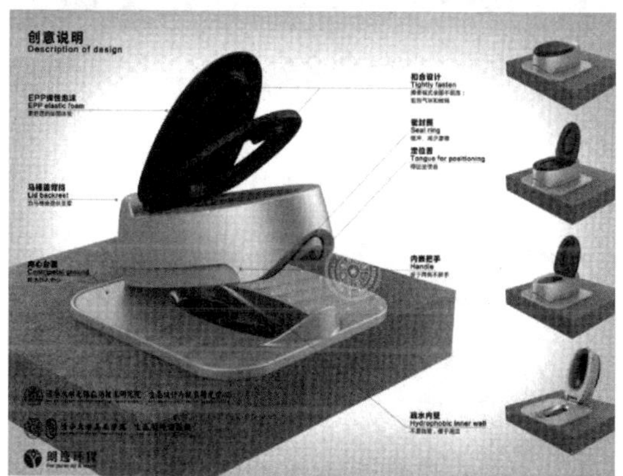

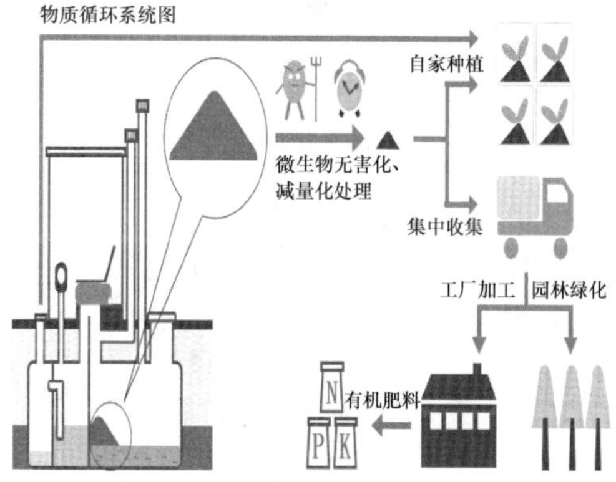

图 6-15　产品系统图

表 6-2　系统优势及数据

系统优势	数据说明
粪便无害化，减少环境污染	大肠杆菌数<100 个/g
粪便减量化，降低使用成本	(1) 粪便体积减少 80%； (2) 一家 3～5 口人可 2～3 年清掏一次
粪尿资源化，污染物再利用	(1) 粪便经过微生物处理后可以直接还田（利用垫料有机质>45%）； (2) 尿液经过两级储尿池静置发酵腐熟，可直接灌溉菜园； (3) 尿液静置时间≥45 天
免水冲洗式，大量节省用水	节省用水 90%
微生物处理，改善如厕体验	氨气浓度≤10ppm

三、案例介绍

下面按照步骤介绍乡村厕所改造。

第一步：挖坑，坑体大小根据各地冻土层深度不同决定，保证自净仓在冻土层以下（图 6-16）；

第二步：坑体底部夯实找平，放置自净仓，投放垫料（图 6-17）；

图 6-16 挖坑

图 6-17 坑底底部处理

第三步：调配生物菌包后投放（图 6-18）；

第四步：排布管道后填埋（图 6-19）；

图 6-18 投放菌包

图 6-19 排布、填埋

第五步：搭建房体，铺设地面（图 6-20）；

第六步：安装便器（图 6-21）；

图 6-20 搭建房体，铺设地面

图 6-21 安装便器

第七步：安装排气管（图 6-22）；

第八步：试点建设完毕（图 6-23）。

图 6-22　安装排气管

图 6-23　试点建设完毕

第七章　乡村公共厕所的设计

第一节　乡村公共厕所的设计理念

小厕所，大民生。厕所问题不是小事，而是城乡文明建设的重要方面，不但景区、城市要抓，农村也要抓，要把这项工作作为乡村振兴战略的一项具体工作来推进，努力补齐这块影响村民生活品质的短板。

乡村公厕作为乡村人流量较大区域必备的一个功能服务建筑，也是这个区域人们生活、休闲的聚居点，其设计若与乡村便民服务设施、乡村地方环境、当地人文历史及地域地理特点融为一体，就更能体现当地城镇、乡村的行政管理水平，也能更好地推进我国的“农村厕所革命”。

时代在发展，乡村要美丽。在乡村公厕的设计中，我们应当遵循规划便民化、建设装配化、能源节约化、管理标准化、标识统一化、使用智能化、运营商业化、服务人性化的“八化原则”，保障乡村公厕良性可持续发展的需要。

一、规划便民化

乡村公厕一般建设在人口稠密或乡村名胜景区，乡镇、集市、村委或是城乡接合部地段。

以往的公厕都是建在乡镇的背街小巷，数量少、设施简陋，村民寻找公厕不是用眼睛而是用鼻子闻，针对以往存在的种种弊端，现在的乡村公厕应该建在最显眼、人流量大的地方。对于厕所的选址，在乡村大家都忌讳建在自家房子旁，但乡村公厕的设立可以规避这些。

乡村公厕的规划就是根据人流密度以及乡村公交站站点、乡村货物集散地、村委会小广场等因素，同时结合乡村科技情报、乡村致富信息、乡村政策宣传点，将“乡村公交线、村镇路站点两旁、桥底下、乡村公园里、村委社区”作为乡村公厕的建设地段。

村民越密集，如厕的需求就越大，乡村公厕驿站使用率的多少决定规划布局的地理位置点。

二、建设装配模块化

建造乡村公厕，为方便、快捷组装，最好采用模块化装配式乡村公厕，既缩短了工期、减少了扰民，又降低了材料的浪费、控制了建筑垃圾的产生。

装配式乡村公厕大量使用环保材料，选择耐用、抑菌、防火、防水等特性材料加工，在安装的过程中，将在工厂生产的半成品运输到安装现场，进行吊装组装，一个标准化的公厕，工期短、组装快、效率高。

三、能源节约化

乡村公厕的能源与资源要尽量做到节约。其中，节约用电与节约用水是关键。

用电器具使用智能控制，根据人群的流量与使用率，可以进行智能调节，节约用水用电量，所选洁具设施用水量只有一般洁具的三分之一，节约了用水就减少了污水的排放，降低了污水处理的量。在粪污的无害化处理上，化粪池的清污处理上，我们最好让它资源再利用，下端的配套设施与肥料制造，让循环经济的模式，为当今美丽乡村的农业发展作出贡献。

四、管理标准化

乡村公厕的管理与维护，是运行、使用的保障。厕所建得再好，管理跟不上，还是功亏一篑。在建设之初就制定了标准的管理办法，对管理人员进行统一的专业培训，通过考核后才能上岗，管理办法中细致到马桶应该如何清洁，清洁的步骤是什么，多长时间，墩布的数量、不同抹布是擦什么的。可以借助远程遥控与传感器，适时收集公厕的环境数据，当数据显示不达标时，立即下达指令或安排卫生保洁员进行打扫和物质供应，或操作智能设备进行工作，通风、干燥、除臭、消毒、杀菌等，让公厕保持干净、舒适的状态。

五、标识统一化

乡村公厕，要有一个统一化的标识。公厕的标识应当醒目、显眼、易认，辨识度要高。

打造美丽乡村的特色名片，每一个区域内的乡村公厕应当是标识统一设计、统一材质，从公厕的主标识到指路标识，再到室内的细分功能标识，在精准、美观、用心来设计的同时，还要处处体现着人性关怀。

六、使用智能化

乡村厕所在未来的发展道路上，一定会走上智能化的。智能化的管理与使用，让公厕更安全、舒适。

在乡村公厕里设有智能管理系统：智能安全、智能灯光、智慧管理、智能探测、智能除臭、智能反馈……当使用者进入公厕，主入口的智能显示屏上显示目前已进入公厕的人数，空气质量指数，哪些厕位是空置的；步入厕隔，厕隔的灯光慢慢变亮，但是灯光却很温馨，当使用人轻松愉快时异味开始产生，气味传感器探测到异味后开始给除臭系统发出指令，除臭系统开始工作，将异味排除；在公厕的管道中设置光氧等离子管，此时管道接到指令产生光氧等离子分解管道中的异味，经过处理排到室外的空气已变得十分清新，经过一番工作，传感器探测不到异味时，其会向系统发出补充新风的指令，结束后再向室内送出配备好的特有的香薰香味，让乡村公厕营造出舒适、美好的环境。

七、运营商业化

乡村公厕要正常运行，就得有资金保障与合理管理。可以按“乡村公厕与乡村驿站”结合起来的模式，发挥驿站的作用，方便路人休息、避雨、路上补给，在每个公厕里设置一块面积来做便民商业服务：将乡村的快递、书吧、辅导乡村学生等便利店服务一起纳入。这方面的租金、部分收入作为维护乡村公厕运转、环境管理的经费，让“以商补厕”成为可能，就可避免建好公厕后使用率不高、环境恶化，最后成为应付上级检查的面子工程。

八、服务人性化

在一些乡村人口聚居的地方，为了村民生活的便利，将便利店、邮递收发点、快递站、读书角、服务台等功能设计在驿站，是广大乡村公厕附加服务的主要内容，在我国广大乡村值得推广。

乡村公厕在设计之初就应当整合乡村居民的生活服务功能，以人性化、便利化、快捷化进行多功能的整合。方便村民、服务村民、合理细致，就能让乡村公厕成为当地群众乐意亲近、村民经常光顾与聚集的地方。

第二节　乡村公厕的设计依据与标准

乡村公共厕所的设计应“以人为本”，符合文明、卫生、适用、方便、节水、防臭的原则，在设计的环节首先要明确乡村公共厕所的相应标准与依据，它对于设计好一套乡村公厕起着十分关键的作用，设计师如果能熟悉这批标准与规范性文件，在设计之初就运用到设计的每一个环节里，更能做到事半功倍。下面我们列举了近年来国家相关部门针对乡村厕所出台的系列规范性标准，供乡村公厕设计师们参考。

本标准适用于美丽乡村建设中农村地区新建及改扩建公共厕所的建设与管理服务，设计中可参考以下规范性文件。

凡是注明日期的引用文件，仅所注日期的版本适用于本文件。凡是不注日期的引用文件，其最新版本（包括所有的修改单）适用于本文件。

根据住建部和生态环境保护部联合发布的《关于加快制定地方农村生活污水处理排放标准的通知》，各地应因地制宜修订或完善各省的农村污水排放标准，截至目前，尚未公开发布地方农村污水排放标准的省份，可后续关注其地方政府网站，并参照执行。

（1）粪便无害化卫生要求 GB 7959

（2）农村户厕卫生规范 GB 19379

（3）小艇　厕所废水集存系统 GB/T 11686

（4）城市公共厕所卫生标准 GB/T 17217

（5）免水冲卫生厕所 GB/T 18092

（6）旅游厕所质量等级的划分与评定 GB/T 18973

（7）农村公共厕所建设与管理规范 GB/T 38353

（8）农村三格式户厕建设设计规范 GB/T 38836

（9）农村三格式户厕运行维护规范 GB/T 38837

（10）农村集中下水道收集户厕建设技术规范 GB/T 38838

（11）厕所冲洗水箱规范 BS 1125

（12）城市公共厕所设计标准 CJJ 14

（13）活动厕所 CJ/T 378

（14）农村无害化厕所建造技术指南 DB42/T 1495

（15）乡村旅游厕所建设与服务管理规范 DB43/T 1715

（16）农村生活污水处理设施水污染物排放标准 DB 11/1612

（17）农村生活污水处理设施水污染物排放标准 DB 12/889

（18）农村生活污水处理设施水污染物排放标准 DB 14/726

（19）农村生活污水处理设施水污染物排放标准 DB 21/3176

（20）农村生活污水处理设施水污染物排放标准 DB 22/3094

（21）农村生活污水处理设施水污染物排放标准 DB 23/2456

（22）农村生活污水处理设施水污染物排放标准 DB 31/T1163

（23）农村生活污水处理设施水污染物排放标准 DB 32/3462

（24）农村生活污水处理设施水污染物排放标准 DB 35/1869

（25）农村生活污水处理设施污染物排放标准（试行）DBHJ/001

（26）农村生活污水处理设施水污染物排放标准 DB 41/1820

（27）农村生活污水处理设施水污染物排放标准 DB 42/1537
（28）农村生活污水处理设施水污染物排放标准 DB 44/2208
（29）农村生活污水处理设施水污染物排放标准 DB 46/483
（30）农村生活污水集中处理设施污染物排放标准 DB 50/848
（31）农村生活污水处理设施水污染物排放标准 DB 51/2626
（32）农村生活污水处理设施水污染物排放标准 DB 53/T953
（33）农村生活污水处理设施水污染物排放标准 DB 61/1227
（34）农村生活污水处理设施水污染物排放标准 DB 64/700
（35）农村生活污水处理排放标准 DB 65/4275
（36）厕所与小便池的水力要求 ASMEA 112. 19. 6
（37）卫生器具公共厕所业务守则条款 BS 6465－4
（38）厕所用链接件，结构与检验原则 DIN 1389T. 2
（39）可持续无下水道旅游厕所基本要求 LB/T 071
附录：下面列举各类与厕所有关的标准名录，以备广大读者上网查阅。
（1）城市公共厕所卫生标准 GB/T 17217—1998
（2）旅游厕所质量等级的划分与评定 GB/T 18973—2016
（3）城市公共厕所设计标准 CJJ 14—1987
（4）厕所用链接件，结构与检验原则 DIN 1389T. 2—1979
（5）厕所与小便池的水力要求 ASMEA 112. 19. 6—1979
（6）厕所冲洗水箱规范 BS 1125—1987
（7）卫生器具公共厕所业务守则条款 BS 6465－4—2010
（8）农村三格式户厕建设技术规范 DB33/T 3004. 2—2015
（9）农村集中下水道收集户厕建设技术规范 GB/T 38838—2020
（10）农村公共厕所建设与管理规范 GB/T 38353—2019
（11）活动厕所 CJ/T 378—2011
（12）农村无害化厕所建造技术指南 DB42/T 1495—2019
（13）旅游厕所质量等级的划分与评定 GB/T 18973—2016
（14）免水冲卫生厕所 GB/T 18092—2008
（15）粪便无害化卫生要求 GB 7959—2012
（16）农村户厕卫生规范 GB 19379—2012
（17）可持续无下水道旅游厕所基本要求 LB/T 071—2019
（18）乡村旅游厕所建设与服务管理规范 DB43/T 1715—2019
（19）公共厕所设计标准 CJJ 14—2016

（20）小艇　厕所废水集存系统 GB/T 11686—2002

第三节　美丽乡村厕所案例精选

一、模式案例

1. “厕所＋驿站”案例

“厕所＋驿站”案例如图 7-1 至图 7-3 所示。

图 7-1　同心驿站——乡村“公厕＋驿站”模式

图 7-2　浙江义乌后宅乡村公厕——乌伤驿站

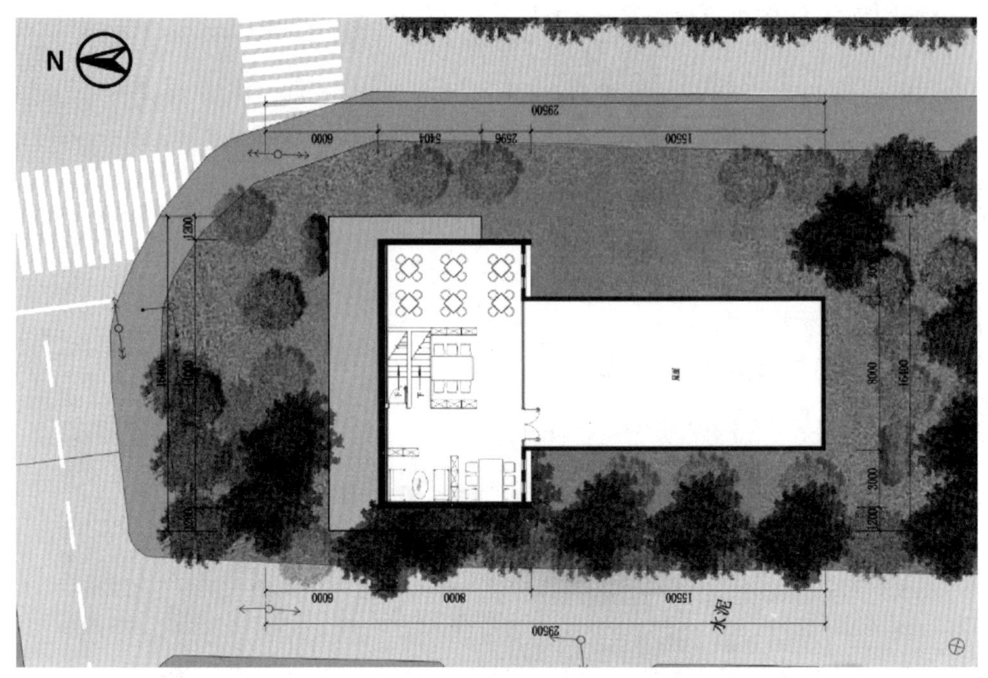

图 7-3 乡村生态公厕“乌伤驿站”

设计理念为：

（1）利用当地的人文特色，以“以商建厕、以商养厕、以商管厕”为理念，引进社会资本参与建设运营体现后宅“德胜”文化气息。

（2）生态化装配式公厕：就地取材、节省资源，采用装配式组装厕所地上部分，公厕内，独立厕位间、冲水设施、地下无害化处理，将粪渣与农田、果园有机统一起来，形成符合高品质的人居环境生态链，解决乡村公厕的环境问题。

（3）利用乡贤集资、政府补贴、村民便民服务区“以商补厕”的模式，打造“乡村公厕＋驿站”的新公厕模式（图 7-4 至图 7-6）。

乡村公厕是现代农村经济富裕之后、全民奔小康的缩影，也是衡量一个乡镇文明的标尺，更是乡镇管理和服务水平的重要体现。在习近平总书记大力提倡广大乡村要进行一场厕所革命的号召下，在乡村振兴与美丽乡村建设的战略规划下，乡村公厕的设计与建造显得尤其重要。

乡村公厕采取“厕所＋驿站”的模式设计建造，布局在乡村人口聚集地带、集市、主要乡村干道、村民广场及公交站台等人口密集地，努力打造成集乡村景观、农村便民公共服务于一体的新公共空间。

乡村基层推行厕所革命过程中，形成了以“以商建厕、以商养厕、以商管厕”为理念，引进乡贤捐助、社会资本参与建设运营、政府补贴相结合的筹款模式，在厕所的设

图 7-4　休闲区——书吧、小孩辅导点

图 7-5　室内装备

图 7-6 休闲咖啡店

计与规划上，结合当地乡村、城镇厚重的历史文化特色，将设计元素纳入乡村公厕的外形构造，比如浙江义乌的后宅“乌伤驿站”，以“望道信仰、德胜古韵”文化气息为契入点，采用“乡村公厕＋驿站”的模式建造。

驿站，自古以来就是行人歇脚、避雨，古代邮递业传送信息的枢纽。在今天，我们利用乡村聚居地人员流动频繁，在驿站内设置许多与乡村民众相关的服务设施，比如休闲中心、养老服务、乡村小孩看书辅导站、乡村图书馆（书吧）、乡村快递集散中心；有的可以将茶艺小栈、咖啡厅、乡村风味小吃、公交站台、快速充电桩等服务项目纳入，这样即可以利用这些服务产生的利润来支付乡村公厕的管理保洁、相关设施的维护。

乡村公厕驿站服务的人性化，最能体现驿站的功能。为了防止老年人和小孩子走丢，特意与乡镇派出所联合，当老人和小孩找不到家时，可以到就近驿站，驿站负责报警，报警期间驿站派专人进行看管；驿站设服务岗亭、便民休息室、第三卫生间等空间，驿站在洗手区配置了洗手液，在高寒地区的乡村冬天水龙头流出的会是热水，便于村民使用；设置直饮水机，提供 24 小时热水，为路人、公交司机、快递小哥、往来游人解决了饮水问题；驿站放置紧急救助箱，当人们产生了磕碰可以到就近驿站进行简易救治。

驿站内放置了共享雨伞，小学生和老人可以免费拿走，不需要时到城市任意驿站归还；驿站设置了“乡村图书漂流角”，鼓励村民将家里闲置的书籍放到驿站，村民与学生可以到此借阅或拿走书籍，读完再借，或者将书传递给其他读者，鼓励社会各界人士、乡贤为驿站图书角捐赠书籍，将闲置的书籍流动起来，达到传播知识的作用；驿站还和养老机构合作，可以给就近的老人提供老年餐，帮助解决一些社区的养老问题；驿站和当地教委合作，小学生可以到驿站来体验生活，做一天小小驿站长，驿站还可以为大学生提供勤工俭学的机会，个别有条件的驿站，还可解决一些家长放学时间没时间接孩子的问题。

乡村中小学可以定期派教师来做志愿者，形成驿站学习辅导站，负责辅导孩子学习与家长来此接送，在农村农忙时节与寒暑假，它的这项服务功能更有现实意义与便利价值。小小的驿站聚集着社会的温暖，无处不显示着人性的关怀。

乡村公厕驿站内提供母婴室、管理室、休息区、男厕、女厕、第三卫生间、洗手区、梳妆区、前厅等温馨服务，运用智能化除臭、空气质量检测等技术，催生出以综合体式公厕为中心的慢生活区，如厕之后可以品一杯咖啡、读一本好书，一改“厕所臭味”为“文化香味”，彻底颠覆了人们对公厕的传统认知。

2. “公益＋共建”案例

“公厕＋共建”案例如图 7-7、图 7-8 所示。

图 7-7　大沥镇太平村乡村公厕——“公益＋共建”模式

为更好地贯彻落实习近平总书记关于推进“厕所革命”的重要指示，由东鹏控股牵头发起，“百企千村厕所革命”公益联合行动——绿盟公益基金会，以“绿行中国，创福全球”为宗旨，聚集一批具有强烈社会责任感的企业，通过搭建专业透明的公益平台，以可持续发展的商业模式开展绿色公益活动，在加快企业绿色转型、推动美丽乡村

图 7-8　乡村老旧公厕改造——“公益+共建”模式

建设中发挥了重要作用，符合地方乡村振兴和改善民生工作的需要，符合群众对美好生活的需求。

“百企千村厕所革命”公益联合行动已经在模式探索、试点物色、资金筹措、材料支持、人才储备等方面做好了准备，不仅获得了永川等地方政府的支持和加入，也获得了近百位企业家的响应。下一步，绿盟公益不仅要建成一批示范公厕，形成乡村厕所的设计标杆、科技标杆、材料标杆，还要创造出一种模式，让厕所革命成为众多企业都愿意主动去参与的好事、实事和要事，最终受益的，是广大乡村的每位村民。

“百企千村厕所革命”公益联合行动将按照“公益捐图、乡村捐地、乡贤捐资、企业捐料、社会捐力”的“共建共治共享”模式，共同发动企业加盟、公众参与，以公益共建项目为切入口，采取“试点示范+全国推广”的推进路径，形成厕所革命的创新共建共治示范工程和成果惠及民生的共享机制。

绿盟公益基金会由绿行者同盟联合东鹏控股、金意陶、酷狗音乐、平安银行、红波建材、碧丽、绿岛、龙之荟、亿合门窗、欧陶科技、蚂蚁雄兵、金戈等全国近 30 家企业发起注册，并在多地组织实施 16 个美丽乡村试点，为全国美丽乡村建设探索了经验，树立了典型，引起社会广泛关注。

在乡村厕改资源整合方面，探索和打造一条独特“价值生态链”，让参与“厕所革命”的政府、设计方、材料方、建设方、乡贤、商会、捐助机构等主体实现共赢。着力解决影响乡村人居环境、群众健康的突出短板，大力推进乡村基础设施和城乡基本公共服务均等化，健全城乡之间要素合理流动机制，以梯次推进“厕所革命”全面覆盖为切入口，深入推动乡村振兴战略实施。其中，寻找适宜本土的营建策略是关键，组织专家、村委、保洁、村民、媒体等多元主体共同以乡村公厕为案例，从选址、设计、选料采购、建设施工、设备使用、运营维护及使用全流程考虑，为营建乡村低碳公共空间探索可实施的路径，带动培训学员的场景化思维能力、实际落实能力和系统化低碳意识。

同时，依托美丽乡村设计联盟，提供因地制宜的公厕设计服务，现已推动落地了上百个公厕案例。

重庆市永川区、广东省梅州兴宁市、内蒙古自治区包头市东河区、广东省东莞市麻涌镇分别与绿盟公益基金会签署《乡村振兴——“百企千村厕所革命”公益联合行动战略合作框架协议》。这标志着“百企千村厕所革命”公益联合行动首批试点建设将在四地同时展开，将通过“共建共治共享”模式，探索乡村厕所革命的公益之路。

近年来，重庆市永川区认真落实中央及市委要求部署，坚持示范引领，计划用3年时间修建改造农村公共厕所337个，通过公共厕所改造带动农村整体“厕所革命”。此次公益联合行动在永川启动，并在永川开展示范点建设，正逢其时、正当其地、正合其用，必将对推进“厕所革命”起到示范带动作用，必将对企业公益活动起到引领标杆作用，必将对改善群众生活质量起到积极促进作用。

真诚期待绿盟公益基金会能够发挥在整合资源、搭建平台等方面的优势，越办越好，做大做强，在参与、推进绿色公益中创造更多效益、实现更大价值、作出更多贡献。衷心希望以此次行动为契机，让更多的人激发善良之心、树立公益思维、养成文明习惯，共同建设美丽乡村，携手创造美好生活。

二、乡村公厕的技术案例

1. 智能防臭节水公厕——平湖市乡镇智能防臭节水环保公厕案例

（1）设计理念。

乡村公共厕所是乡镇人口较集中的地带，乡村厕所与乡镇的建筑风格，与周边建筑融为一体；公厕在功能上应用智能厕具和管理系统，进一步优化如厕环境，实现了节能减排的社会效益。采用智慧监控系统，实时监控厕所整体运行情况，包括厕所使用人次、厕间空闲状态、求助报警、水、电、温度、湿度、空气质量等。直排式节水减污水，改变公厕用水大户的现状。泡沫封堵根除恶臭，安全文明如厕环境。

（2）村庄概况。

浙江省平湖市下辖乡镇，是全国社区教育示范镇，全国创建文明村镇先进村镇，以蔬菜种植、服装、童车制造为支柱产业。

（3）厕所地址及周边情况。

平湖市新仓镇乡村周边有服装、童车制造厂、法华寺，还有住宅小区，外来人口居多。

（4）厕所建设年份及建造单位。

2018 年改造完成投入使用，独立式一类乡村公共厕所，由平湖市新仓镇人民政府建造。

（5）改厕模式与特色。

该厕所实现了节能减排的社会效益，应用了直排式泡沫覆盖，具有防臭、防溅、防堵、防病毒传播、节水 75％等特点。

（6）改厕前后对比。

改厕前空间布局不合理，利用率低，功能设施不完善。改厕后空间布局合理，利用率高，功能设施完善。经过这次方案的实施，使周边村民整体素质和文明程度都提升了（图 7-9 至图 7-12）。

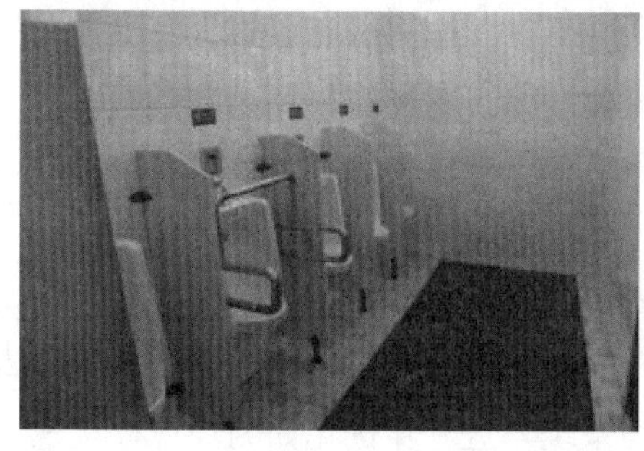
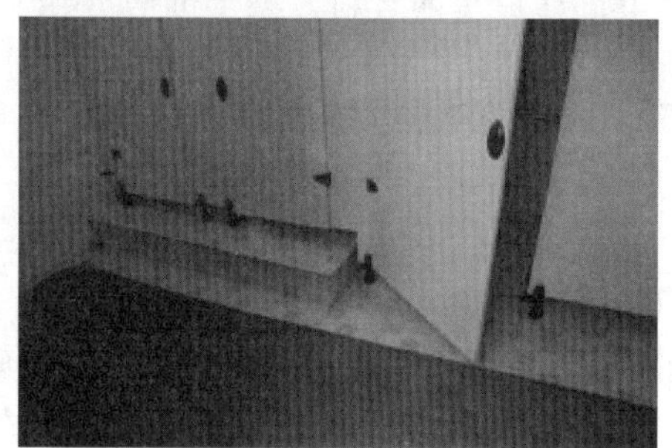

图 7-9　改建前厕所照片及设计图纸

（7）项目特色。

本项目所采用设备（产品及说明）：智能防臭节水洁具设备，产品具有防溅、防臭、防堵、防病菌传播、节水 75％的优点。

产品具有六项实用专利、九项厕所专业软件著作权、具有国家认证的节水产品、有厕所空气检测报告、SVHC 的检测报告（173 种对人身体无害物质）。

研发的直排式泡沫封堵智能防臭节水洁具，采用泡沫覆盖粪口，能有效包裹粪便，

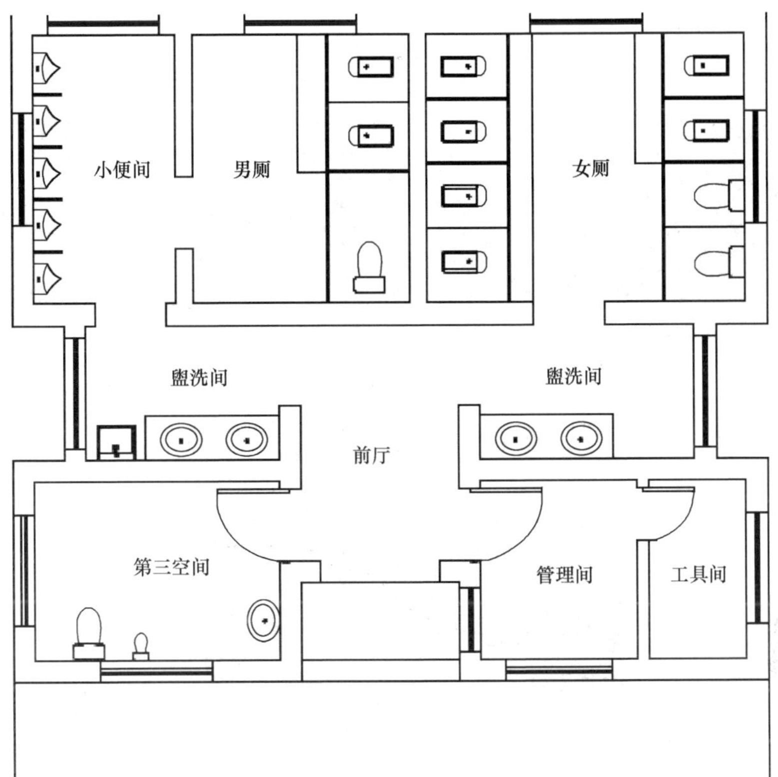

图 7-10　原始平布置图

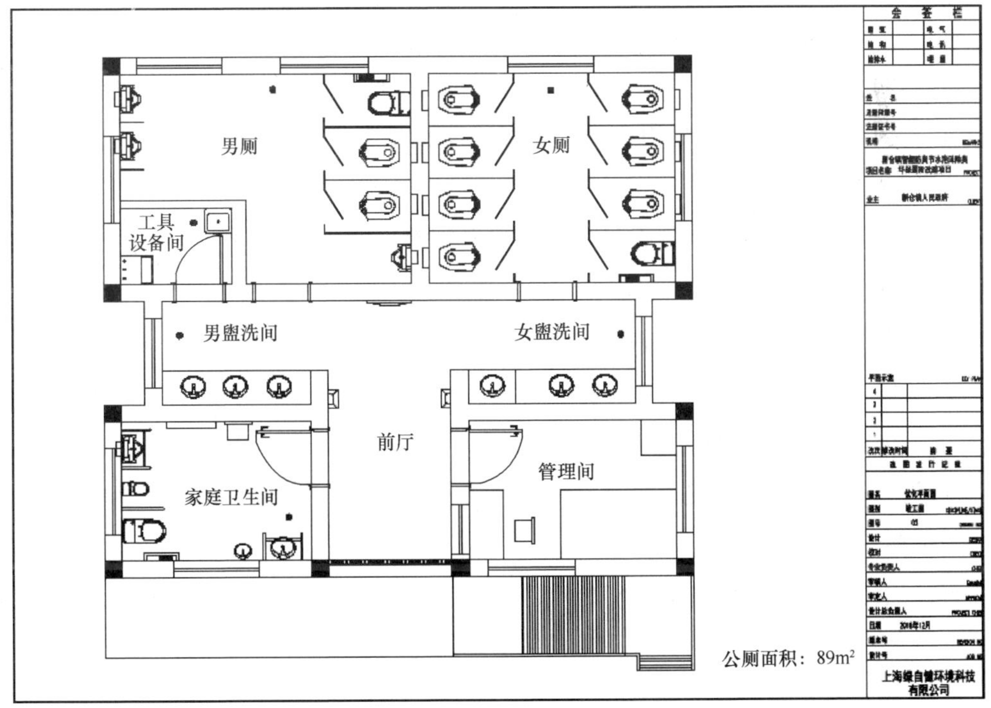

图 7-11　优化平布置图

图 7-12　改建后厕所

防止病菌溢出。泡沫具有良好的润滑、杀菌消毒作用，泡沫封堵下水管道，能有效防止病菌散发，给粪便口戴上“口罩”。智能自动冲水冲洗，避免接触，方便又卫生，能有效杜绝公共卫生间接触的病菌交叉传播。无须使用檀香、樟脑和任何除臭剂，从源头上根除臭味，把消杀剂混合在泡沫液里，能直接对每个坑口自动消杀病菌。节水节能措施与设计：采用直排式排污，防臭阀和泡沫覆盖双重隔臭。

（8）推广优势。

① 防溅（为人类解决百年来经受水溅屁股不卫生的重大难题，告别水溅屁股的不卫生和尴尬）；

② 防臭（解决臭源、铲除恶臭、改善如厕环境）；

③ 防堵（直排式，泡沫润滑，排泄物被快速排走）；

④ 节水 75％（节水的同时减少污水排放）；

⑤ 防病菌传播（泡沫覆盖坑口，给粪口戴上“口罩”，泡沫封堵下水管道，有效防止病菌传播）。

直排式排污，结合国家水十条和浙江五水共治，改变公厕用水大户的现状，相比传统洁具节水率达 75％，减少 75％污水的排放，能达到节能减排的目的。

2. 装配式源分离负压公厕

装配式源分离负压公厕如图 7-13 所示。

图 7-13　吴中区东洪村乡村公厕的整体实景图

（1）技术优势。

① 采用装配式工艺；

② 源分离负压收集净化除臭等综合技术的运用；

③ 室内地面自洁技术。

（2）技术原理及设计特点。

厕所内部选用源分离负压收集净化除臭技术，源分离负压除臭设备采用上进风、地排风的工作方式，在每个厕位地面设置长形的金属收集口，就近收集地面产生的异味及污水，让异味贴着地面就被排走，避免影响到室内 30cm 以上的空间。异味与污水收集后自动进行水气分离，气体经集中收集后经生物净化后排放，污水收集后入下水管。

① 智能化。支持 485 协议检测空气质量并自动运行设备。

② 效率高。采用微空气动力学原理，从源头收纳异味。

③ 功能好。采用多孔密集设计原理，同时除臭和除湿。

④ 环保性。采用源分离地排式除臭可以将异味在地面完成收集，达到除臭目的。

⑤ 高效除恶臭，净化空气。室内采用地面自清洁技术，保持地面干净、干燥，告

别“闻味识厕”的旧时代（图 7-14、图 7-15）。

图 7-14　乡村公厕的内部设备

图 7-15　第三卫生间——乡村公厕的人性化服务设备（参考图片）

（3）推广优势。

① 有利于提高施工质量。

厕所装配式构件是在工厂里预制的，能最大程度地改善墙体开裂、渗漏等质量通病，并提高厕所整体安全等级、防火性和耐久性。

② 有利于加快工程进度。

装配式建筑比传统方式的进度快 50%以上，部分厕所可以做到 24h 完成组装并投入使用。

③ 有利于文明施工、安全管理。

传统作业现场有大量的工人，现在把大量工地作业移到工厂，现场只需留小部分工人就可以，从而大大减少了现场安全事故发生率。

④ 有利于环境保护、节约资源。

现场原始作业极少，健康不扰民。大量工具、辅材可以重复利用，垃圾、损耗、节能都能减少一半以上。

⑤ 特有的人性化设施。

厕所内部设施齐全，厕所配备升级版第三卫生间，在满足现有国家标准的前提下，对细节进行升级，专门解决老、弱、病、残、孕人群的实际需求。

3. 生态建、管、运一体化公厕——江阴绿道生态公厕

江阴绿道生态公厕效果如图 7-16 所示。

图 7-16　江阴绿道生态公厕效果图

（1）实施地点：江苏江阴城乡绿道。

该项目是 2019 年无锡市、江阴市民生工程项目中的核心配套部分。本项目在设计与建设中，主管方与建设方协同配合，克服了项目场地在禁止排放红线内、无法接入城

市污水管网、人流量大且密集、无法土建施工等多个难点（图 7-17）。

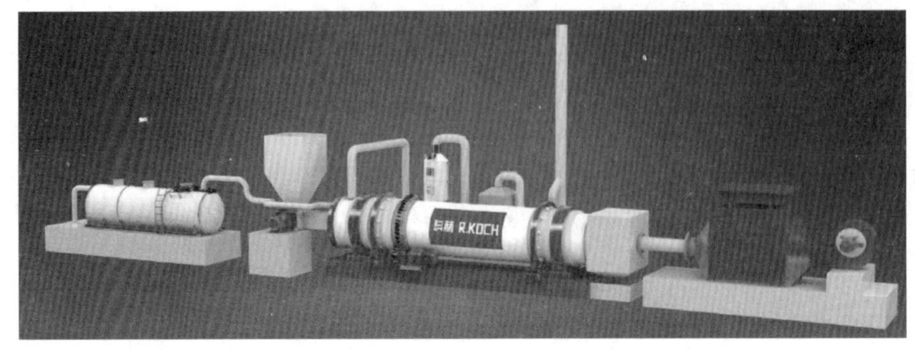

图 7-17　固体发酵装置设备图

（2）项目特色。

江阴绿道高净生态卫生间项目，是国内首座采用科赫泡洗式洁具及自主研发的高温滚筒式固体发酵设备，实现彻底的“无排放”“生态化”“高净”的卫生间。国内首个大型生态卫生间，实现日处理 1000 人次的便污。项目总占地面积 300m²。项目房屋主体分为两部分，分别是卫生间主体与生态设备间。

工程主体部分占地面积约 110m²，整体设计采用砖石剖面布局设计、框架结构。公厕建筑主框架全面采用重钢结构，建筑外立面大面积使用彩釉玻璃幕墙。公厕功能空间配置依据国家一类公共厕所标准设计，满足市民生活各种需求。厕所内投放了泡洗式洁具、科赫厕所智慧物联网系统、科赫厕间晕倒检测设备及一体化无触摸式洗手台等“硬核”设备，从而打造出具备“高净”特性的面向未来的智慧化公厕。

该项目的优势表现在节水高于 70％以上、无异味、阻隔抑制细菌病菌扩散、全面安全辅助及超级智能化等方面，生态设备间主体部分占地面积约 72m²，采用地上、地下两层设计。其中，地下层为主体设备的安装与工作区域，地上部分为监管与操作部分。此设备全面采用智能程序控制，利用设备内部安装的多个温度、湿度、液位、压力等传感器全面监控各项发酵过程的数据指标，使整个项目的运转级别提升至无人值守级别和工业级精密发酵级别，从而确保整个生态设备可以做到 15～20d 有机肥完美出料的使用状态。

（3）推广优势。

江阴绿道高净生态公厕项目，无论是技术、设备还是后期管理模式，均具备显著的经济效益与推广前景，值得在全国范围内推广。

本项目中的多项核心技术，实现了公共卫生的经济利益最大化。生态化设备产出的有机肥，出售给园林绿化和周边农民，其产值基本满足生态设备运转的全部能耗费用。

技术与设备方面，无论是单个设备还是整体组合，均可以按照项目情况具体执行巧妙的搭配与布置。这种“建、管、用”一体化管理模式代表着未来乡村公厕的发展方向。

三、乡村户厕改造案例

1. 旱厕——生态式户厕整村改造

生态式户厕整村改造如图 7-18 所示。

（1）实施地点。

新疆伊犁州尼勒克县喀拉苏乡加尔托干村。

（2）建设规模。

免水冲生态户厕 355 户，6 厕位生态公共厕所 2 座。

（3）改厕技术原理。

图 7-18　新疆伊犁州尼勒克县喀拉苏乡加尔托干村户厕图

利用自然界存在的放线菌、酵母菌、杆菌、枯草芽胞杆菌等微生物菌种，经优化组合、人工驯养、繁殖，开发成高效微生物菌群，对粪尿进行生态净化处理。产生的水分及其他气体直接蒸发排出，分解后极少量的余渣富含有机质、N、P、K 和微量元素，可回收为高效有机肥料，同时包含大量好氧微生物的高效生物活性肥料，可将粪尿中的臭气吸收转化，实现粪尿的分解、脱臭、净化一体化处理，而粪尿中的大肠杆菌、寄生虫卵等有害病菌及杂菌也被微生物群落吞噬，从而实现安全卫生无害化。

采用源分离装置，将粪尿分离，分别进行无害化处理后，作为有机肥回归到自然土壤中。

该改造项目主要针对便器、大便处理系统、小便处理系统、厕屋及配套工程进行整体改造。免水冲生物厕所的全面推广，将极大地改善景区、农村人居环境，提升百姓生活舒适度，还可以有效减少粪的污染问题，经无害化处理后的粪尿实现资源化利用，可作为有机肥为景区绿化和农村周边农田提供肥料供应，提高资源利用率，减少化肥用量，减轻农田化肥流失对水体的污染，改善土壤肥力，确保农业耕地可持续发展（图 7-19 至图 7-21）。

（4）改造原理及特点。

尼勒克县喀拉苏乡加尔托干村地处伊犁河谷，村总户数 350 多户，人口 1800 余人，由于环境、气候、土壤、生活习惯的影响，村上所有户厕均为旱厕，还处在原始的“茅房”“茅坑”状态，气味臭、恶心；未经处理的粪便易滋生苍蝇、蚊虫，传播疾病；易

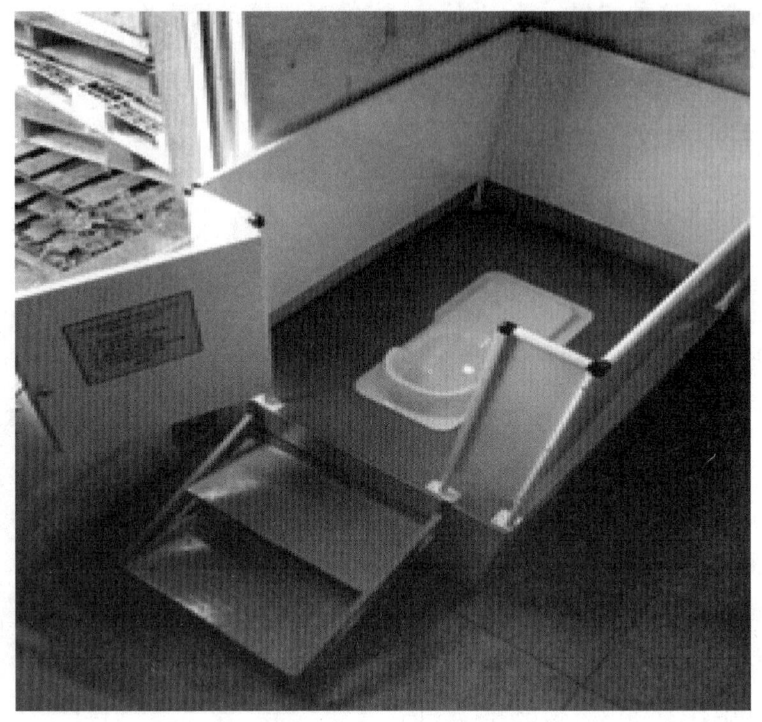

图 7-19　户厕改良后的便器

(a)

(b)

图 7-20　室内图

(a)

(b)

图 7-21　室外图

污染环境、水资源；如厕环境差，夏天热、冬天冻。粪坑均为渗漏式的，众多以人肠道内粪便为生存空间的细菌、病毒、寄生虫等生物体随粪便被排到粪坑中，这些致病生物有些死亡，有些繁殖，有些凭各种方式再次侵入人体，有的与人体和平共处，有的则引起人类肠道传染病和寄生虫病的传播。

本项目采用免水冲生态户厕，该户厕将排泄物在源头上分离、分集并利用微生物进行无害化处理，实现资源化利用。

微生物制剂具有清洁卫生、节水节能、无污染等特点，能够有效控制疾病传播与粪便污染物扩散，可以广泛应用于条件受限制的地域（如饮用水源地保护区、生态保护区等环境敏感区域，高海拔高寒区域以及不宜开挖区域），改善农村地区及偏远地区人民生活质量与环境卫生条件；能够满足厕所粪污“减量化、无害化和资源化”的要求，从根本上解决因缺水、高海拔、高寒或水资源保护区无法建设水冲厕所的问题。

该项目针对我国水资源短缺及高海拔、高寒等特殊区域适用性技术与产品缺乏等难题，因地制宜地系统开发“厕所革命”实用性技术，解决了景区、城市、农村厕所系统发展中的关键技术问题。

2. 水冲式户厕

水冲式户厕如图 7-22 至图 7-25 所示。

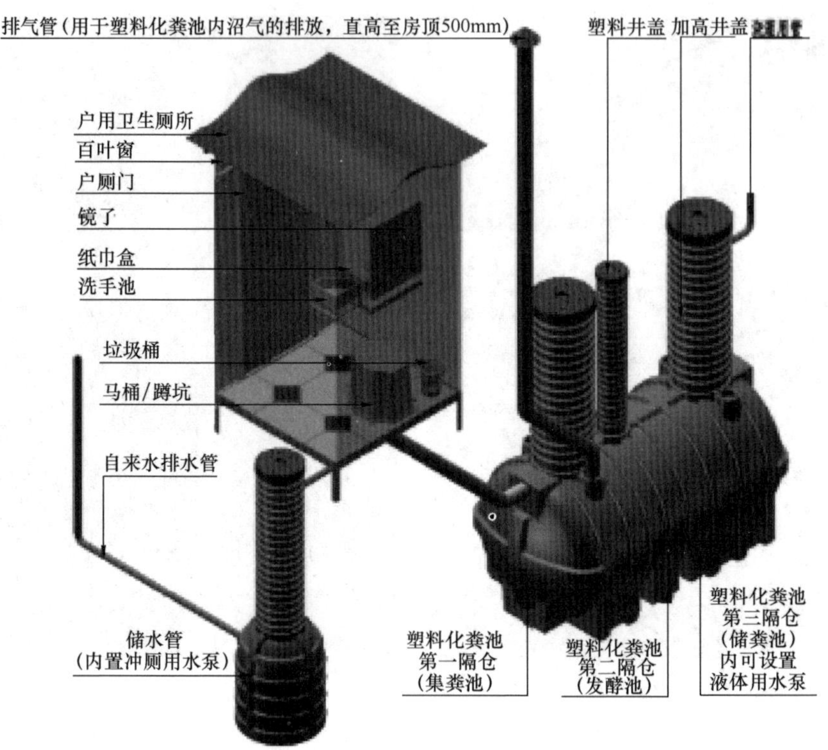

图 7-22　户厕改造模型图

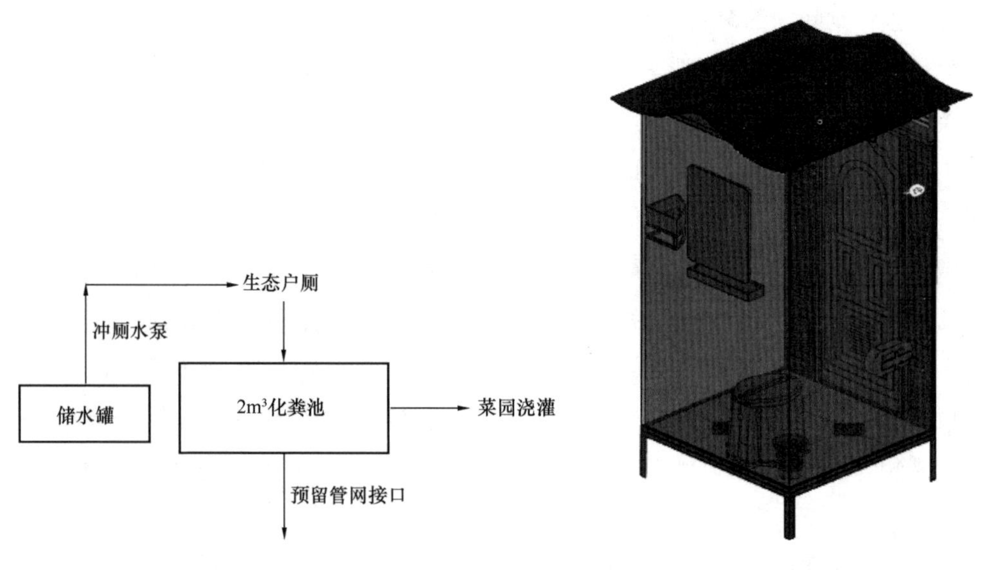

图 7-23　户厕改造示意图　　图 7-24　户厕改造效果图

在我国广大农村地区，由于生活习惯、思想观念、经济和自然条件等多种因素的影响，居民家庭使用的厕所普遍比较简陋，随便用土坯、木板、秸秆一挡就是厕所了。天气一热，茅厕的角落里苍蝇乱飞，茅厕周围充斥着刺鼻的异味。通过户厕改造，农户现在的院子和家庭环境已经焕然一新，以前脏乱差的院子和苍蝇成群的茅厕已经不见踪影，取而代之的是规划合理、井然有序的院子和现代化卫生间。

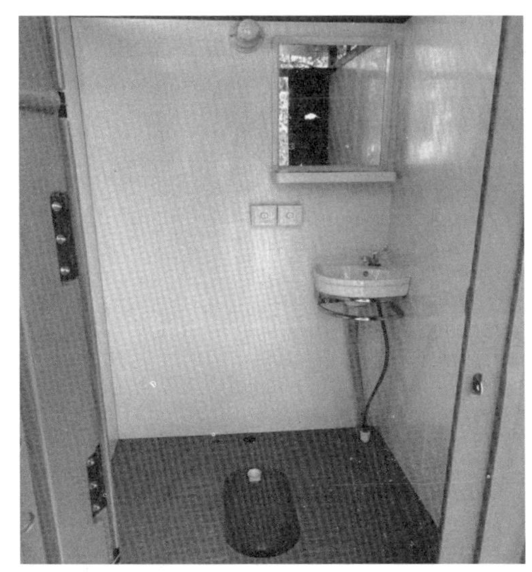

图 7-25　乡村户厕改造后的实景图

厕屋应建造在主房或庭院内，以方便使用和管理；化粪池建造在房屋或围墙外，便于出粪、清渣及安全；禁止在水源周边建造厕所；厕所有墙、有顶、有门，内有标准便器，清洁、无蝇蛆、基本无臭。

（1）户厕特色。

采用积木拼接式一次成型乡村户厕。厕所主体采用塑钢材质，内置冲便器、洗手池卫生设施；采用滚塑整体成型塑料化粪池（$2m^3$），化粪池根据农村户厕改造的实际情况，采用三格式化粪池，减少、去除或杀灭污水中的肠道致病菌、寄生虫卵等病原体，能控制蚊蝇滋生、防止恶臭扩散，利用沉淀和厌氧发酵原理去除生活污水中悬浮性有机物，采用沉淀和厌氧发酵分解处理工艺，实现“一沉、二留、三无害”，处理后的水可用于农作物浇灌，实现资源再利用，具有很好的社会效益、环保效益和经济效益。

（2）乡村户厕改造模式。

这套乡村户厕改造，建立乡村改厕“五化”模式——点单个性化、功能齐全化、监督常态化、管护社会化、资源利用化等，走出了具有鲜明特色的改厕新路：因户施策，实行点单服务，满足个性化需求；户厕多用，优化空间布局，满足多功能需要；严把三关，履行监督职责，实行监管常态化；粪污回收，科学合理处理，实现资源利用化。

第八章　乡村厕所的设备及技术

第一节　马　　桶

抽水马桶是一种收集人体排泄物，然后利用水的势能将污物冲到排污管的器械。

马桶按结构可以分为分体马桶和连体马桶两种，按安装方式可以分为壁挂式和落地式，按冲水方式可以分为冲落式、虹吸式、喷射虹吸式。

连体式马桶的水箱与底座相连，其造型美观，而且坚固，适合较小的卫生间。分体式马桶的水箱与底座分开，其体积较大，且不容易靠墙，若安装不妥当，容易导致漏水。

一、普通马桶装置及结构

普通马桶装置及结构如图 8-1 所示。

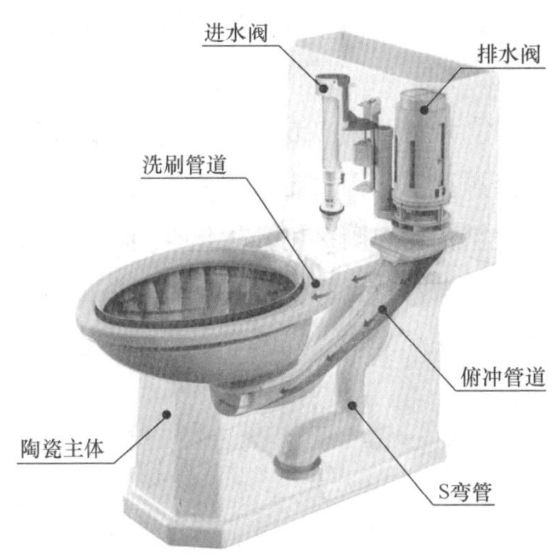

图 8-1　普通马桶装置及结构

二、马桶的分类

1. 按马桶不同的排水方式

(1) 直冲式马桶。

利用水流的冲力来排出污物，为使从便圈周围的分水孔落下的水力加大，通常池壁都设计得较陡；为使水力集中，存水池面积较小。该种马桶的冲水方式的缺点是冲水噪声大，同时由于水封面积小，易产生积垢。

（2）虹吸式马桶。

虹吸式是借冲洗水在马桶（坐便器）的排污管道（通常称为存水弯道）内充满水后形成的虹吸现象，将污物排走。虹吸式马桶的结构特点是便器内有一个完整的管道。形状呈侧倒状“S”形，利用给水时的水位差促进虹吸作用的形成。由于不是主要借水力冲走污物，因此池壁坡度较缓，池底也扩大了存水面积，这就解决了冲落式噪声过大的缺点。

（3）喷射虹吸式马桶。

这是一种虹吸式马桶的改进型，防臭、防溅效果佳。喷射虹吸式马桶的结构特点是在虹吸式便器的基础上增设一个喷射附道，喷射口对准排污管道入口的中心，喷射口径通常为 20～30mm。水箱供来的水通过水圈时，部分由分水孔流出清洗池壁后落入池内，部分经过喷射附道由喷射口射出。喷射虹吸式马桶的作用是借其较大的水流冲力将污物排入排污管道内，同时借其大口径的水流量加速充满排污管道以促进虹吸作用加速形成。由于其喷射流是在水下进行的，因此减少了噪声。喷射虹吸式马桶在设计上，有意识地扩大了存水面积，限制了存水深度，因此防臭、防溅效果佳。

（4）漩冲虹吸式马桶/定向双冲结构马桶。

这种结构的马桶是在喷射虹吸基础上，洗刷便圈周围的水不使用常规分水孔方式出水，仅使用左右两个出水口出水，冲水时洗刷水流沿“开放式”无棱冲水台的切线方向喷出，形成漩涡式出水，冲刷陶瓷清洗面；左右两侧出水，双“C”形四合驱动管道，使管道内部形成压力差，增强管道吸力；搭配马桶管道内壁全施釉，双重作用下，一次冲净，无返臭。冲立净技术：一按立净，360°漩冲虹吸，采用无棱角内边缘设计，完美避开封闭水路易藏污纳垢的特点，无卫生死角，更易清洁打理（图 8-2、图 8-3）。

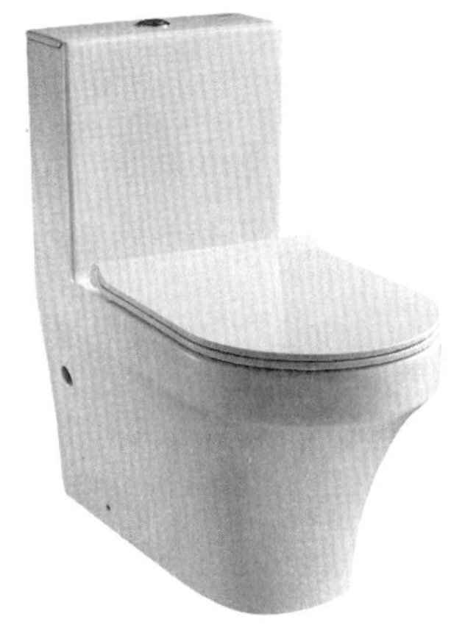

图 8-2　银漩系列产品（参考图片）

图 8-3　冲水示意

2. 按卫生间的出水口

按卫生间的出水口有下排水，又有底排和横排水（又叫后排）之分。老房子坑距不标准，新房子比较标准，但是都有横排和地排。横排方式一般叫同层排水，欧洲的建筑标准，地排一般是按美国和日本的建筑标准带来的。横排的排水口在墙面上，使用时要用一段胶管与马桶后出口连接。底排的排水口，使用时只要将马桶的排水口与它对正，一般有密封圈封住水和臭气，玻璃胶固定马桶。

在选择马桶时，就必须确定一下地漏的中心与墙面的距离，这个距离按国标规定，地排有200mm、250mm、305mm和400mm等规格，横排有100mm和180mm两种，其他规格为非标。不同地区可能会有些差别，在安装时注意不能相差过大，否则会影响排水效果，要量好下水口中心至水箱后面墙体的距离，买相同型号的马桶来“对距入座”，否则马桶无法安装。

横排水马桶的出水口要和横排水口的高度相等，最好略高，以保证排污水畅。选择坑距型号，一定要先确定建筑上的尺寸，需要对应的马桶坑距，否则轻则冲水不畅，重则无法安装。

三、节水马桶

1. 马桶的节水标准及特点

节水马桶采用高能效增压冲水技术，创新使用超大管径冲水阀，保证冲水效果的同时更加注重节水环保新概念。由于高效能地释放了水的势能和冲洗力，因此单位水量的冲力更加强劲，一次冲水，即可达到彻底冲净效果，用水却仅需3.5L。按国标，名义用水量4L即为1级水效，5L为2级水效，6L为3级水效；相比普通节水坐便器，每次冲水可节省40%用水量。同时，使用超导水圈，可瞬时增压全面释放水能量。

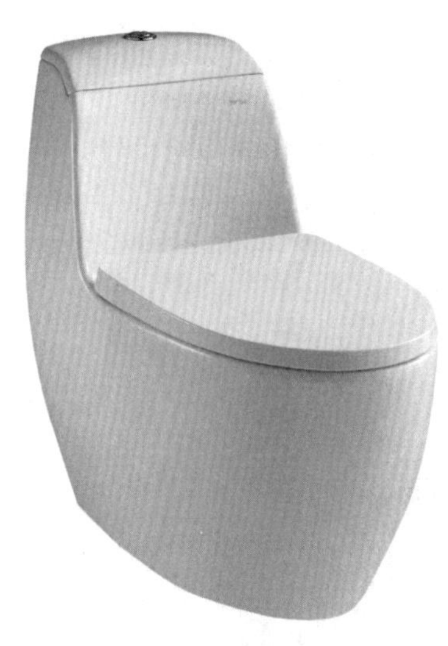

图8-4　节水马桶图

2. 节水马桶的优点

一次冲净，不留污物；用水量少，节能环保；寿命长，使用成本低；有效防臭，不增加额外设备。该便器具有“一按立净＋长效抗菌”的优点。看得见的地方，一冲即净；看不见的细节，抗菌长效保护（图8-4）。

（1）长效抗菌。

纳米银颗粒，遇水接触后会产生反应并会以离子的形式迁移，能够对水中的细菌群施加抑制的作用。而陶瓷材料具有高多孔性，故相同面积下，可以允许、接受和保留更多纳米银颗粒。

利用纳米银颗粒遇水的特性与陶瓷材料的特点，将含有纳米银的进口抗菌剂添加到易洁釉料中，马桶烧制后就会形成抗菌易洁的晶银釉玻璃层（图 8-5）。经检测，面对厕所常见的大肠杆菌、金黄色葡萄球菌，晶银釉的有效抗菌率可到 97%以上（表 8-1）。

银离子抗菌原理

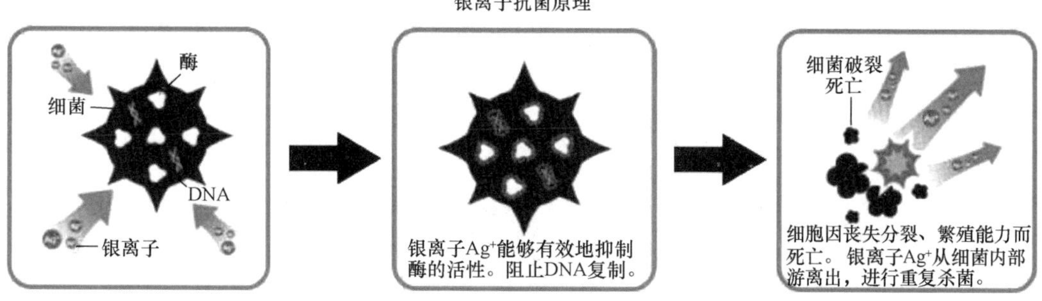

图 8-5 银离子抗菌原理

表 8-1 检测报表

报告编号：2020SP1340R01				
测试微生物	空白对照样品 “0”接触 菌落总数 （cfu/片）	空白对照样品 培养 24h 后 菌落总数 （cfu/片）	抗菌陶瓷试样 培养 24h 后 菌落总数 （cfu/片）	抗菌率 （%）
大肠杆菌 （Escherichiacoli） AS1. 90	8.0×10^3	1.2×10^7	1.2×10	99. 99
金黄色葡萄球菌 （Staphylococcusaureus） AS1. 89	6.0×10^3	4.1×10^5	9.4×10^3	97. 71

银离子在“杀灭”一个细菌后，可从细菌内部游离出来，进行反复杀菌。

（2）一按立净。

定向双冲结构的虹吸式马桶，冲水原理主要是利用左右两个出水口出水，冲水时，水流沿“开放式”无棱冲水台的切线方向喷出，形成漩涡式出水，冲刷陶瓷清洗面；左右两侧出水，双“C”形四合驱动管道，使管道内部形成压力差，增强管道吸力；搭配马桶管道内壁全施釉，双重作用下，一次冲净，无返臭（图 8-6）。

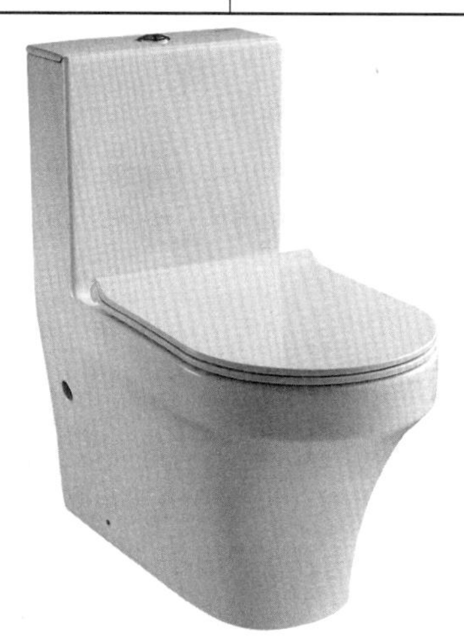

图 8-6 虹吸式马桶产品（参考图片）

（3）材料特色。

① 高温陶瓷耐久防臭、杜绝黄变。

该便器经过 1200℃以上的高温一体烧制完成，密度好，玻化程度高，陶瓷体吸水率低，吸收率低让陶瓷体防臭，更不易发黄。

② 光洁釉面污垢不易黏附、美观更易洁

该便器表面经过高温烧制形成致密保护层，釉面晶莹洁白，持久如新，污物不易黏附（图 8-7）。

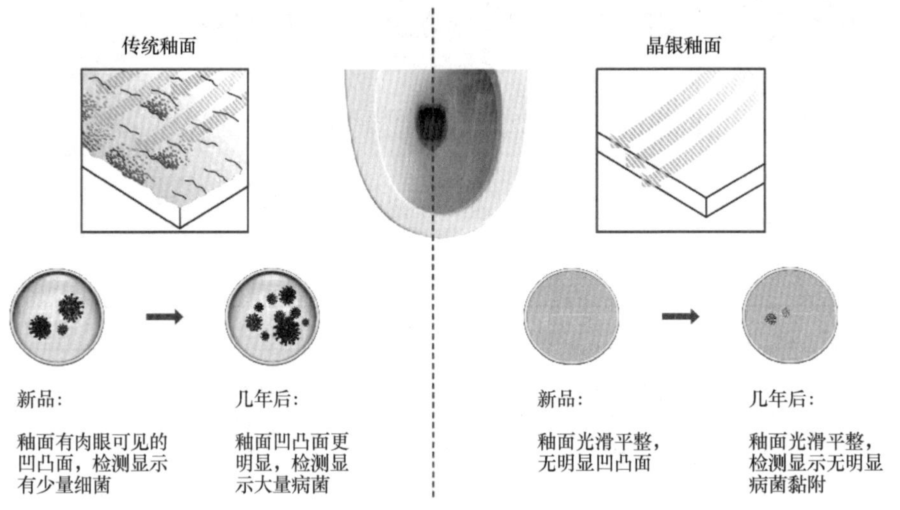

图 8-7　釉面使用效果对比

晶银釉银离子长效抗菌：利用纳米银颗粒遇水的特性与陶瓷材料的特点，将含有纳米银的进口抗菌剂添加到易洁釉料中，马桶烧制后就会形成抗菌易洁的晶银釉玻璃层。经检测，面对厕所常见的大肠杆菌、金黄色葡萄球菌，晶银釉的有效抗菌率可达 97％以上。

图 8-8　晶银釉银离子冲水示意

冲立净技术：360°漩冲虹吸。该产品采用无棱角内边缘设计，完美避开封闭水路易藏污纳垢的特点，无卫生死角，更易清洁打理（图 8-8）。

四、双腔双孔节水马桶

双腔双孔节水马桶通过与洗脸盆下方防溢防臭蓄水桶的组合来实现废水再利用，达到节水目的。双腔双孔节水马桶是在现有坐式马桶的基础上研发的，主要包括坐便器、马桶水箱、隔水板、废水腔、净水腔、两个进水口、两个排水孔、两个独立的冲刷管道、马桶触发装置和防溢防臭蓄水桶。

生活废水经防溢防臭蓄水桶和连接管储存至马桶水箱废水腔，多余废水经溢水管排至下水道；废水腔进水口不设进水阀，废水腔排水孔、净水腔排水孔、净水腔进水口均设有阀门；马桶冲刷时同时触发废水腔排水阀和净水腔排水阀，废水经废水冲刷管道从下面冲刷便盆，净水经净水冲刷管道从上面冲刷便盆，共同完成坐便器的冲洗。

五、无水免冲马桶

1. 无水免冲生物马桶

通过滑板式粪尿分离器，将大便和尿液进行分离。坐便器采用人体工学设计，内壁有纳米不粘涂层，按照小便在前、大便在后的原理，小便直接从尿液收集器快速流入尿液处理系统，尿液处理装置迅速将尿液降解（图 8-9）。杀灭新冠病毒等有害病菌，消毒处理后引流排放，也可用作绿化灌溉的液肥使用；粪便则与微生物菌充分混合，高温发酵技术迅速有效地杀灭粪便中的病毒、病菌，同时快速将粪便发酵降解成有机肥，实现 99%粪便体积消减。无须水冲，不排污，不产生气溶胶等传播媒介，避免了新冠病毒和细菌的粪口传播的风险。

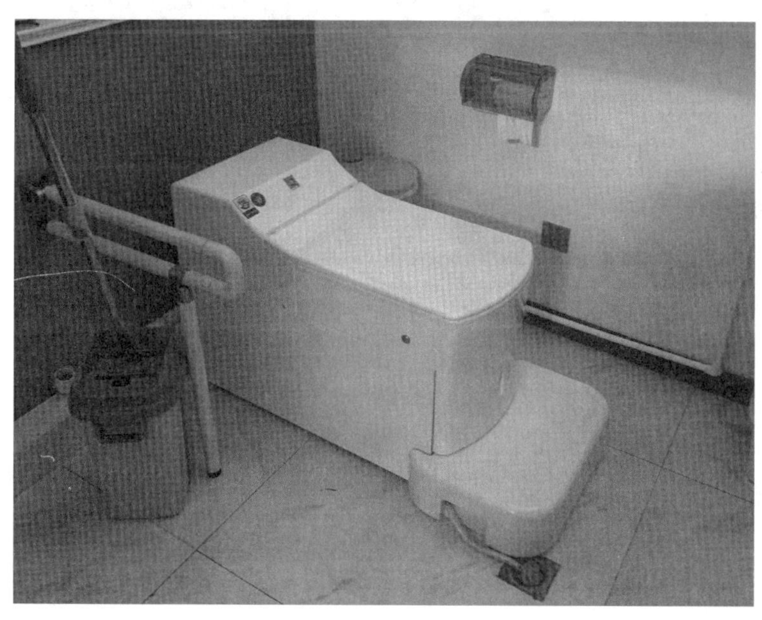

图 8-9　“兰标”无水免冲生物马桶

如厕时产生的异味，可通过新风系统除臭处理后排出。“兰标马桶”针对低温天气，设计了温度补偿系统，冬季也可以正常使用。生物菌的添加及有机肥的清理仅需一年一次，卫生方便快捷；寒冷地区使用电费约 60 元/年，其他地区约 30 元/年，每年定期维护时，用户都可以用产出的高品质有机肥到最近的指定经销点或售后维保站来抵扣部分维护费用，兰标公司再对有机肥进行包装销售，做到了真正意义上的资源循环利用。

产品特点为：

（1）无须用水，符合厕所卫生规范；

（2）无害化处理、资源化利用、环境友好；

（3）寒冷、缺水、少水地区可正常使用；

（4）避免二次处理带来的各种不便和风险；

（5）轻便设计，不受上下水限制，使用便捷；

（6）使用成本低，维护简便；

（7）产品适用范围广：适用于高寒、缺水、山区等无下水管网区域，以及生态环境脆弱等区域。

2. 负压式免水冲马桶

负压式免水冲马桶如图 8-10 所示。

图 8-10　负压式免水冲马桶

利用便器内部负压，使臭气下排，源头去味。坐便器每次冲水，只用 3L 左右。总节水率约 70%，同时减少相应的污水处理量。

六、智能马桶

智能马桶的重要功能体现在马桶盖上：智能马桶盖的材质为工程塑胶及抗菌 PP，造型符合人体工程学，舒适、便洁、智能，是如今乡村别墅家庭的最佳配置。

1. 人性化的设计与便洁

（1）在马桶盖上设有自动清洗喷头，通过喷出温水清洗私处，起到自动清理作用，随着智能马桶越来越人性化的改造，它变得几乎完美。

（2）一键全自动，一键专属模式，实现专属化智能模式，程序控制自动化实现：私处清洗＋冲水排污＋暖风臀部烘干，为老人小孩提供了很大的方便。

（3）使用完毕，仅需用手纸吸附臀部个别位置零星残留水滴，下一个人就能正常使用。

2. 智能化的自净与消杀

如今的智能马桶，功能完善，安全方便，普通马桶困扰人的异味智能马桶能有效去除，随时保持厕所空气清新。智能马桶独特设计的水洗功能，能够很好地对臀部进行清洗，喷头伸出或缩回时，自动喷出小股水流对喷头进行自我清洁，时刻保持喷头及清洗水流洁净，富含气泡的脉动清洗水流还能对人体起到很好的按摩作用。智能化自动感应，在没感应到人体入座前，锁定洗净和烘干等功能，避免误触发。使用者离开后，会自动放水冲刷排污。

3. 智能防臭节水马桶

（1）智能技术。自动冲洗，把马桶的“S”弯水封堵改变为直排式防臭阀泡沫封堵。

（2）防臭技术。排泄物就是臭源，大于 25g 排泄物直接排入排污管，便腔里没有排泄物，没有臭源，马桶里就不会臭。

（3）节水技术。在结构上技术创新，改革原来的水封堵方式，直排式结构可以用少量的水把污渍冲走。

（4）卫生健康技术。采用先进的智能自动控制。防溅，没有水溅屁股的尴尬。无须触摸，使用之后会自动冲洗和用泡沫覆盖封堵（图 8-11）。

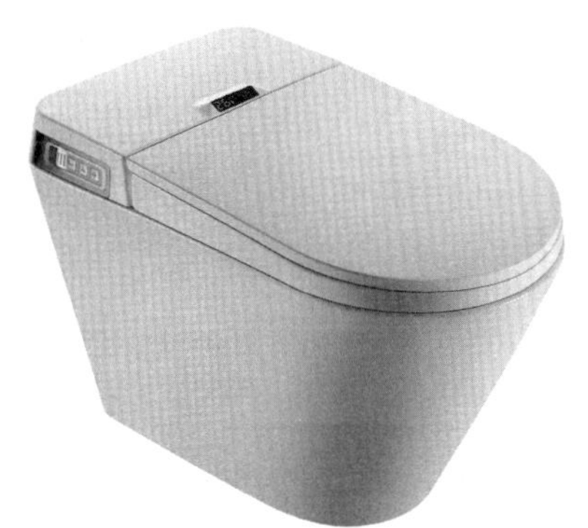

图 8-11　智能马桶外观图

4. 智能马桶的特点

（1）人体工学座圈设计，贴合大腿曲线，有效分散座圈上的压力点，让大多数使用者入座舒适，久坐不累。子母座圈组合，满足大人和小孩不同的使用需求。

（2）抗菌易洁釉面+智能预湿润+超漩冲刷，便器内壁智净不藏污。

（3）一键全自动+双用户记忆功能操控模式，简易智享专属洗护。

（4）抗菌座圈，即热活水，智能除臭，电解水杀菌，全方位守护洁净健康。

（5）脚触感应翻圈、翻盖、冲水，免接触，便捷卫生。

5. 智能便洁套

智能便洁套如图8-12所示。

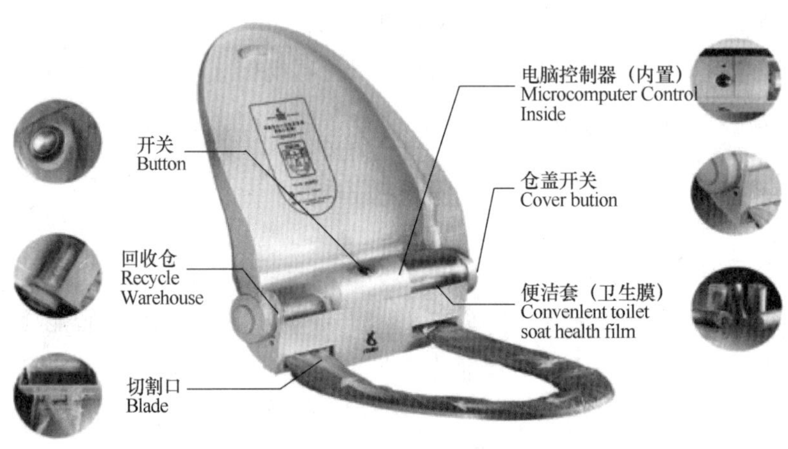

图8-12　智能便洁套

智能便洁套的特点为：

（1）自动切换一次性便洁套（卫生膜）。更卫生、更健康，提升服务档次和客户满意度。

（2）安装简便，适配率高。轻松与95%以上的各种马桶配套安装使用。

（3）便洁套材料是无毒聚乙烯，达到食品包装标准。便洁套经过柔化、干燥处理，坐着不黏身体，更舒适。

第二节　小便斗

小便斗是用于收集男士尿液并冲入下水管的器物。其由黏土或其他无机物质经混炼、成型、高温烧制、吸水率≤0.5%的有釉瓷质制成。小便器的分类：按结构分为冲落式、虹吸式；按安装方式分为斗式、落地式、壁挂式。普通型小便器冲洗用水量不大于5L，节水型不大于3L，同样应有合格的洗净功能和污水置换功能。小便器常与红外感应装置连用以实现节水，多用于公共场所的厕所，有些家庭的卫浴间也装有小便斗。

小便斗通常分为节水型与免水型两种。

一、节水小便斗

节水型小便斗指每次用水不大于 3L，同样应有合格的洗净功能和污水置换功能。

（1）手按式：有按压装置，便后手按，即可冲水，使小便斗保持干净（图 8-13）。

（2）感应式：指小便器通过红外感应装置连用，不用手按，避免交叉感染（图 8-14）。

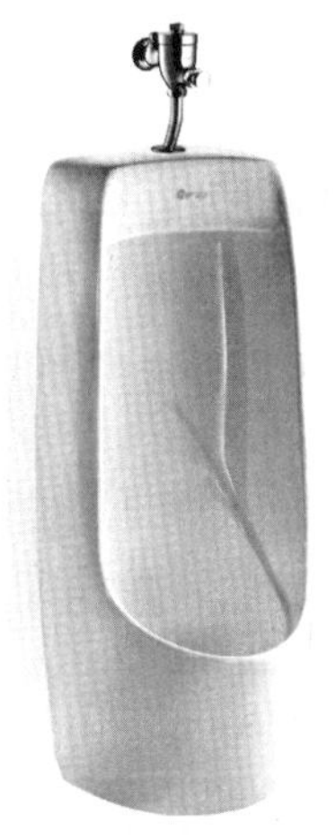

图 8-13　落地式手按小便器

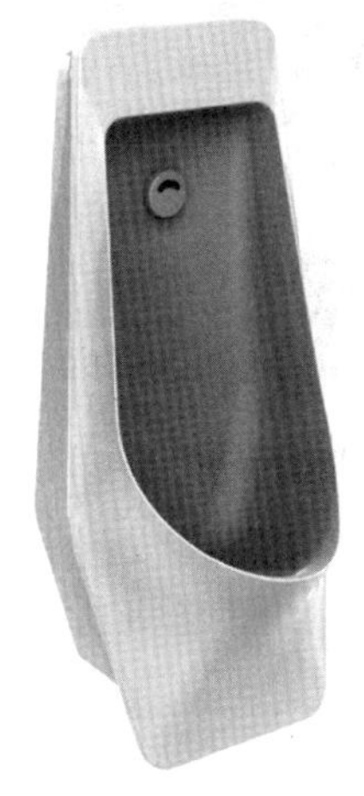

图 8-14　挂墙式感应小便斗

（3）特点：①高端弧度线条设计，造型充满艺术美感；②一体化感应出水装置，简洁大气不失科技感；③密度大，承重好；④陶瓷无传统电池槽盖设计，不易藏污。

二、免水冲小便斗

1. 纳米免水冲

纳米免水冲洗小便器如图 8-15 所示。

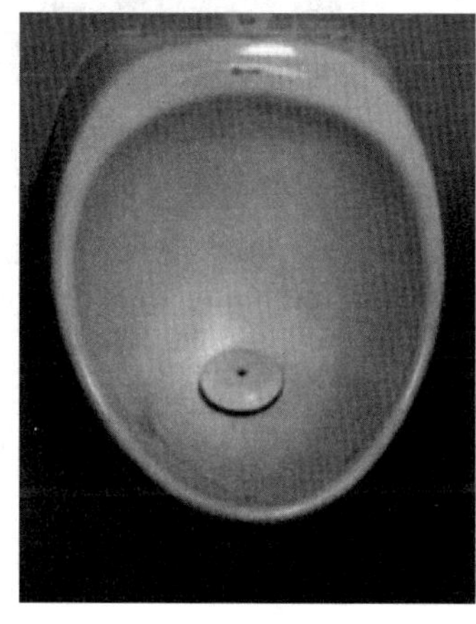

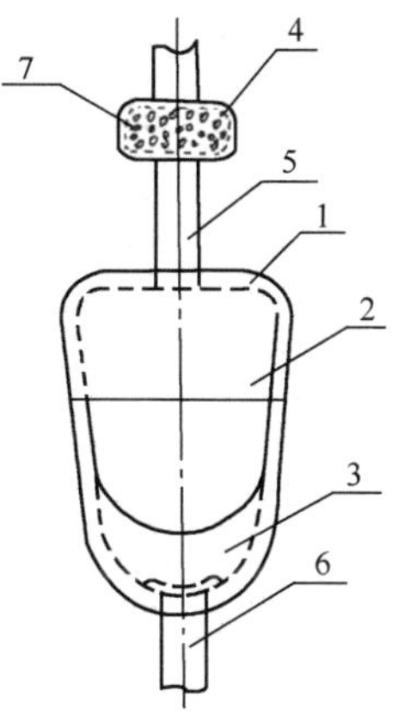

图 8-15　纳米免水冲洗小便器

1—小便池；2—排气罩；3—尿池；4—过滤器；5—排气管；6—泄尿管；7—滤芯

图 8-16　生物降解式小便斗

纳米免水冲洗小便器：根据流体力学原理和光洁智洁釉面陶瓷烧制，在配方中加入氧化铝基复相陶瓷成分及稀土盐，在 1200℃高温下烧制，尿液不易滞留，无异味，是当今公厕及家庭户厕的首选。

2. 生物降解式

生物降解式小便斗如图 8-16 所示。

微生物除臭剂如图 8-17 所示。

原理：通过生物降解的方法，将尿液降解成无色无味的液体，自行排出小便器。

清洗方法：将生物降解液按照 1∶30 比例兑水稀释，定期喷于小便器内壁。

3. 负压式

负压式小便斗如图 8-18 所示。

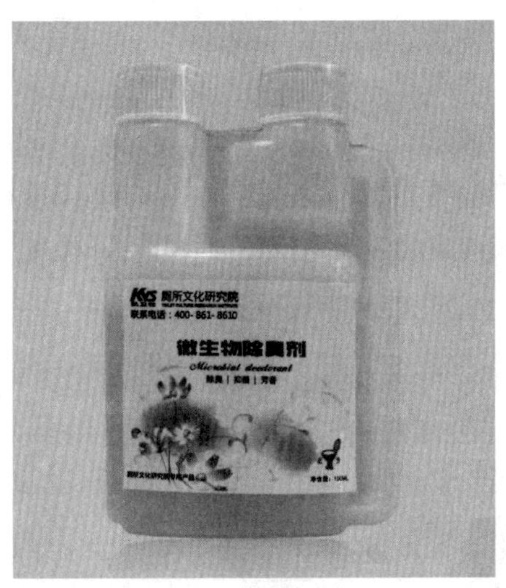

图 8-17　微生物除臭剂

图 8-18　负压式小便斗

利用便器内部负压，使臭气下排，源头去味。小便斗使用时，免冲水，每天只需普通保洁一次。

第三节　洗手盆等洁具

洗手盆洁具按款式分类：

（1）台上盆，即安装在台面上，盆体上沿在台面上方的面盆。

（2）台下盆，即安装在台面上，整个盆体在台面下方的面盆。

（3）柱盆，不需安装台面，面盆下方靠柱体支撑的面盆。

洁具按材质分类：

（1）陶瓷盆，用瓷土等原材料经过高温烧制成型的面盆。

（2）玻璃盆，用钢化玻璃作为原材料经过加工成型的面盆，多为台面盆体成套出售。

（3）铸铁盆，用铸铁作为原材料经过锻造成型，表面附有一层搪瓷釉面的面盆，其特点是使用寿命长。

（4）亚克力盆，一种化学合成材料经过加工成型，多为盆体与台面一次成型，主要用于浴室柜台面。

一、台上盆

纤睿系列台上盆如图 8-19 所示。

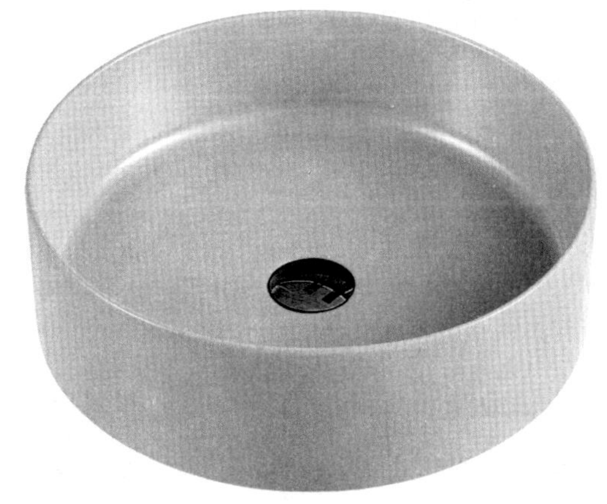

图 8-19　纤睿系列台上盆

台上盆的优势有以下两个。

1. 晶银釉，易洁抗菌

利用纳米银颗粒遇水的特性与陶瓷材料的特点，将含有纳米银的进口抗菌剂添加到易洁釉料中，台盆烧制后就会形成抗菌易洁的晶银釉玻璃层。经检测，晶银釉的有效抗菌率可达到 97％以上。

2. 高温烧制，光洁台盆

台盆经过 1200℃以上的高温烧制完成，盆面光滑细腻，简洁大方，密度好，玻化程度高，陶瓷体吸水率低，吸收率低让陶瓷体防臭，更不易发黄。同时，釉面升级，从低白度的暖色调升级为高白冷色调，外观更高级大气。

二、台下盆

通用台下盆如图 8-20 所示。

图 8-20　通用台下盆

第四节　蹲便器

蹲便器是指使用时以人体取蹲式为特点的便器。蹲便器分为无遮挡和有遮挡两种，蹲便器结构则分为返水弯和无返水弯。存水弯的工作原理，就是利用一个横“S”形弯管，造成一个“水封”，防止下水道的臭气倒流。

这个存水弯的高度得看采用的什么形的存水弯，以及下水道水平干管的高度。如果水平干管比地面低得不太多，应该采用“P”形返水弯，可以用一截带承插口短管来配合安装高度，没有规定长度，使得水平管有坡度就行。这一段短管在蹲便器和返水弯之间。如果是楼房立管留出的接水口在楼板下面，或者干管的位置比较低，就应该采用“S”形存水弯，在蹲便器的下面用一截带承插口的短管补上高度差。总之，没有这个高度的严格规定，如果在装修时，蹲便器的地面起一个台阶高度，还得加上这个尺寸。

由于传统蹲便器存在安全隐患，人们对蹲便器有了新的需求，因此发明了一种“翻盖式蹲便器”，这是由中国人发明创造的，属全球首创。安全、环保、节水、防臭型翻盖式蹲便器的诞生，有效控制了几十年来传统蹲便器蹲便器因便池滑倒、卡脚等产生的安全问题，在高房价时代更好地利用了空间，同时具有美观大方等诸多便利，更是克服了经常因掉东西进便池而堵塞下水管道的难题。

一、节水型蹲便器

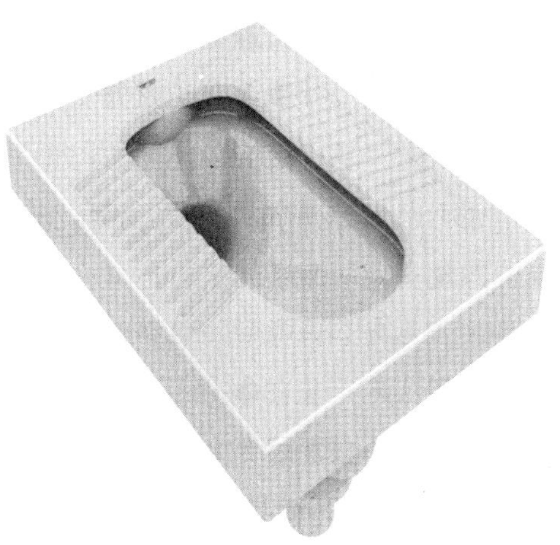

图 8-21　节水型蹲便器

节水型蹲便器如图 8-21 所示。

该厕具的特色：

(1) 4.9/7L 双挡冲水，节水型蹲便器；

(2) 主管道配置隐藏式内喷射副冲，低噪声，冲力强；

(3) 超漩冲洗配合虹吸管道，冲吸双管齐下，排污效果好；

(4) 1200℃高温煅烧，釉面平整不易黏附。

二、无水圈式蹲便器

与常规分水孔式蹲便器对比，减少分水孔数量，主体结构有导流面和变向面，冲刷时形成强劲水流，冲水效果强，减少卫生死角，方便清洁，卫生洁净。

负压式蹲便器利用内部负压，使臭气下排，源头去味每次冲水，只用 3L 左右，总节水率约 70%，同时减少相应的污水处理量（图 8-22）。排污管径约是普通便器排污管

图 8-22　负压蹲便器

径的两倍，且和厕所内排污管均为直排，冲水时，也无气流反冲，使用过的卫生纸，可直接扔进蹲便器、不易堵塞，易冲走。

第五节　纳米晶陶技术在乡村厕所中的运用

纳米晶运用 TAC（Template Assisted Crystallization）技术，即离子晶体化技术，就像火山喷发时产生的能量会形成水晶和钻石一样。纳米晶高能量聚合球体上的原子级晶核产生的能量能把水中的钙、镁、碳酸氢根离子转变成晶体，它们不溶于水、不沉于水底，肉眼看不着，漂于水中；同时通过纳米晶高能聚合球体的水中也含有巨大能量，能够把管道内壁上和开水炉中已有生垢溶解排出，提高水的通量和热效率；纳米材料是指尺寸（包括晶体尺寸和颗粒尺寸）小于 100nm，具有纳米效应（包括很多）。而微晶材料是指晶体尺寸小的材料。纳米晶利用高能聚合球体，把水中钙、镁离子、碳酸氢根等打包产生不溶于水的纳米级晶体，从而使水不生垢，达到软化的目的。

采用纳米晶陶技术的水龙头如图 8-23 所示。

纳米晶陶技术的优点：纳米水龙头，防污、耐化学腐蚀、抗菌性能强，疏水性好，易清洁，是高光泽度的纳米陶瓷涂层水龙头新产品（图 8-24）。相对其他采用电镀技术的产品，在表面硬度、耐刮划、耐腐蚀和耐老化等性能上，纳米陶瓷涂层龙头有其突出的优势。并且，其耐老化、耐腐蚀性能突出，可完全替代电镀水龙头，尤其适合腐蚀性环境时引用。纳米水龙头工艺适合大批量生产制造，具有产能高、效率高、机械化程度

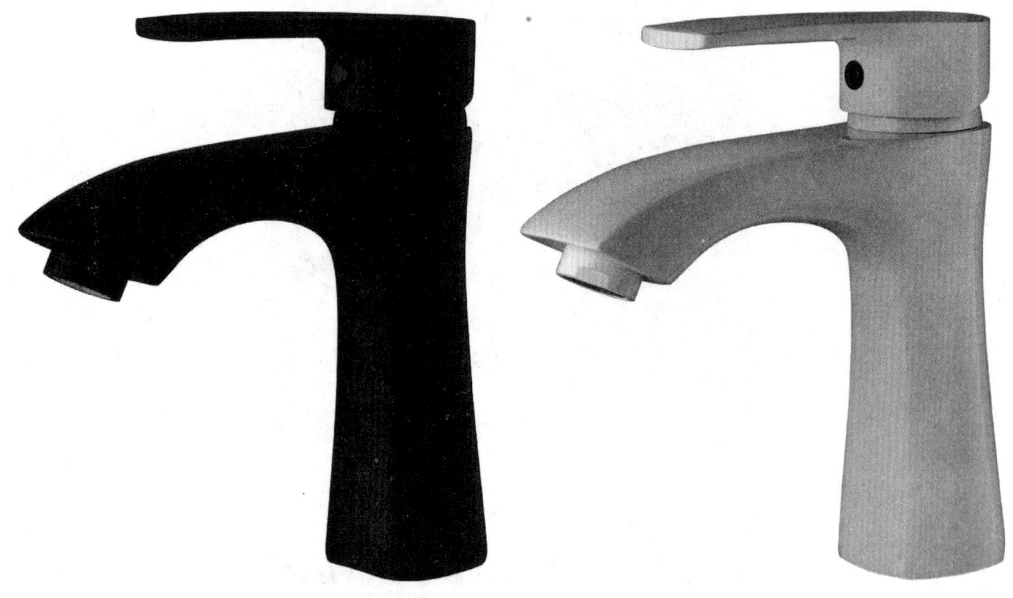

图 8-23　采用纳米晶陶技术的水龙头　　　　图 8-24　纳米水龙头

高的特点，且该技术不仅限于金属表面材质，常规的多种材质都适合。另外，电镀工艺对水污染是非常严重的，采用了纳米工艺可降低工业上的污染，产品在生产和使用环节都能做到节能环保。该水龙头使用抑菌低铅铜，铅析出量低于 1μg/L，远远优于国标 5μg/L 的铅析出标准，安全、环保、健康。

第六节 厕所新型给排水技术

一、移动厕所的给排水系统

针对现有技术存在的不足，提出一种移动厕所的给排水系统，其通过设置沉淀池，收集洗手池排出的废水，并用于冲洗便池，以达到水资源再次利用的目的。

其是通过以下技术方案得以实现的：这种移动厕所的给排水系统，包括洗手池、储水箱、便池、排污管道、下水管道，储水箱设置在移动厕所的顶部，储水箱与洗手池之间设有第一送水管，储水箱与便池之间设有第二送水管，便池与排污管道连通，还包括设置在地下的沉淀池，沉淀池上设有回水管，回水管连接在沉淀池和便池之间，洗手池与沉淀池连通。储水箱向洗手池供水，洗手池中使用后的废水不再直接进入下水管道，而是被排放到沉淀池中，在沉淀池内进行沉淀后利用水泵并通过回水管进入到便池内，进行冲洗，之后在从储水箱向便池通入少量清水，用于清除废水的残留，保持便池的清洁。通过这种方法来冲洗便池，降低了清水的使用量，有效节省了水资源。

移动厕所的给排水系统包括洗手池（2）、储水箱（1）、便池（3）、排污管道（9）、下水管道（4），储水箱（1）设置在移动厕所的顶部，储水箱（1）与洗手池（2）之间设有第一送水管（11），储水箱（1）与便池（3）之间设有第二送水管（12），便池（3）与排污管道（9）连通；还包括设置在地下的沉淀池（5），沉淀池（5）上设有回水管（15），回水管（15）连接在沉淀池（5）和便池（3）之间，洗手池（2）与沉淀池（5）连通（图 8-25）。

二、墙排式给排水系统

墙排式是指在卫生间洁具后方砌一堵假墙，形成一定宽度的用以布置管道的专用空间，排水支管不穿越楼板，在假墙内敷设、安装，在同一楼层内与主管相连接(图 8-26)。

1. 优点

（1）排水管埋在墙内，不用担心水管裸露在外的问题，整体简洁、美观、视觉效果好。

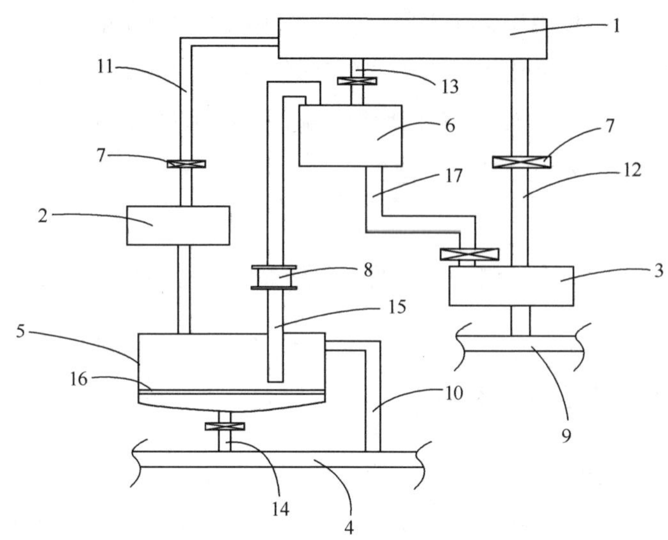

图 8-25　给排水系统

1—储水箱；2—洗手池；3—便池；4—下水管道；5—沉淀池；6—中水箱；7—阀门；8—水泵；9—排污管道；10—溢流管；11—第一送水管；12—第二送水管；13—第三送水管；14—排水管；15—回水管；16—吸附层；17—连接管

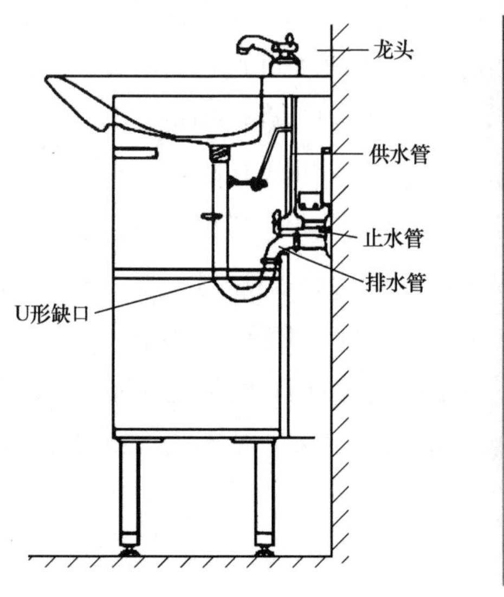

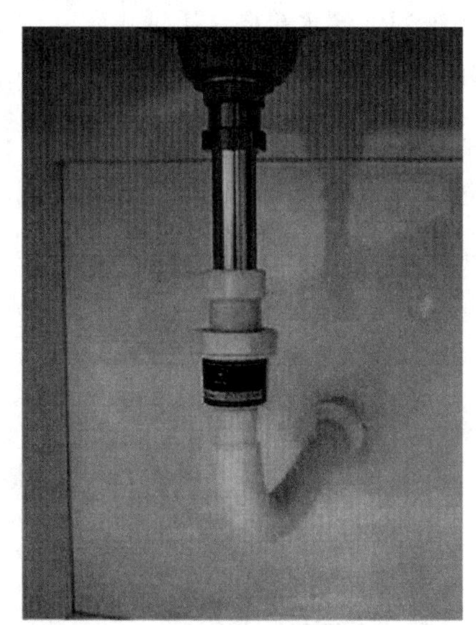

图 8-26　入墙式排水

（2）排水管与地面不接触，没有卫生死角，打扫卫生时比较方便。

（3）由于墙排水是悬空安装，因此给底部增加了收纳空间。

（4）节约水资源。

2. 缺点

（1）排水管多了几个转弯，下水速度会变慢，相比地排水容易造成堵塞。

（2）施工复杂，费用较高。

第七节　乡村厕所的冲洗设备

便溺用卫生器具必须设置冲洗设备。冲洗设备应具有冲洗效果好、耗水量小、冲洗水压大等优点，并且在构造上具有防止回流污染给水管道的功能。常用的冲洗设备有冲洗水箱和冲洗阀两大类。

一、冲洗水箱

目前厕所所用冲洗水箱的种类较多，可分为手动冲洗水箱和自动冲洗水箱，手动冲洗水箱主要用于人流量少的公共卫生间，最常见的有手动水力冲洗低水箱、手动虹吸冲洗高水箱、套筒式手动虹吸冲洗高水箱、提拉盘式手动虹吸冲洗水箱。自动冲洗水箱适用于人流量大的公共厕所便槽的冲洗及其他卫生设备的冲洗，最常见的有膜阀式自动冲洗水箱、脉冲阀切门式自动冲洗水箱、虹吸式自动冲洗水箱等。

1. 手动水力冲洗低水箱

手动水力冲洗低水箱是装设在坐式大便器上的冲洗设备，使用时扳动扳手，橡胶球阀沿导向杆被提起，箱内的水立即由阀口进入冲洗管冲洗坐便器。当箱内的水快要放空时，借水流对橡胶球阀的抽吸力和导向装置的作用，橡胶球阀回落到阀口上，关闭水流，停止冲洗。这种冲洗水箱常因扳动扳手时用力过猛使橡胶球阀错位，造成关闭不严而漏水（图 8-27）。

手动水力冲洗水箱具有足够冲洗一次用的储备水容积，可以调节室内给水管网，

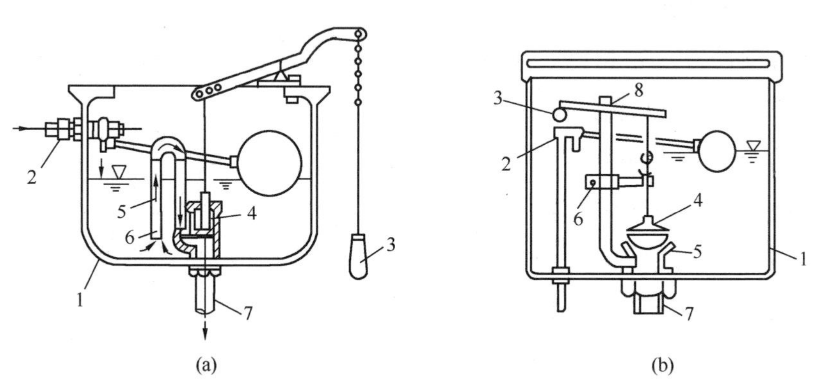

图 8-27　手拉冲洗水箱

（a）高位水箱塞闭阀

1—储水箱体；2—进水控制阀；3—拉线；4—开关扳手；5—负压抽吸；6—导向装置；7—阀座（出水口）

（b）低位水箱塞闭阀

1—箱体；2—浮球进水阀；3—放水扳手；4—球塞；5—排水底座；6—导向杆；7—排水阀出口；8—溢流管

同时供水的负担，使水箱进水管管径大为减小；冲洗水箱起到空气隔断作用，可以防止回流产生。在两层别墅设计图建筑的卫生间内常采用这种冲洗水箱。这种冲洗水箱的缺点是工作噪声较大，进水浮球阀容易漏水，水箱和冲洗管外表面易产生结露。

2. 提拉盘式手动虹吸冲洗低水箱

提拉盘式手动虹吸冲洗低水箱是坐式大便器常用的冲洗设备，其特点是冲洗强度大，人工控制形成虹吸，工作可靠，水箱出口无塞，避免了塞封漏水现象，缺点为每次提拉冲洗，无论是冲洗大便或小便（小便次数多），都会将整箱自来水用完，用水量较大（图 8-28）。

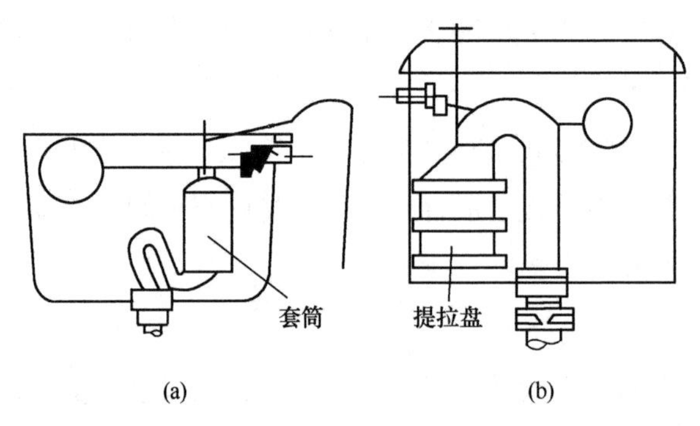

图 8-28 提拉盘手动虹吸冲洗水箱结构示意

提拉盘式手动虹吸冲洗水箱由提拉筒、弯管和筒内带橡皮塞片的提拉盘组成。使用时提起提拉盘，当提拉筒内水位上升到高出虹吸弯管顶部时，水进入虹吸弯管，造成水柱下流，形成虹吸，提拉盘上盖着的橡皮塞片，在水流作用下向上翻起，水箱中的水便通过提拉盘吸入虹吸管冲洗坐便器。当箱内水位降至提拉筒下部孔眼时，空气进入提拉筒，虹吸被破坏，随即停止冲洗。此时，提拉盘回落到原来的位置，橡皮塞片重新盖住提拉盘上的孔眼，同时浮球阀开启进水，水通过提拉筒下部孔眼再次进入筒内，准备做下次冲洗。

3. 虹吸式自动冲洗水箱

与其他自动冲洗水箱相比，利用虹吸原理的虹吸式自动冲洗水箱具有结构简单、管理方便、价格低廉、不易破坏等优点。虹吸式自动冲洗水箱一般用于集体使用的卫生间或公共厕所内的大便槽、小便槽、小便器的冲洗。其特点是不需要人工控制，利用虹吸原理进行定时冲洗，其冲洗间隔由水箱进水管上的调节阀门控制的进水量而定。其结构如图 8-29 所示。

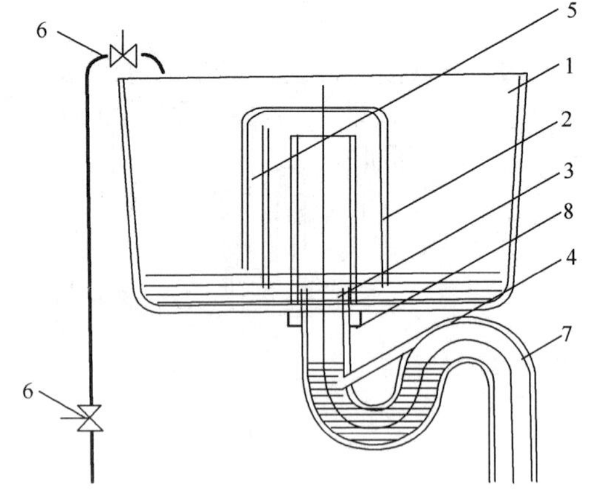

图 8-29 虹吸式自动冲洗水箱结构图

1—水箱体；2—钟罩；3—中心管；4—导气管；5—虹吸破坏管；6—水阀；7—双 U 形弯头；8—螺母

虹吸式自动冲洗水箱的结构由水箱体、钟罩、U 形弯头构成的中心管、螺母等组成，整个结构中所有零件都可以用塑料材料制作。冲洗水由上、下水阀流入水箱体，使水箱体内水位逐步上升，钟罩内的空气随水位上升被压缩。当钟罩内水位超过中心管后，则溢流到中心管内。

由于钟罩内的空气有一定的压强，该压强一般高于外界的大气压，因此溢流产生时的水箱体水位比中心管的管口高。随着溢流的产生，在溢流的作用下，压缩在钟罩顶部及中心管上部的空气被逐步带走，由中心管上的导气管排出。刚开始时，随着钟罩内空气压强的减小，溢流水量大于水阀的进水流量，就能迅速使得钟罩内形成局部相对真空，在溢流水的引导下产生虹吸作用。这时，水箱体内的水在大气压的作用下，迅速通过钟罩、中心管、双U形弯头直冲到公厕的便坑内，将便坑冲洗干净。当水箱体水位下降到虹吸破坏管的管口时，由于空气进入了钟罩，使虹吸破坏，水流停止，水箱体的水位又开始上升，如此循环不已，产生脉冲效果，及时将公厕冲洗干净，达到自动冲洗公厕的目的。

虹吸式自动冲洗水箱在使用时打开上、下水阀，根据需要调节上水阀水流量来控制冲厕周期长短的不同要求，不用时将下水阀关闭即可，使用十分方便。既可用于新建公用卫生间，也可用于旧公用卫生间冲洗水箱的改造。水箱体可与膜阀式自动冲洗水箱体通用，改造时只要把内部膜阀结构换成钟罩、中心管即可使用，可减少已有冲洗水箱的维修成本。

4. 光电数控冲洗水箱

大型的公共厕所，一般采用沟式大便槽，其冲洗装置一般采用蓄水箱加浮球阀控制以实现定量冲洗，这种冲洗装置虽具有结构简单、成本低、操作方便的优点，但由于其结构限致，只能定量冲洗，不能根据入厕大便者的人数合理冲洗，这样必然造成无人入厕大便时也自动冲洗大便槽，这不仅浪费了大量的自来水，特别是夜间，无人如厕大便时，它也定量按时冲洗，产生的噪声对周围环境造成干扰，影响了人们的休息。

光电数控冲洗水箱是一种结构简单、性能可靠，能根据如厕人数多少合理冲洗大便槽的数控冲洗装置。该装置由光电转换电路、计数电路、比较电路、双稳态触发电路、功放电路依次串接而成，同时，计数电路的另一输出端接延时电路输入端，延时电路输出端接双稳态触发电路的另一输入端。通过这种光电数控装置自动记录使用人数，当使用人数达到预定数目时，水箱即自动放水冲洗。当人数达不到预定人数时，则延时20～30min 自动冲洗一次，如再无人如厕，则不再放水。此装置可以在乡村旅游景区大力推广。

二、冲洗阀

冲洗阀是冲洗便溺用卫生器具的专用阀门。其可按照使用途径、功能结构、控制方式等分类，按使用途径可分为大便器冲洗阀和小便器冲洗阀；按功能结构分有普通冲洗阀、自闭式冲洗阀和延时自闭式冲洗阀；按控制方式分有手动冲洗阀、脚踏冲洗阀和感应式冲洗阀。常用的阀体材料有铸铜和塑料，且阀体下设有真空破坏器，以防止产生回流污染。

机械式水阀采用机械结构实现水阀的启闭，在启闭的过程中需要手按压或旋转，这种水阀容易导致细菌交叉感染，从而导致疾病的传播。因此，医院、公共厕所、宾馆、学校等公共场所的机械水阀正在逐渐被淘汰。感应式水阀是为了克服上述机械式水阀的缺点而发展起来的，只要手伸到其感应窗的前方，水阀就会自动开启，手离开感应窗水阀就自动关闭，其主要原理就是利用红外线感应信号触发电磁阀的开启和关闭来实现水阀的启闭。这种感应式水阀的缺点是结构较复杂、成本高，由于需要电源，存在用电安全隐患，浪费电能。

1. 手动冲洗阀

以旋钮冲洗阀为例，旋钮式冲洗阀适用于家庭厕所冲水使用，大方美观，使用和维修方便，冲洗力大，用水量少。除密封件外，其余部分均采用工程材料制备，具有体积小、重量轻、价格便宜等优点。

旋钮冲洗阀主要由阀体、活动芯组件、延时水腔盖组件及其他防污器组件、进水管、出水管胶垫等构成（图 8-30）。阀体主要由进水口、出水口、密封隔墙、延时水腔组成，活动芯组件包含一系列构件，构件组成包括活动芯，活动芯 V 型胶垫、活动平面胶垫、平面胶垫固定三叉、活动芯杆、活动胶垫、活动芯复位弹簧、固定螺母、针

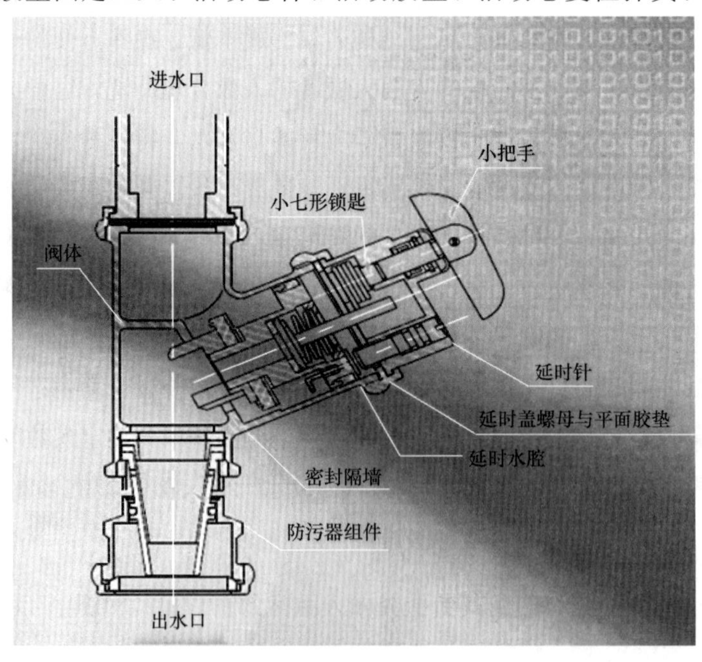

图 8-30　旋钮冲洗阀结构图

孔等。

旋钮冲洗阀在使用时扳动小手把，小手把与小七形锁匙扳动活动芯杆，活动芯杆与芯杆胶板开隙缝，延时水腔的水从隙缝排出，通过进水口水压推开活动芯，管路中的水通过阀体出水口流出，达到冲洗厕所的目的。当放开小手把时，锁匙回位，活动杆回位，关闭延时水腔排水，通过活动芯延时针孔进入的水到延时腔内，压力逐渐增大，活动芯组件向密封隔墙端面运动，3～10s 自动延时关闭。

2. 脚踏式冲洗阀

脚踏式冲洗阀适用于公共卫生间等场所，是利用瞬时的水压差达到冲厕目的的一种机械冲厕装置。以脚踏自闭式延时器为例，在平时状态，下胶圈与阀体水腔内的水压加阀芯重力共同作用使下胶圈与出水口密封阻断水路，人踩脚踏板后，阀芯卸压杆偏离轴心 3～5°的倾斜角，冲洗口与阀体水腔连通，此时，就在阀体水腔上部的静压力被释放的瞬间，腔内压力与大气压相等，管道内水压力推动阀芯上移，管道水与出水口相通，形成较大水流，完成冲水动作。在冲水的同时，阀芯上移，阀芯上胶圈与上水腔密封，管道水通过阀芯进水口过滤网后的 1mm 加压进水针孔向增压水腔供水，随着上水腔内水压的增加，迫使阀芯下移，阀芯下胶圈封住出水口，达到延时的目的。

（1）基础模型

脚踏式冲水阀实物如图 8-31 所示。

图 8-31　脚踏式冲水阀实物图

以脚踏自闭式延时器为例，阀门的整体是由四大部件组成：检修阀、连接管、冲洗阀（主体）、冲洗口。检修阀有一个水开关调节螺丝，以便于维修，冲洗阀体上有一个增压水腔和延时时间调整螺丝。阀体内有一个上下活动的阀芯，阀芯有铸铜和塑料两种材料，由卸压杆、进水口、增压针孔、上下密封橡胶圈组成（图 8-32）。

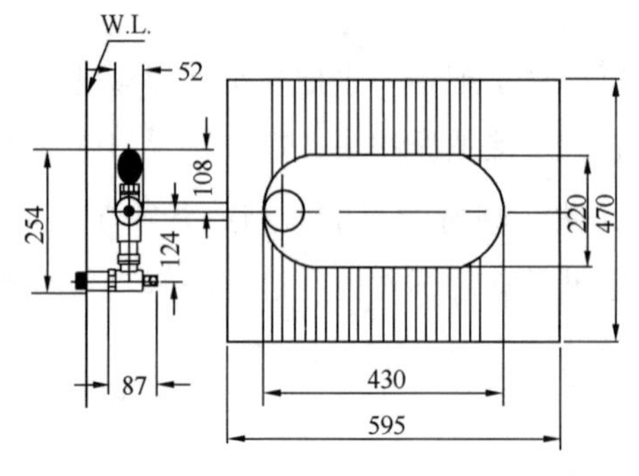

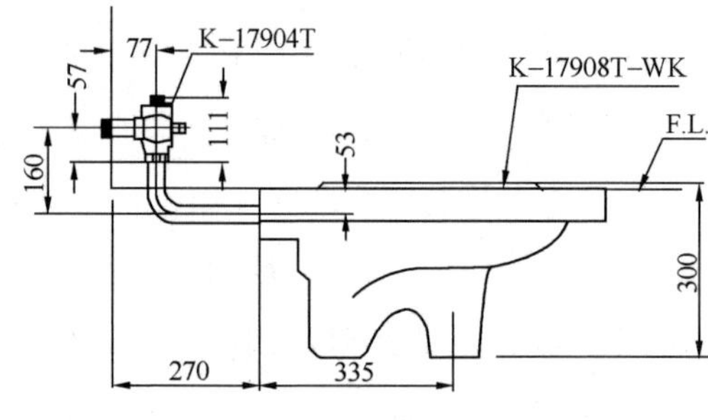

图 8-32　脚踏式冲水阀结构图

（2）技术要求

① 适用范围：适用于公共卫生间等场所的便器供水管路。

② 冲洗水量：大便器每次冲洗周期用水量≤8L，且各段冲洗水量符合产品明示要求；小便器每次冲洗周期用水量≤3L，且各段冲洗水量符合产品明示要求。

③ 最大瞬时流量：大便器冲洗阀最大瞬时流量≥1.67L/s；小便器冲洗阀最大瞬时流量≥0.25L/s。

④ 防虹吸性能（仅适用于大便冲洗阀）：防虹吸结构的空气吸入面到水面垂直距离为 40mm 时，出水口水位上升应≤20mm。

⑤ 水冲击性能（仅适用于大便冲洗阀）：水的冲击值≤1.5MPa。

⑥ 使用寿命：20 万次。

3. 电磁（红外感应）延时冲洗阀

（1）原理

感应式冲洗阀是一种新型的感应冲洗阀（图 8-33）。通过红外线反射原理，当人体的手或身体的某一部分在红外线区域内，红外线发射管发出的红外线由于人体手或身体遮挡反射到红外线接收管。红外线接收管通过集成线路内的微计算机处理后的信号发送给脉冲电磁阀。脉冲电磁阀接收信号后按指定的指令打开阀芯来控制头出水。当人体的手或身体离开红外线感应范围，电磁阀没有接收信号，电磁阀阀芯则通过内部的弹簧进行复位来关水。

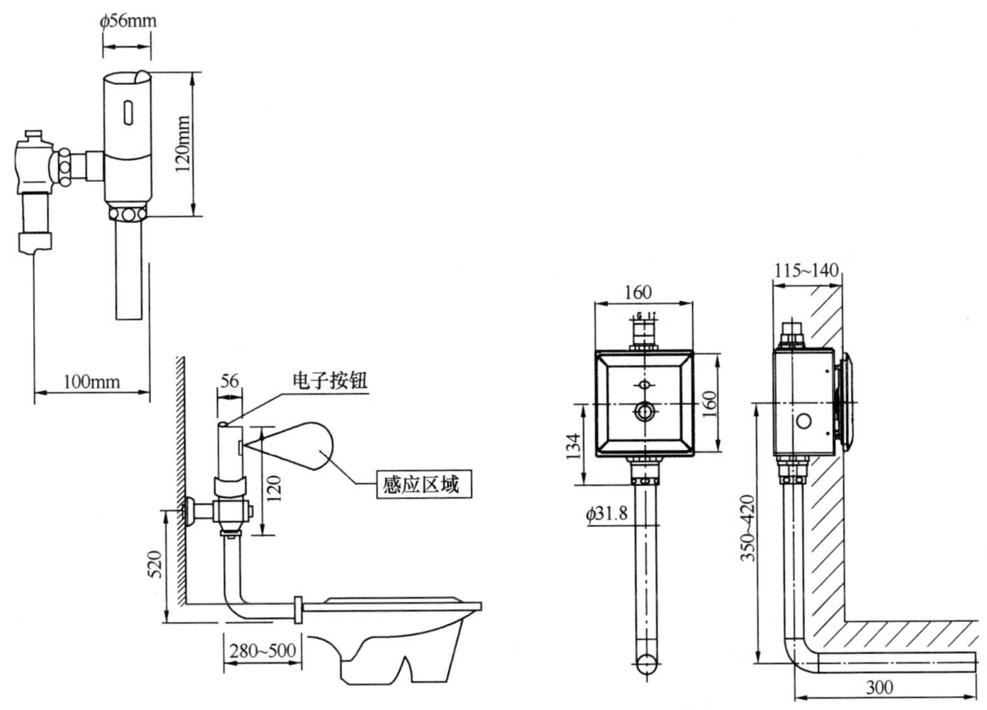

图 8-33　感应式冲洗阀

（2）基础模型

感应式冲洗阀包括本体、设于本体下部的固定座、设于固定座上的阀瓣、设于阀瓣上的电磁阀、设于本体前侧的发送、接收装置。该阀瓣下端设有出水口，阀瓣内其出水口处设有凸出的筒体，筒体上端为水位口，水位口旁设有密封口，密封口高于水位口，密封口旁设有泄压排水孔，泄压排水孔与出水口相通，阀瓣下部侧面设有进水口，进水口位于筒体的一侧，在固定座下方设有环形凹槽与阀瓣的进水口配合，本体的出水口与阀瓣下端的出水口对应相通。

感应式冲洗阀适用于高档酒店、宾馆、写字楼、机场等公共场所。近些年来，农村厕所革命作为一项重大民生工程，是实现乡村振兴战略迫切需要补齐的“短板”。机械冲厕设备虽然能满足乡村日常公共冲厕的需求，但存在耗水量大、设备易老化、定时统一冲水、卫生状况不太好、异味和蚊蝇普遍存在等问题。因此，当今许多乡村厕所的改革方向为调整机械冲厕为感应式冲厕。

第八节　乡村厕所的防火防震技术

在建筑设计中应采取防火措施，以防火灾发生和减少火灾对生命财产的危害。建筑防火包括火灾前的预防和火灾时的措施两个方面，前者主要为确定耐火等级和耐火构造，控制可燃物数量及分隔易起火部位等；后者主要为进行防火分区，设置疏散设施及排烟、灭火设备等。乡村厕所在建设以及施工过程中要充分考虑到防火防震要求，应满足低层建筑防火要求，在后期的管理维护中也要注意加强对于使用民众的防火防震知识培训，具体措施如下：

（1）居民火灾发生的绝大部分因素是由于建筑商选取的建筑材料。在以前的建筑材料中大部分都是易燃产品，耐火等级不达标，当火灾发生的时候，建筑材料也会跟随火灾的情势而发生燃烧。厕所主体材料要满足现行国家标准《建筑设计防火规范》（GB 50016—2014）的防火要求，防火等级应不低于 B1 级。

（2）厕所墙面可选用合适的防火涂料进行必要的装修装饰。所选防火涂料开启时不存在结皮、结块、凝胶等现象，涂装基层时不应有油污、灰尘和泥砂等污垢。在进行涂装时，不应有误涂、漏涂，涂层应闭合，无脱层、空鼓、明显凹陷、粉化松散和浮浆等外观缺陷。

（3）厕所内电路排布应规范，选用合格的用电线材，预先计算好照明设备以及排气设备等用电功率，避免因线路老化或功率超额等引发火灾。

（4）在后期管理维护过程中，应注意观察厕所墙体情况。发现墙体受潮严重，出现漏水、裂痕等现象时，应及时处理。

（5）厕所周围不堆放过多杂物，避免引发火灾。同时保持通道畅通无阻，出现火灾地震灾害时能够顺利逃生。

（6）加强对于民众的防火防震知识培训。

第九节　乡村厕所的节能技术

节能就是应用技术上可靠、经济上可行合理、环境和社会都可以接受的方法，有效地利用能源，提升用能设备或工艺的能量利用效率。针对不同类型的乡村厕所，应从保温、节电、节水等方面考量新型乡村厕所的节能技术。技术要求如下：

（1）根据不同地区的气候差异，选用合适的防潮保温涂料对厕所的墙面以及屋顶进行适当的涂饰。现在保温材料以有机材料为主，依据其应用性能在建筑类型、建筑尺度上受限制的情况，研发了以矿（岩）棉、玻璃棉、膨胀玻化微珠、泡沫玻璃保温系统为代表的无机保温材料外保温系统。

（2）厕所围护结构的构造。应防止围护结构内部保温材料受潮。

（3）厕所的照明。可以选择采用高效光源、高效 LED 灯具。公共区域的照明设备增加自动控制开关。

（4）厕所使用排风设备应采取节电措施。

（5）厕所的设计与建造应与地区气候相适应，充分利用自然通风和太阳能等可再生能源。建筑材料和装饰材料的光伏电池产品技术用于建筑，可提供空调及照明、供电的主要能源，近年来已成为世界太阳能利用的热点，是太阳能光电技术的重要发展方向。

（6）推广使用节水便器。对于使用水冲式厕所的地区，尽量使用经过处理的回用水或收集过多雨水进行冲厕，达到循环用水，节约水资源。

第十节　高寒地区的防冻技术

为治理农村卫生环境问题，特别针对农村厕所进行改革。在农村院落建筑，卫生间独立设置，冬天没有暖气装置，在寒冷的西北和东北地区，严冬一般在－10℃左右，这样就会冻结供水管道和便池，造成不能正常使用，甚至冻坏设备。因此，可采取以下措施。

一、深埋

模压化粪池的深埋深度一般在2500mm以内，这是其安全理论值。但是从实际来看，目前可以达到4000mm。因此，在高寒地区可以将化粪池深埋，以保证低温时化粪池不冻结（图8-34）。

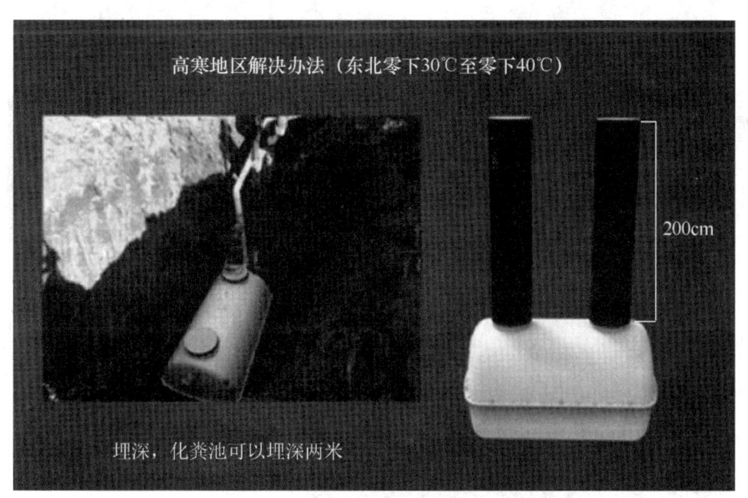

图8-34　化粪池深埋

二、电伴热带

在脚踩式压力桶中以及管道中加入电伴热带可以有效保证水不会冻结（图8-35）。其具有以下优势：

（1）安全性能优势。采用特种硅胶涂覆玻璃纤维为外部绝缘层。电气性能优越，绝缘耐压大于1500V/min。绝缘性能好，杜绝了加热器漏电的风险。其采用硅胶模压一体成型包裹工艺，防水防漏电性能优越。

（2）特种硅胶材质耐低温、耐高温、耐老化。可以在－60～200℃环境温度下长期使用而不影响性能。这是一般电器达不到的，并且阻燃，无明火。

（3）化学性能优越。耐水、耐酸、耐油、耐碱。

（4）加热迅速，热转换和热传递效率高。和被加热物体紧密接触，传热范围广，温度均匀，容易控制。

（5）功率无衰减。寿命可达10年以上，并且镍铬合金作为加热元件稳定可靠，长期使用，不会导致功率衰减。

（6）体积小，重量轻，安装方便，节省空间。

（7）防水性能优越，可达IP65的防护等级。

图8-35　加入电伴热带

废水管道电伴热装置是一种发热效率较高的防冻保温系统，结构简单、安装便捷（图8-36）。其与传统的防冻保温方式相比可节省成本达30%以上，效果提升更加明显。

图8-36　废水管道电热装置

这种电伴热装置的发热元件为伴热带，可适用于有各种防爆要求的场所，安全又节能。

第十一节　通风排气设备

乡村公厕人流频繁，加之特殊的环境影响，各种污浊气体混杂在一起，如不能及时排出将影响室内空气质量。这些气体成分复杂，包括人们呼出的气体、人身上携带的各种气味、便溺物散发的有害气体以及室内有机质残留造成的细菌大量繁殖产生的气体。其中，便溺物散发的有害气体成分主要为氨气、硫化氢和硫醇，这些气体不但气味难闻，而且会对人体的呼吸系统及裸露的黏膜产生很大的伤害。因此，卫生间的通风不仅涉及人的感受，而且关乎人的健康，是应该着重解决的问题。

人们不停地进进出出，会带动各区气体的相互流动，因此要想控制好各功能区的空气质量，必须对通风进行特殊的设计。公共厕所的通风一般采用自然通风和人工通风两种方式。人工通风可以在公共厕所的顶棚、墙壁、窗户上安装排气扇，将污浊空气直接排到通风管道或者室外，以达到公共厕所通风换气的目的。

相关规范只要求卫生间必须有通风设施。当厕所有可开启外窗的时候可不设排气扇，没有可开启外窗时就要设排气扇。在传统的公厕通风设计中，一般只设置顶部风扇或侧墙式风扇，使室内的气体形成统一的气流，然后排到室外。这种强制排风与没有风扇的自然通风方式相比，可以大大改善室内空气质量，是封闭式公厕的必然选择。但是，这种单一的统一通风方式忽略了便池位置上有害气体的扩散问题，事实上人为促使了便池局部有害气体在整个厕所的扩散，在一定程度上污染了整个厕所的空气。因而，传统的通风设计使得便池局部的有害气体始终是由局部扩散到整个空间，然后再逐渐通过长时间排风来实现室内空气的净化。这种先稀释后排出的通风方式缺乏科学性，因此即使一刻不停地开动排风扇也难以真正维持室内好的空气质量。现实中最突出的表现就是“一人出恭，众人闻味”。

长期以来，人们习惯地认为厕所本身就是比较脏的地方，有臭味是必然现象。这种观念在某种程度上阻碍了我们对公厕通风控制以及通风设施布局的科学认识和设计。实践中通常表现为通风不良、通风过度以及排风扇的随意设置，从而导致厕所空气质量不佳。而现代化的公厕不仅要求有清新的空气，同时要求通过科学的通风设计，实现厕所节能环保的综合调控。

相对经济落后的农村厕所在通风设备以及技术方面都是比较落后的。以前，农村的厕所通风都不太好，尤其是到了夏天，粪便发酵的速度快，更使得臭气熏天，一进院子就闻着了，或者说从墙外路过的时候都能够闻到，甚至能够臭一条街。造成这样的情况一般有两个原因：

（1）厕所还是那种传统的厕所，粪坑不是封闭式的；

（2）家里已经做了封闭式化粪池，但蹲便器没有做储水弯，排污管道臭味倒流导致有臭味。

一、乡村厕所排气的措施

1. 进行厕所改造

在农村，可以建造封闭式三格式化粪池，在厕所附近挖个长方形的大坑做三格式化粪池，厕所里安装好蹲便器、排污管道，排污直接排到化粪池里，封闭的化粪池保证了臭味不会扩散。选择有储水弯的蹲便器，防止排污管道的臭气倒流导致臭味。

2. 勤清洁，投放除臭清新剂

除了勤清洁厕所，保持干净、干燥，还要放一些除臭味的清新剂在厕所里面，比如在厕所置物架上放一盒固体清新剂，然后在厕所冲水箱里定期放些可以除臭味的块状物剂，这样，随着平时人们上厕所冲水，除了可以清洁蹲便器还可以除去臭味。

二、乡村公厕的排风解决措施

大量试验研究表明，公厕的通风设计应该根据气味产生的不同位置、室内温度调控、排风扇的选择及通风方式的控制等进行考虑，以达到维持良好室内空气质量的目标。

1. 公厕的便池部位增加低位强制排风，使有害气体经管道直接排出

便池局部产生的有害气体是影响厕所室内空气质量的关键因素，而传统的通风方式使这部分气体经过顶部风扇排出造成有害气体的扩散。因此，采取在每个便池部位安装低位风扇的方法，对有害气体实施单独治理，可以随时将便池产生的有害气体直接排出。这不但解决了“一人出恭，众人闻味”的问题，还可以达到出恭的人也闻不到臭味的效果。

有些传统的乡村公厕采用“烟筒拔风”的原理，在便池部位建风道以使有害气体通过风道直接排出。这种方法对减少有害气体的扩散可以起到一定的效果，但是由于大型公厕的建筑高度十分有限，风道的高度受到限制，拔风的效果难以保证。而且此种方式受气候的影响非常大，阴天时几乎不起作用。

低位强制排风设计已开始被一些公厕采用，实践证明，它是解决厕所室内空气质量问题最简单的、最有效的技术。

2. 顶部风扇的选择

顶部风扇的作用主要是排出人们呼出的浊气等不良气体，它利用负压的原理将室外的新鲜空气引到室内，并且流动到室内的所有空间。顶部风扇的选择要考虑到换气量、噪声和空间容积三个因素。一般情况下，换气量较大的风扇，噪声也较大，因此，顶部

风扇一般选择换气量在 5m³/min 左右。然后可以根据厕所各个场合的室内容积以及每小时换气数计算出所需风扇的个数。实验证明，大型公厕的每小时换气数达到 6 次即可以维持良好的空气质量（每小时换气数是指每小时风扇的换气总量能够将整个空间的空气完全更换一遍的倍次数）。

3. 顶部风扇的布局与功率配置

顶部风扇的布局决定了室内空气的流向，同时影响着各个功能区小环境，特别是休息室的空气质量不受影响的问题。因此，各功能区顶部风扇的布局十分重要，而且在风扇的功率选择上也是有区别的。便溺区内的风扇功率应该大于休息室的风扇功率，以保证新鲜空气可以经休息室向便溺间正向流动，从而避免空气的反向流动，污染休息室的空气。

为了保证休息时空气质量不受污染，应确保休息室和便溺间的两个排风扇同时处于开启或关闭状态，或者便溺间的排风扇处于开启状态，这样的通风安排才能保证新鲜空气的正向流动。

4. 间歇通风是最佳的通风方式

负压通风是一种较柔和平缓的通风方式。风扇长时间开启也只能形成局部的空气循环，离风扇较远的地方换气比较迟滞。而间歇式通风可以在每次停止通风的一段时间内形成湍流，由于这种湍流的不定向性，反而可以促进新鲜空气向四周扩散。实验表明，间歇通风的换气效果是持续通风的近 1.5 倍。因此，采用开启 15min，然后停止 15min 的间歇通风的方法几乎可以达到持续开启 1h 的换气效果。

5. 季节通风与室温控制的协调

不停地通风势必导致室温的变化。因此，在改善卫生间空气质量的同时，需要考虑室温的变化，以其维持稳定的室温。冬天以及夏天有空调设备的公共卫生间尤其应该注意这方面的问题。以春秋季节大型公共卫生间每小时换气 6 次为例，相应地冬天及夏天有空调的卫生间应将每小时换气数减少到 4 次，夏天没有空调设备的应该将每小时换气数增加到 8 次。

第十二节　排污管道设备、厕所排污管道技术及下水道技术

一、厕所排污管的类型

市面上的排水管材有很多种，若缺乏一定的专业知识和甄别能力，我们也许很难筛选出最合适的产品。毕竟，它们依据材质的差异可以分为多个型号，分别对应多种场景和条件。常用的排污管包括以下几种。

1. 硬聚氯乙烯（PVC-U）排污管

硬聚氯乙烯（PVC-U）排污管的优点：管材表面硬度和抗拉强度优，管道安全系数高。抗老化性好，正常使用寿命可达50年以上。管道对无机酸类、碱、盐类耐腐蚀性能优良，适用于工业污水排放及输送。管道摩阻系数小，水流顺畅，不易堵塞，养护工作量少。材料氧指数高，具有自熄性。管道线膨胀系数小，为0.07mm/℃，受温度影响变形量小。导热系数和弹性模量小，与铸铁排水管相比抗冰冻性能优良。管材、管件连接可采用黏接，施工方法简单，操作方便，安装工效高。具有良好的水密性：PVC-U管材的安装，无论采用粘接还是橡胶圈连接，均具有良好的水密性。

缺点：力学性能差，抗冲击性不佳，刚性差，平直性也差，因而管卡及吊架设置密度高；阻燃性差，大多数塑料制品可燃，且燃烧时热分解，会释放出有毒气体和烟雾；热膨胀系数大，伸缩补偿必须十分强调。

2. 铸铁排污管

铸铁排污管的优点：优良的静音、低噪声排水管材；优良的耐腐蚀，耐用性超过建筑物预期寿命；承受水压0.45MPa；不可燃性，是耐火建筑的防火屏障；防止火灾产生的毒烟对人体的危害；抗变形及抗震性能，确保财产安全；抗变形及抗震性能好，确保财产安全；热变形小，无须变形补偿，穿越楼板不漏水；耐极限气候，不脆裂；高强度，耐磨损，不老化，使用安全排水性能优良，不返臭。

缺点：管材自重大，给运输及安装方面带来不便。

3. 高密度聚乙烯（PE）缠绕管

高密度聚乙烯（PE）缠绕管的优点：（1）安全可靠的环刚度与纯塑管相比。增强的钢带极易使管材特别是大口径管材具有足够安全可靠的环刚度。（2）内壁光滑。流动阻力比水泥管低20%～30%；聚乙烯（PE）管道内壁光滑，摩擦系数小，且沉淀物在管道中不易产生聚集，长期使用后摩阻几乎不变；柔性或无泄漏（电熔焊、对焊）连接。（3）密封性能及环保性能好。两种密封连接方式均可以简单工具手工操作，无须机械，十分简便快捷，达到可靠无泄漏。耐腐蚀。（4）使用寿命超过50年。高密度聚乙烯（PE）管道使用寿命可长达50年。（5）质量轻、接头少，无须大型设备，安装敷设方便。（6）重量轻，安装时不需要大型吊运设备。（7）轴向柔性好，敷设时对沟槽底部平整度、坚实度要求较低，能承受安装不当所造成的非正常应力的能力强。（8）现场生产，可大大节省运输费用。带材可卷盘（普通电缆盘）运输，管材缠绕装置简单紧凑，便于生产商将装置运至工地附近，就近缠绕。生产供应管材大幅度降低了用户的运输成本。（9）抗非正常突发载荷能力强。管材可通过弹性变形来化解由此产生的应力，避免管材连接处因承受过大的应力及变形而泄漏或破坏。

缺点：易应力开裂，不易染色；熔点为100～130℃，不宜用于热水管道，宜用于工作温度不大于40℃的环境。

4. 三型聚丙烯（PPR）

PPR排污管的优点：（1）只含有碳、氢两种元素，卫生健康环保；（2）PPR是环保材料，可用作饮用水输送；（3）接头用热熔连接，成为一体，百分之百无渗漏，其他材料用丝口连接，其防渗性较差，也避免了胶水黏接的有毒性；（4）耐高温、耐压性能好，输送阻力小；（5）价格便宜适中；（6）使用寿命长，按标准GB/T 18742生产和使用时可以使用50年；（7）PPR是三型聚丙烯的简称，采用热溶接的方式，有专用的焊接和切割工具，有较高的可靠性，价格也很经济；（8）保温性能也很好，管壁也很光滑，一般价格在每米4～8元（4分管），不包括内外丝的接头。

缺点：耐高温性、耐压性稍差，长期工作温度不能超过70℃；每段长度有限，且不能弯曲施工，如果管道敷设距离长或者转角处多，在施工中就要用到大量接头；管材便宜但配件价格较高。

5. PP静音排水管

PP静音排水管的优点：耐热程度高，可耐95℃温度；承受水压0.5MPa，高于标准0.1MPa；化学稳定性好（除了强氧化剂及非极性溶液能使其降解）；高绝缘性，不吸水，不受湿度影响；超强耐化学腐蚀性PH2-12；安装方便，柔性连接；无毒环保；噪声低；使用寿命可达50年。脆化温度为－35℃，因此不适合0℃以下环境使用，但通过添加聚乙烯可适当改变这种情况；耐紫外线。

缺点：很难制成阻燃产品，熔点为164～170℃；低温下易脆化、不耐磨，抗穿透性能差，但可通过添加氧化锌等改善此性能。

二、厕所排污管道的选择方法

（1）摸排水管质感是否细致。在购置排水管时，可以用手触摸一下管子的表面，如果有坚硬的感觉，说明在制造时有可能掺入了其他杂质。

（2）闻排水管有无气味。好的PPR管主要以聚丙烯为原料，没有任何气味，而差的管材有可能掺入了聚二烯，因此，闻起来味道会特别怪。

（3）捏排水管是否更容易变形。好的PPR管硬度十分柔软，购置时可以用手捏一下，若能轻易捏变形的话，那毫无疑问不是PPR管。

（4）砸排水管的弹性如何。好的PPR管具备不错的回弹性，太易砸碎的排水管有可能是制造中添加了太多的碳酸钙材料，质量可想而知。

（5）烧排水管可以判断材料。选购排水管时，用火烧，也可以很直观地显现出材料的好坏。

三、排污管道的安装

（1）在进行厕所排污管安装之前，一定要每根厕所排污管以及每个配件都挨个进行详细认真的检查。看看厕所排污管是否存在破损或是磨损等情况，尤其要关注厕所排污管有没有存在渗漏等问题。除此之外，检查配件的规格是否符合厕所排污管的标准，在进行连接的时候，一定要按照正确的方法操作，连接好之后还需要进行相关的测试。

（2）厕所排污管的走向也是整个安装工程值得注意的问题。厕所排污管走顶是最安全的方案。因为厕所排污管走地下，如果出现各种漏水的情况，很难及时发现。水管走顶的话，即使水管出现漏水的情况，也可以及时发现，进而采取有效的处理方案，让使用者的损失减少。

（3）厕所排污管安装好之后，一定要进行有效正确的测试。通常，专业正规的厂家在进行厕所排污管安装工程之后，都会采取相关的增压测试。只有通过这个测试之后，才能正式启用厕所排污管的功能。

四、厕所排污管安装注意事项

（1）针对厕所排污管的大概用量。在进行厕所排污管安装之前，相关工作人员或者用户一定要初步进行用量估算，然后根据自己的估算来进行购买材料。避免出现购买太多或是太少的现象。根据材料的多少来决定工程的安装进度。

（2）不管进行任何厕所排污管安装工程，切记一定要使用新的水管。如果遇见旧房或是二手房的水管被损坏，切记不要为了节约不更换新的。一些部位是不方便更换新水管的，因此建议大家要换就全部换掉，这样更能保证厕所排污管安装之后使用起来安全可靠。

五、乡村分散式生活污水处理一体化设备案例

乡村分散式生活污水处理一体化设备案例如图 8-37 和图 8-38 所示。

图 8-37　1.5m³ 二八式化粪池

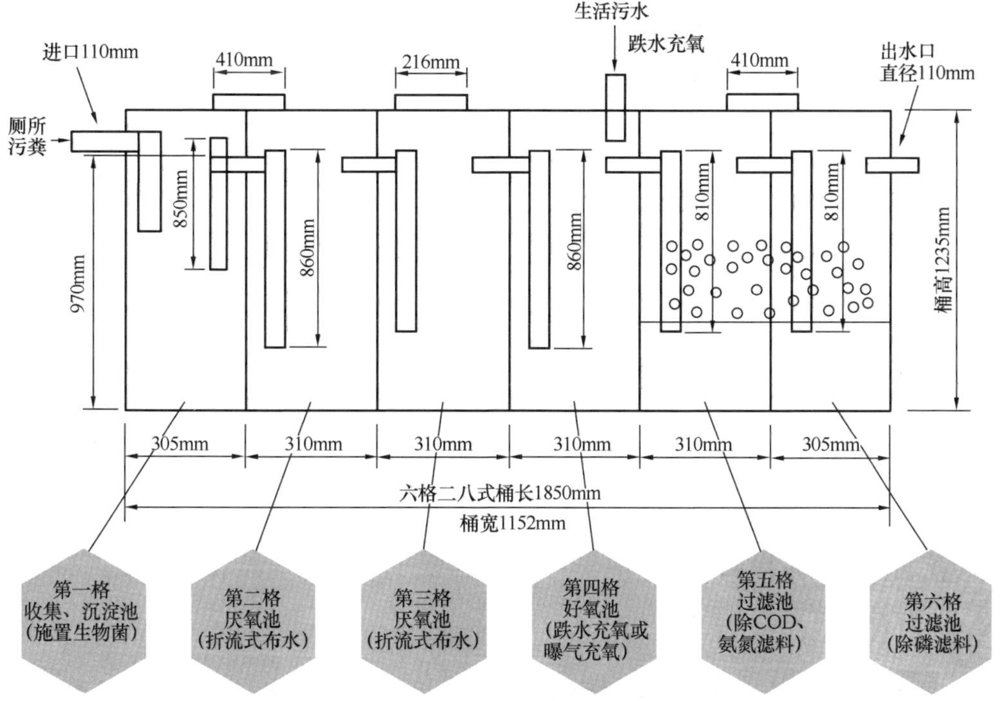

图 8-38　工艺流程图

六、六格粪污处理装置工艺介绍

(1) 第一格收集、沉淀，并实现固体有机物的高效生物分解；

(2) 第二格与第三格采用折流式布水，提升厌氧反应效率，实现小颗粒与溶解态有机物及有机氮的水解；

(3) 第四格进行跌水充氧或曝气充氧，实现有机物的进一步降解和氨氮硝化；

(4) 第五格设置除 COD、氨氮活性生物滤料；

(5) 第六格设置除磷活性生物滤料；

(6) 第五、第六格底部加格栅，充分与滤料接触，提升去除效率。

第十三节　厕所下水道设备及安装

一、厕所下水道的设计安装

大部分卫生间都是这种“U”形结构。这种结构不占空间，能够更加将卫生间异味排除。下水管安装位置，一般是在卫生间靠墙右侧的位置。这个下水管位置和浴室柜的位置是相同的，在布局下水管道时候要考虑到浴室柜预留的下水管孔位置，这样方便安装。如果留的位置不对，可能浴室柜底板需要打孔才能将下水器插进去。

二、下水道安装注意事项

（1）卫生间管道装修前首先要检查水管以及连接配件是否有裂纹、破损等现象。

（2）卫生间管道装修在设计下水管道时要注意家中洗衣机的水龙头安装位置，还有下水的布置等，同时要考虑到电源插座的位置是否适合。

（3）卫生间管道装修时要注意水管位置的安装，水管安装位置走顶最安全。如果水管安装在地下，走暗管，发生水管破裂漏水时就很难发现问题。

（4）卫生间管道装修时要注意热水管的安装，要把热水器的进水口和出水口区分出来，在出水口处接通向卫生间的管道，进水口处接上总阀门。这些安装完后要打开阀门检查是否有漏水情况的发生，然后安装好水龙头和花洒头就可以了。

三、厕所下水道疏通方法

1. 压强疏通法

如果厕所经常堵，建议采用这种疏通方法。很多时候厕所下水道堵塞的原因是因为里面残留了大量的牙签、骨头等不易冲下去的硬物，所以这时候可以尝试“以刚克刚”。

具体操作：找个长一点的塑料水管，要不漏水的，一头接到自来水管，另一头塞入马桶口里，再用一块不要的布之类的东西堵住，打开自来水，利用水压疏通(图 8-39)。

2. 饮料瓶疏通

具体操作：把瓶口下方剪掉，把剪掉的一端倒放在马桶口，用手拿着底部上下来回抽几次（图 8-40）。

图 8-39　塑料水管疏通

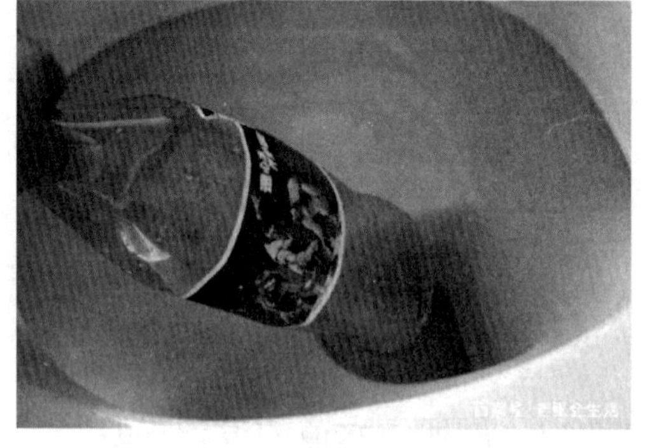

图 8-40　饮料瓶疏通

3. 揣子疏通法

这往往是最直接又粗暴的方式，也是比较管用的一种方法（图 8-41）。

4. 开水疏通法

如果厕所堵塞是因为一些易分解废物导致的，如纸屑、卫生纸等，那么就可以先倒开水把废物软化一下，等几分钟，可以多泡一会儿，然后再接一大盆水，冲一下就可以疏通了（图 8-42）。

图 8-41　揣子疏通

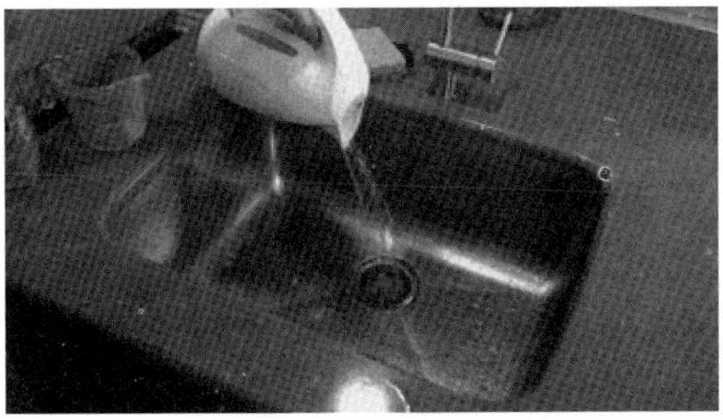

图 8-42　开水疏通

5. 厕所疏通工具

厕所疏通工具适用于比较简单的厕所堵塞。去五金店买一个专门疏通厕所的工具，平常放家里备用，疏塞效果很好（图 8-43）。

图 8-43　疏通工具

第十四节　乡村厕所的其他设备与技术

一、照明技术

1. 照明设备在乡村家庭厕所中的运用

乡村家庭厕所大多采用低彩度、高明度的色彩组合，来衬托干、净、爽的气氛，因此乡村室内卫生间的整体灯光不必过于充足，只要有几处重点即可。

在灯种选择上，一般整体上宜选白炽灯，化妆镜旁必须设置照明灯。有的公共卫生间将镜子周围设置一圈小射灯，虽然美观，但射灯的防水性稍差，只适合于干湿分离的卫浴空间。

也有一些新型的灯光对营造朦胧、浪漫的沐浴氛围起到画龙点睛的作用。例如，“浴柱”或“浴板”的电子温控冲淋装置，正在为越来越多的乡村富裕家庭所青睐。这种电子温控浴柱采用电子控制板，是一种多喷头组合的花洒。

乡村住宅一般在卫生间里放浴缸，因此卫生间的照明不外乎兼顾两者的功能。洗澡时只需简单的全局性照明；洗脸化妆时需侧射光对脸部的照明；洗衣服时要看清洗衣机中的衣服是否洗干净，需要局部照明。

2. 乡村公厕的照明

集成吊顶照明模块可以满足乡村公厕的高照明度需求，也可以实现个性、美观、时尚的乡村生活。当如厕者步入厕所时，厕所的灯光慢慢变亮，灯光很温馨、柔和，又能给人产生安全感，这就是智能管理系统之一的智能灯光的运用。

国际上公认的绿色环保光源——稀土三基色照明，一般采用三基色 T5 环型灯管，从最初的 T12、T10、T8 发展到现在的 T4、T5，但光效越来越高，与普通灯管相比光效提高了 50%，使用寿命提高了 150%；一只 7W 的稀土三基色节能灯的亮度相当于 45W 的白炽灯，而使用寿命是普通白炽灯的 8 倍，温度低、光效好、无眩光、节能性佳。

二、定量配比发泡技术

在空气压缩作用下，自动控制洗手液发泡，形成“墙面效果”，并保持一定的高度。由于液体发泡后达到近千倍的体积，可以最大限度地防溅、防黏连。如厕时，污物经过细致绵密的泡沫墙面，表面附着一层泡沫后增大了受力面积，压强变小，入水后溅起的水花被泡沫阻隔，不溅屁股，同时泡沫在陶瓷体内壁形成润滑膜，将污物与壁体隔开，不挂污不留迹，减少了冲洗阻（图 8-44）。

三、负压排臭技术产品

在马桶水箱内安装负压发生装置。

具体流程：电动抽气装置将便池中的臭气吸入水箱，通过电动排气扇、“U”形管排气出口，气压将水封罩吹离。水封罐中环形水杯中的水面，产生气体通路。臭气从溢流口、L 形排气管、软管排入坐便器排污管，绕过“S”形存水弯，进入下水道。排污时，利用进水阀的补水将存水杯注满，存水杯中的存水的重力将水封罩浸入环形水杯中形成水封，水封高度高于坐便器的“S”形存水弯的水封高度，确保下水道臭气不会逆流（图 8-45）。

(a)

(b)

图 8-44　定量配比发泡

(a) 实物图；(b) 发泡效果图

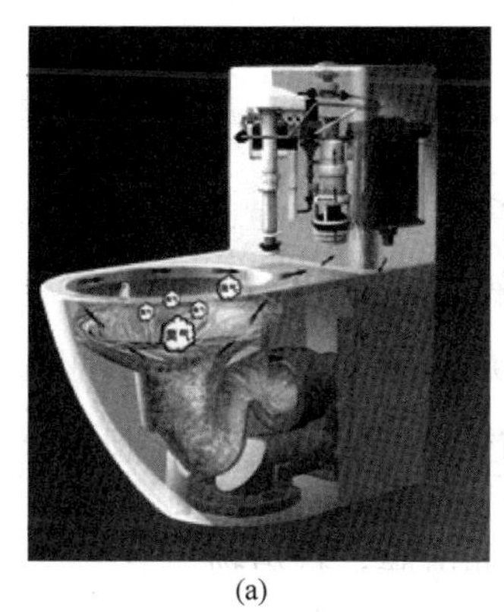
(a)

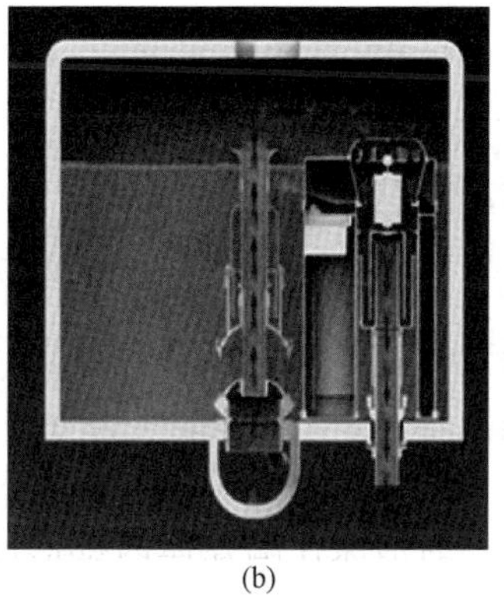
(b)

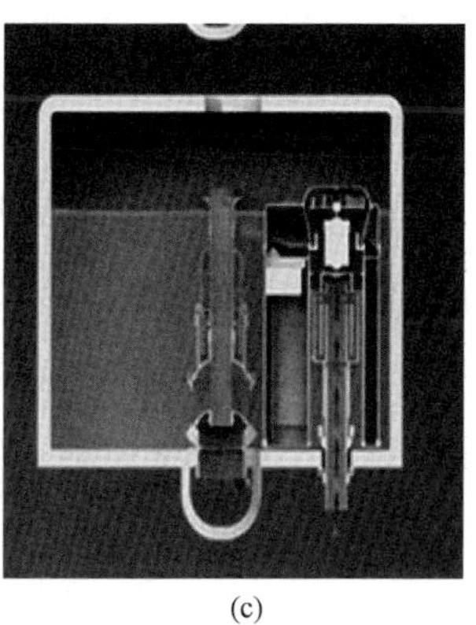
(c)

图 8-45　负压排臭技术产品

(a) 负压排臭技术整体图；(b) 排气系统图；(c) 水封系统图

四、气控系统设备

1. 设备

气控系统设备包括门控气动智能液压阀冲水装置、踏板气动智能小便斗冲洗装置、踏板气动智能液压阀洗手装置、雾化节水洗手龙头、触杆液压阀洗手器装置。

2. 门控气动智能液压阀冲水装置

该产品是通过安装在蹲便器或坐便器隔断门上的气动阀关门时，气动阀进入准备工作状态，开门时气动阀腔室空气压缩使腔室以及传输气管内部气压升高，从而推动并打开液压阀门，给排水阀提供提升压力，使水箱排水，当气动阀压力自动回复，液压阀触发压力消失，液压阀门自动关闭，排水阀提升压力也随之消失，排水阀门自动关闭，排水结束，水箱自动进水至工作水位后自动停止进水（图 8-46）。

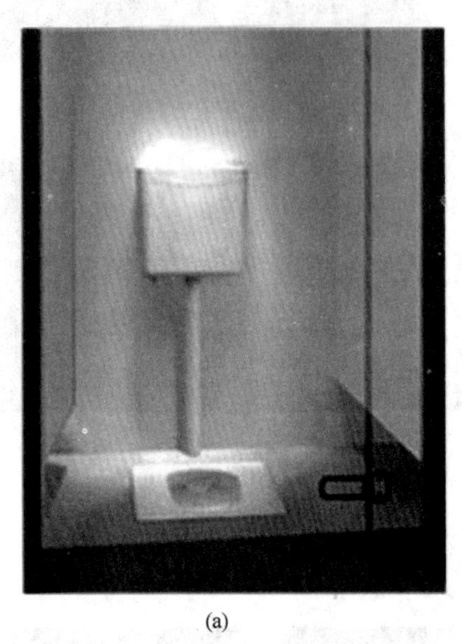
(a)

(b)

图 8-46　气控系统设备工作原理及安装示意

当人进入厕所关门后，气动阀进入准备工作状态，人离开时开门，气动阀腔室空气压缩，使腔室以及传输管内部气压升高，推动并打开液压阀门，从而给排水阀提供提升压力使水箱排水，当气动阀压力自动回复，液压阀触发压力消失，液压阀自动关闭，排水阀提升压力也随之消失，排水阀自动关闭，排水结束，进水阀进水至工作水位后自动关闭，工作结束。

五、智能马桶芯的除臭技术

1. 除臭原理

根据空气负压技术，巧妙地利用马桶中空的冲水道来作为抽气通道，将大便过程产生的臭气吸入除臭系统进行过滤，将各种有害气体净化后排出，从根源上解决了臭味问题。

2. 三重过滤除臭方式

第一重：水过滤除臭系统。利用臭气中的某些物质能溶于水的特性，使臭气中氨气、硫化氢气体、粪臭素和水接触、溶解，达到脱臭的目的。

第二重：触媒(TiO_2)除臭系统。空气中的 O_2 和 H_2O，经过触媒的催化作用，在表面产生大量—OH，而—OH具有极强的氧化能力，与臭味气体发生化学反应生成无污染的CO_2和H_2O等，如此反复使用，不会降低效果。

第三重：臭氧除臭系统。臭氧在酸性环境的标准电极电势数值为2.076V，在单质中仅次于氟(2.866V)，居于第二位。在中性环境中约1.7；在碱性环境中，电极电势数值为1.24。臭氧无论在什么样的环境都有极强的氧化性，所以采用微量的臭氧就可以很迅速地分解氨气、硫化氢气体、粪臭素等臭味气体，达到高效除臭目的(图8-47)。

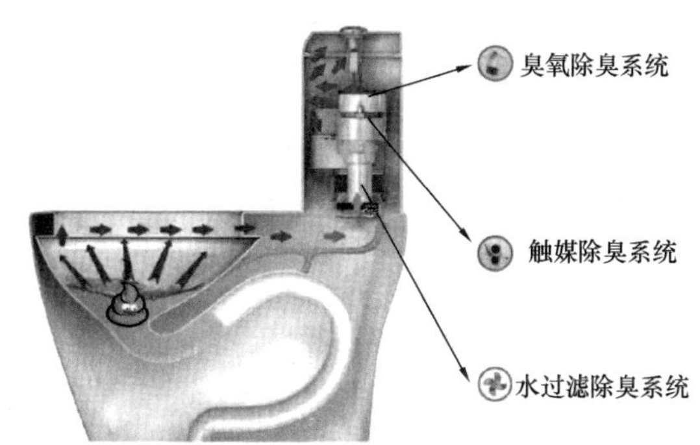

图8-47　智能马桶芯的除臭技术

3. 智能马桶芯的除臭技术的优势

(1) 三重除臭过滤技术，效果好。

鉴于大便臭味的多种化学特性，采用单一除臭过滤方法很难达到高效除臭目的。智能马桶芯采用独创的三重过滤模式，效果显著。按照美国ICCES-LC1040标准方法进行测试，除臭效果可达90%以上，大大优于同类除臭产品，且长期使用，无须更换耗材。

(2) 具有自洁功能。

巧妙利用马桶冲水通道进行抽气，每一次除臭结束后，马桶的冲水会自动洗刷抽气通道，杜绝二次污染。智能马桶或智能马桶盖板采用定制化的塑料中空通道进行除臭，长期使用比较容易污染通道，且不易清洁。

(3) 净化空气和灭菌。

微量的臭氧不但可以高效分解去除臭味气体，还可以有效清除大便过程产生的有害细菌，净化卫生间的空气环境。

第九章　乡村厕所排泄物的资源利用与粪渣的无公害化处理技术

小小的一间厕所，很难引起人们的重视。城市厕所先进的卫生冲厕设施以及完备的污水处理系统，使得生长于城市的人们早已习惯如厕后将马桶放水键轻轻一按，却很少思考这些生活污水排向何方、如何净化处理，更很少留意污水处理工作需要依靠多么庞大复杂的系统运载支撑，但农村却不同。厕所污水已成为影响农村地区地表水环境质量的主要部分。据住房和城乡建设部统计，厕所污水占生活污水比例不大，但污染程度占生活污水污染的90%，农村80%的传染疾病是由厕所粪便污染和不安全饮水引起的。上海、江苏和浙江地区分别只有62.6%、31.0%和17.0%的厕所污水经化粪池处理后进入污水处理厂，大部分排入河流和被农田利用，对地表水环境造成的污染不容忽视，特别是浙江农村地区，接近一半的厕所污水经化粪池处理以后排入河流，江苏和上海农村地区的比率也在30%左右。同时，乡村厕所问题解决不好就可能造成垃圾成堆、污水横流、蚊蝇飞舞、臭味扑鼻、整体卫生状况差等问题，严重影响美丽乡村建设和“厕所革命”的深入推进。

厕所废水按水质的不同可分为黑水、褐水及黄水。黑水，即含有厕所污水、粪便、尿液的混合物，其含有较高的COD、氮、磷及大量臭气；褐水指仅含粪便和冲厕水的厕所污水；黄水指含尿液及冲洗液的废水。这些粪尿废水贡献了市政污水中80%的氮、50%的磷和90%的钾，然而，体积却只占到城镇污水总体积的不到1%。传统的城镇污水处理系统是将厕所以集中处理的方式与下水管网连接，将厕所废水与其他废水混合处置，这不仅大大增加市政污水的处理负荷，也严重地阻碍了厕所废水中的氮、磷等营养元素回归农田。但是因为农村没有完善的排水系统，就地处理厕所污水就变得十分必要。据此，近年来各类源分离生态排水系统以及设备得到推广和应用。从源头将厕所废水进行分离，将污染物浓度低的灰水进行回用处理，将有机碳含量高的褐水进行有机肥化再利用处置，将氮、磷、钾等营养元素丰富的尿液黄水进行营养盐回收、资源化处理，不仅能降低厕所污水处理成本，还可以实现废水的资源化，同时有效缓解水体富营养化和能源紧张的压力。

目前对乡村厕所的资源化主要分为粪便处理与资源化技术和厕所污水的资源化技术。粪便处理与资源化技术包括传统的堆肥与厌氧消化、焚烧发电、制作生物燃料等。

厕所污水的资源化技术包括膜处理、化学沉淀法、微生物电化学等。这些技术最终的产物分为产出回用水、能量、电能、肥料等。对乡村厕所实现资源回收，在保障安全性的基础上，可将排泄物处理后作为肥料等进行就近回用，减少化肥的使用，提升经济效益。

第一节　粪尿分集技术

人类排泄的粪尿含量仅占生活污水总量的1%，但是含有生活污水中大部分的有机物和绝大部分的氮、磷。因此，人类粪尿是污水对水环境的最大的污染源。粪尿分集技术是将人类粪尿与生活污水剥离并分别回收进行资源化利用，达到无污染及营养元素回收效益最大化的效果。

将厕所污染物进行粪尿分集，不仅方便对粪便进行干燥处理，有利于后续堆肥、焚烧等操作等，同时对于体积占比小以及氮、磷、钾占比高的黄水而言，可使其更易达到养分资源化及污染物有效管控的效果。

实施粪尿分集技术路线的核心是在尽量少稀释的情况下单独收集高浓度的粪（褐水）、尿液（黄水）和粪尿混合物（黑水）。负压管网收集粪尿可以使源分离在现代舒适要求的条件下完成一定区域内的集中收集。杂排水（灰水）由于污染负荷低，单独收集后易于处理和利用。表9-1汇总了不同的源分离厕具以及以负压为基础的分质收集方案。

表9-1　以负压为基础的源分离废水收集方式

源分离方式	传统重力流节水厕具	重力流粪尿分离便器	负压节水便器	负压粪尿分离便器
便器	常规冲水厕具	在传统冲水厕具基础上，小便通过便器小便区单独的排污口排出并收集； 冲厕耗水：小便0～0.3L；大便小于6L	利用负压的抽吸力减少冲厕耗水，通过负压管道单独收集高浓度粪尿； 冲厕耗水：0.8～1.5L	在负压厕具的基础上，小便通过便器小便区单独的排污口排出并收集； 小便冲厕耗水：0.1～0.3L
收集方式	（1）黑水重力流进入收集槽，液位控制进入黑水负压管网； （2）灰水进入收集槽，液位控制进入灰水负压管网或灰水进入重力流管道，分散处理	（1）黄水重力流进入收集槽，液位控制进入黄水负压管网； （2）褐水重力流进入收集槽，液位控制进入黄水负压管网； （3）灰水进入收集槽，液位控制进入灰水负压管网或灰水进入重力流管道，分散处理	（1）负压冲厕黑水直接进入黑市负压管网； （2）灰水进入收集槽，液位控制进入灰水负压管网或灰水进入重力流管道，分散处理	（1）负压冲厕褐水直接进入褐水负压管网； （2）黄水重力流进入收集槽，液位控制进入黄水负压管网； （3）灰水进入收集槽，液位控制进入灰水负压管网或灰水进入重力流管道，分散处理

第二节 黑水、黄水处理与资源化技术

黑水和黄水是厕所废水的重要组成部分，它们提供了生活污水中绝大部分的碳、氮、磷、钾及致病菌。针对农村厕所排放出的黑水、黄水，需考虑其高效处理与资源化利用。

黑水处理可采用ABR/MFC /MEC系统（AMM），快速形成高效降解便尿废水的优势菌种，实现粪便黑水处理效果的最大化。针对农村厕所黑水管网具有可收集水量小、时变化系数大、碳、氮、磷污染物浓度高等典型特征，采用因地制宜、可满足不同排放标准的厕所黑水模块化高效组合处理工艺，攻克多相循环高效去除有机物、预脱硝及载体填料耦合脱氮、微生物电化学提高系统性能、生态/电化学深度除磷等模块化关键技术。将两级A/O与MFC、MEC耦合，电刺激微生物强化A/O工艺使处理黑水效果达到出水一级b标准，处理效果好，运行稳定，实现厕所黑水无害化处理排放。

限制尿液黄水进行大规模工程化回收利用的因素之一是相较于工业化肥而言，尿液中营养盐浓度较低，从而带来了运输、储存等环节成本提升的问题，因此对于尿液资源化利用的关键在于对其中的营养元素进行浓缩、分离、提取等。近年来对于黄水的资源化利用途径主要有两个，一方面是将黄水经过腐熟处理直接作为农用液态肥料，另一方面是对黄水中的营养元素进行工艺化回收。黄水处理可采用黄水（电）化学沉淀及生态处理（离子交换吸附法等）与资源化的方式，减少源分离后黄水中氮磷污染物含量，并回收及再利用氮、磷、钾等营养盐，实现厕所污水营养盐的回收及城乡厕所零污染排放，并同步实现降低农业生产对于工业化肥的需求，有效缓解城镇污水处理负荷高及地表水体富营养化等问题（图9-1）。

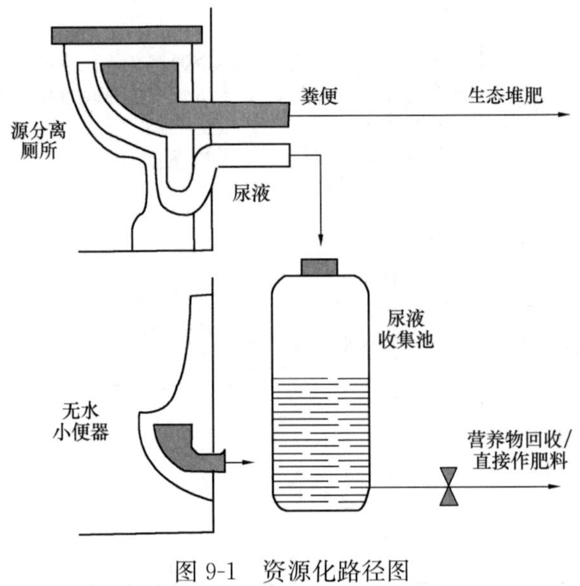

图9-1 资源化路径图

随着人们对黑水、黄水处理技术的不断探索，黑水、黄水处理工艺日渐成熟，也更加丰富多样。下文总结了几种常用的粪尿分集处理黑水、黄水的方法。

一、膜分离技术

膜分离技术是一种以分离膜为核心，进行分离、浓缩和提纯物质的技术。将源分离的尿液废水送至膜处理组件，通过膜选择性分离，可以得到清洁的水回用，以及营养盐浓度较高的液态肥料（图 9-2、图 9-3）。

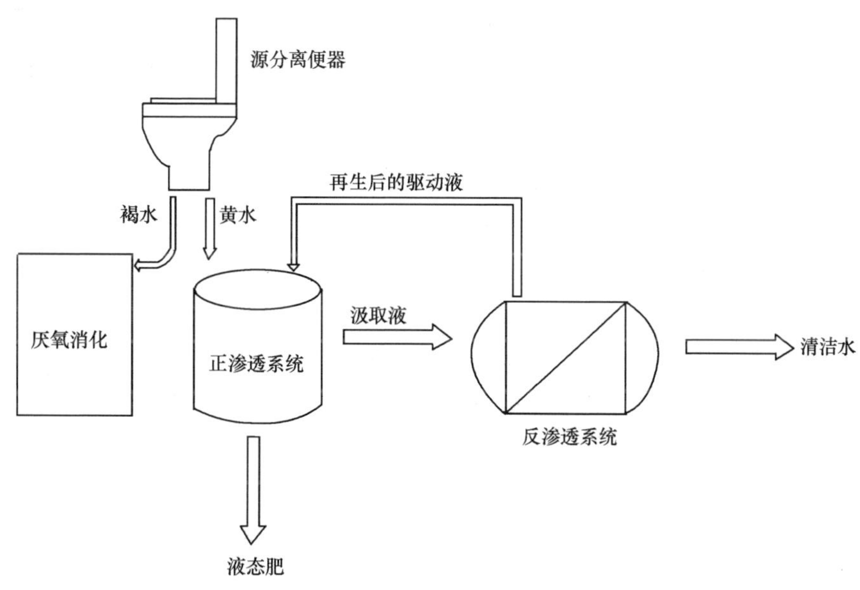

图 9-2　资源化厕所原理图

(a)

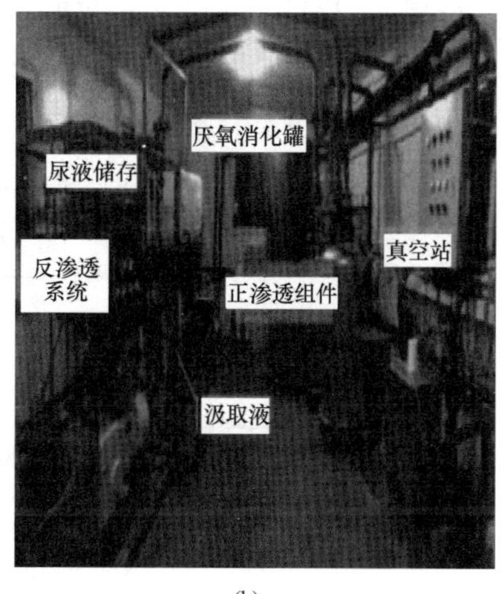

(b)

图 9-3　资源化厕所

（a）厕所外观；（b）设备间内部

常见的膜分离技术包括微滤、超滤、纳滤、正渗透、反渗透以及电渗析等。其中，正渗透作为一种近年来发展起来的浓度驱动的新型膜分离技术，依靠汲取液与原料液的渗透压差作为驱动力自发实现膜分离过程，可以低压甚至无压操作。相较于其他超滤、纳滤、反渗透等技术，其具有能耗低、分离效果好、设备简单、低膜污染特征等特点，已经广泛应用于海水淡化、饮用水处理以及污水处理领域。基于正渗透技术的特点，近年来使用正渗透膜处理源分离尿液的研究开始逐渐被报道。

低压膜处理过程主要包括微滤(MF)和超滤(UF)，主要利用膜孔的筛分作用去除尿液中的悬浮物质、部分微生物及尿液自发形成的沉淀物，对尿液中溶解性有机物及盐类去除效果较差。高压膜分离技术纳滤(NF)和反渗透(RO)等能够选择性地去除尿液中的无机盐和病菌，出水水质高。电渗析(ED)、膜蒸馏(MD)、正渗透(FO)等新型膜技术在尿液源分离中逐渐得到关注。ED具有装置体积小、操作简单等优点，适用于尿液处理，但易结垢。相比之下，MD具有耐污染、分离效率高、产水水质优良等优势，可高效截留非挥发性污染物和回收挥发性物质。FO利用尿液盐浓度高的特点，以渗透压作为驱动力实现传质，具有高通量、低能耗、操作压力低等优点，但汲取液是FO技术的关键，直接影响尿液的处理效果。膜分离技术应用广泛且组合多变，在尿液处理及其资源回收中具有明显优势，将其规模化应用具有较大的潜力。

二、沉淀结晶技术

沉淀结晶技术是利用磷酸铵镁($MgNH_4PO_4 \cdot 6H_2O$，MAP)或磷酸钾镁($MgKPO_4 \cdot 6H_2O$，MPP)沉淀法使氮、磷、钾以晶体形式析出来回收鸟粪石的方法(鸟粪石是一种优质的缓释肥，具有比较高的经济价值)。该技术备受国内外学者的青睐，众多学者已经从污泥消化液、尿液、养殖废水、垃圾渗滤液等多种废水中成功回收鸟粪石，部分地区已经进行了规模化应用(图9-4)。

在碱性条件下，尿液废水中的NH_4^+、PO_4^{3-}、Mg^{2+}三种离子的溶度积大于鸟粪石

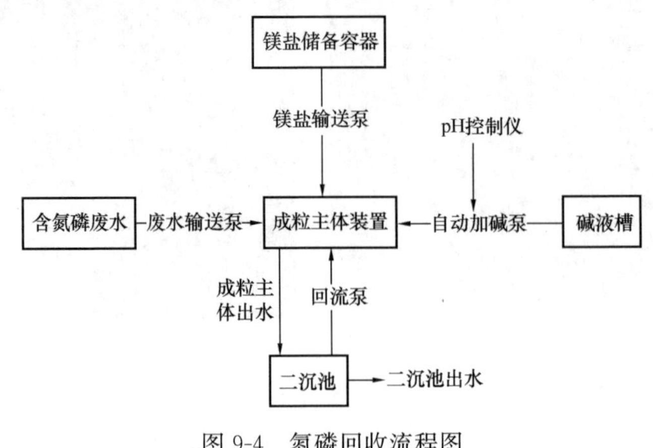

图9-4　氮磷回收流程图

的溶度积时就会自发进行沉淀反应。此方法不但能够回收大多数的营养元素，而且回收的产物相对纯净，回收的鸟粪石本身是一种优质的低释放型优质肥料，能够在土壤中缓慢释放营养元素，避免烧苗的现象。形成鸟粪石的最佳 pH 值在 9～10.5 之间，Mg/P 摩尔比 1.3 时能够回收 95％的磷酸盐。尿液中氮、磷、钾物质的量之比约 18∶2∶5，钙、镁等元素较少，单纯利用尿液自身物质进行鸟粪石沉淀结晶只能回收少量的营养物质。要对尿液中氮、磷、钾完全回收，则需要大量投加额外的镁源以及磷源，并且投加额外的碱源以控制反应环境的 pH 值，一定程度上限制了该技术的进一步发展，寻求廉价的镁源成为该技术的发展方向。镁源是影响鸟粪石技术的主要因素之一，约占生产成本的 75％。为降低鸟粪石生产成本，往往需使用廉价的镁源，具有开发潜力的有海水、卤水、菱镁矿等。

此方法多用于污水厂污泥厌氧消化液中回收磷酸盐，相关研究较为成熟且在中试设备以及实际污水厂中运行效果较好。对于从尿液中回收鸟粪石的相关理论研究比较充分且证实可行，但受限于源分离排水系统的推广程度不够，在实际工程中的效果报道较少。随着厕所革命项目的推进，以及源分离设备的大力推广，此方法在尿液资源化领域里前景较好。为提高钾元素的回收效率，可采用吹脱联合硫酸吸收的形式对氨、氮进行去除。由于该技术容易受到进水水质影响，尤其是氨、氮对于磷酸镁、钾的形成影响较大，并且需要构筑物，目前应用较少。

三、电化学技术

在厕所中应用的电化学技术主要包括以去除污染物为主要目的的电解技术，以及去除有机物的同时产生一定能源的燃料电池的技术。其中，电解技术以加州理工大学的 Hoffmann 团队为主，将太阳能产生的电能加载在特制的电极上，对厕所污水进行电解，对有机物、色度等有很好的去除效果，产生的清洁水可回用于冲厕，在太阳能产生的直流电作用下，阳极发生氧化反应，产生 ·OH、HOCl、ClO^- 等离子，这些离子在有效地杀灭细菌同时氧化有机污染物；阴极发生还原反应，产生 OH^-，可与钙、镁等离子反应生成沉淀。在外加电压为 3.5V 的条件下，可在 60min 内实现 50％的微生物灭活。该技术环节较少，无须外加药剂，且处理单元紧凑，目前已进入商业化生产初期。该技术适用于一定规模的社区，并需要专业人员进行定期的检测，目前已朝着在线自动监测方向发展。微生物燃料电池是一种利用微生物将有机物中的化学能直接转化为电能的装置，作为新型可替代能源的有力竞争者，在水处理与资源化的相关研究中比较常见。以微生物燃料电池技术（MFC）为核心的厕所污水处理技术以 Bristol Bioenergy Center 的 Gajda 团队为代表。该团队的“Urine-Tricity-Ⅲ”利用 MFC 将尿液中的能量，通过微生物转化为电能，小型燃料电池可产生较高的能量密度（24×130μL 尿液产电 333A/m^3)，现场运行实现了体积<120L 的尿液产电 450～600mW（可用于厕所照明、手机充电等)。利用微生物电化学技术能够实现尿液中有机物的降解，去除率约为50%，同时能够回收电能；电化学阴极可富集营养物质，收集起来可以作为农业或者花园草坪肥料；而阳极可实现一定的致病菌灭活效果，保证出水无致病菌，可以对出水水资源进行回收。但是该技术在应用的时候还存在一些不足：处理后的废水难以直接回用，需要进一步处理；能量转化效率较低；使用过程中电极材料腐蚀较为严重，需要开发出更合适的电极材料等。

四、藻类养殖

微藻的生物质作为一种原料，具有广泛的应用价值。但是在微藻的培养过程中需要大量的营养盐供应，这些营养盐占据了微藻养殖的大部分成本，大大限制了微藻养殖行业的发展。目前常用的营养盐是商业肥料，这些肥料的大量使用，不仅会带来环境风险，还提高了生产成本。因此，寻求廉价的营养盐资源对于发展微藻养殖有重要的意义，不同的学者开发出利用营养盐含量较高的生活废水、农业废水和工业废水等来取代传统的培养液进行微藻养殖，取得了不错的效果。

新鲜的尿液中除了 95%以上的水分外，主要含有尿素以及由 NH_4^+、Na^+、K^+、Cl^-、PO_4^{3-} 等离子组成的无机盐。新鲜尿液中的氮元素主要以尿素的形式存在，占总氮质量的 90%以上，因此新鲜的尿液并没有明显的臭味。但是在储存过程中，微生物容易在黄水中大量繁殖，从而造成黄水发生一些生物、化学变化。尿素在细菌分泌的脲酶催化作用下发生水解反应，生成更多氨氮，这一过程被称为氨化过程。黄水的腐熟是指黄水在储存的过程中发生的氨化过程以及伴随产生的一系列生物、物理、化学变化。

经过腐熟处理，尿素转化为更容易被植物利用的氨氮，但同时会造成黄水 pH 值升高，氨气挥发带来刺鼻的臭味的问题。研究表明，黄水腐熟处理 180d 可以有效地杀死大肠杆菌以及致病菌，满足农用液体肥料的安全标准。经过腐熟处理的尿液，如果不经过稀释处理氨氮浓度一般在 6000～9200mg/L，其过高的氨氮浓度不利于微藻的生长，因此在实际使用过程中往往会对尿液进行 2～10 倍的稀释处理。螺旋藻相比于其他微藻具有个体较大的特点，可以通过简单的过滤进行采集，也可以通过结块沉淀等形式收获，降低微藻生物量的采集难度，因此广泛应用于藻类养殖业。使用尿液进行藻类养殖，藻类去除尿液中营养物的同时促进了自身生长，这是一个营养物质的转化过程，即将尿液中的营养物转化到了藻类中，而藻类又可作为生物燃料产生生物质能，从而实现尿液能源的间接转化。该技术的难点在于培养的微藻采集困难，需要投入额外的人力以及资金支持。目前对于微藻的采集主要有电混凝技术、沉淀结块、吸附，个体较大的微藻可采用直接过滤。

使用尿液养殖藻类能够极大地降低传统藻类养殖中对于营养盐供应的成本，节省了水资源，同时也很大程度上解决了厕所污水的资源化难题。尿液中过高的氮、磷、钾等营养元素，成为藻类生长过程中的营养来源，转化为蛋白质储存在体内，具有很高的利用价值。

五、源分离回收处理技术

我国幅员辽阔，在西北地区由于干旱少雨，没有足够的水资源来修建水冲式厕所，而在东北等高寒地带，由于冬季气温极低，三格式化粪池会形成冰冻，因此也不适用于水冲式厕所。为了解决这些地区农村卫生厕所建造问题，研究人员设计出粪尿分集式卫生厕所。这种厕所的核心技术是在前端如厕部分安装一种经过专业设计的粪尿分集式便器；与传统便器相比，粪尿分集式便器由 2 个排出口组成，分别收集尿液和固体粪便。将无害的尿液部分通过前面的尿液排出口导尿管流入厕所下方的尿桶单独收集，粪便部分则通过粪尿分集式便器后方的排出口进入下方的粪池内单独收集处理。

源分离尿液本身所含病原微生物量极少，并且尿液中的营养成分能被农作物直接吸收利用，虽然尿液中会含有微量的重金属物质，但这些重金属含量有限，基本可以忽略不计。因此，可以将源分离尿液稀释后直接灌溉土地，实现氮、磷资源的再利用。同时，也有研究通过一定的技术回收尿液中的氮、磷资源，其中工艺较为成熟的是沉淀结晶技术。沉淀结晶技术利用磷酸铵镁（$MgNH_4PO_4 \cdot 6H_2O$，MAP）或磷酸镁钾（$KMgPO_4 \cdot 6H_2O$，MPP）沉淀法使尿液中的氮、磷、钾以晶体形式析出，然后回收。这种方法可以同时回收多种元素，且生成的尿粪石自身就是一种低释放型优质肥料，可直接用于农田生产中。

通过覆盖秸秆粉末可以促进粪便干化脱水，同时抑制其中微生物的生长，减少臭味散发。干化覆盖后的粪便可以集中进行发酵堆肥处理，以有机肥料的形式还田，从而实现碳、氮、磷、硫多种元素的资源化利用。赵伟提出的粪尿分集式厕所粪污资源化处理模式就是基于上述原理（图 9-5）。

粪尿分集式厕所粪污资源化处理模式由于具有不需水冲、耐严寒等优点，适用于我国甘肃、宁夏北部、青海西北部、西藏北部等干旱少雨地区以及吉林、黑龙江等冬季严寒地区。但是若处理不当，仍然会造成粪便无害化效果不好等问题。

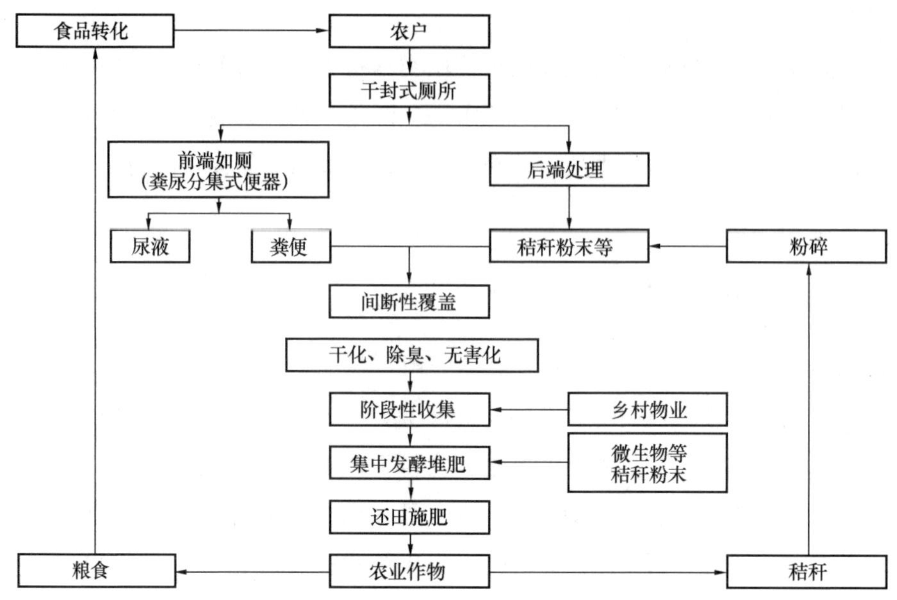

图 9-5　粪尿分集式厕所粪污资源化处理模式图

第三节　粪渣的无害化处理与资源化技术

一、粪渣无害化处理现状及痛点

粪渣垃圾是指积存在化粪池底部的消化污泥、沉渣以及上层的浮渣。粪渣中含有大量有机污染物及各种致病菌，且固体杂质较多，粪渣中 CODcr、BOD_5、SS 等指标高达每 1L 数万毫克，平均含水率为 96%，大肠菌值含量高。如果管理不当将会造成以下几方面影响：粪渣未经无害化处理就排入环境中，不仅会影响环境卫生，破坏城市形象，还会严重污染大气、水体和土壤，导致空气恶臭，招引苍蝇蚊虫，造成河道淤积和水体污染；粪渣中携带大量的病原体，且滋生蚊蝇和其他有害生物，极易成为疾病传播的源头，危害人类身体健康和公共卫生安全；粪渣中除含有较多固体杂质外，还含有大量卫生巾、织物、玻璃、塑料等不能降解的杂物，如未及时清掏，会造成化粪池或排污管道堵塞，这不仅会严重影响排水系统的正常运行，而且会因为沼气积聚存在带来巨大的安全隐患。

现如今，许多地方都推出了农家厕所样板，观其形制，与城市别无二致，可是出了门却没有与之配套的地下管网建设。被抽水马桶冲走的污秽仍然留在自家的粪池里，还是需要定期清掏。而马桶下的粪池，无论“三格”还是“两瓮”，都只是利用发酵的原理，使污秽得以初步沉淀、分离，之后要排向哪里，又颇费踌躇。如今农田都使用化肥，从前被农家视为宝贝的粪肥派不上用场了，附近也多半没有相关的产业来开发利用；分离出来的液体往往只是简单地倾倒在附近的沟渠江湖，产生的沼气亦是排入空中了事。

前些年，在农村大力推广的可以循环利用资源的沼气池，因青壮年人群大量进城求学务工、人口减少，没有足够的粪便产生沼气而被弃置。而冲水厕所需要的水，不仅给环境带来了巨大压力，也增加了农民家庭的生活成本。与此同时，因为粪池容量有限，厕所又要时时冲水，就需要频繁地清掏。这对于留守农村的老弱妇孺，无论经济上还是体力上，都会成为新的负担。

此外，由于粪渣去向监管缺位，清运公司在清掏后随意倾倒造成二次污染成了粪渣污泥最大的环境风险；另外一点是宣传缺位：民众对粪渣污泥随意倾倒造成的二次污染认识不足，也不关心粪渣的最终去向。清运公司对可选择的粪渣处理模式认识不足，特别是吸粪车的司机，作为直接运输负责人，在没有得到具体指令的情况下，很大程度上决定了粪渣的去向。

而以上这些，都是现今乡村改厕面临的“痛点”，是农村“厕所革命”无法切实落地的“槽点”。

二、粪渣无害化处理的卫生要求规范

人类粪尿中常混有传染病菌和寄生虫卵，若不注意粪肥卫生管理和无害化处理，则易污染环境并传染疾病，从而进一步影响食物及饮用水安全，引发腹泻、霍乱等肠道疾病，危害人畜的健康。因此，需对人粪尿进行无害化处理。随着人们对粪便处理技术的不断探索，无害化处理工艺技术日渐成熟多样，包括卫生填埋、高温堆肥、焚烧等技术。

根据《粪便无害化卫生要求》(GB 7959—2012)：

(1) 城乡采用的粪便处理技术，应遵循卫生安全、资源利用和保护生态环境的原则。

(2) 对粪便必须进行无害化处理，严禁未经无害化处理的粪便用于农业施肥和直接排放。

(3) 粪便处理厂设计应符合 CJJ 64 的规定。采用固液分离—絮凝脱水处理法处理粪便时，产生的上清液应与污水处理厂污水合并处理，污泥须采用高温堆肥等方法处理。处理后最终的排放出水，其总氮、总磷等富营养化物质含量应符合 GB 18918 要求。

(4) 应有效地控制蚊蝇滋生，使堆肥堆体、储粪池与厕所周边无存活的蛆、蛹和新羽化的成蝇。

（5）清掏出的储粪池粪渣、粪皮，沼气池沉渣，各类处理设施的污泥，应经高温堆肥无害化处理合格后方可用作农业施肥。

（6）肠道传染病发生时，应对粪便、储粪池及粪便可能污染的场所、容器等进行消毒，消毒方法与消毒剂应用应参照《消毒技术规范》的要求执行。

（7）经各种方法处理后的粪便产物应符合表 9-2~表 9-5 的卫生处理。

表 9-2　好氧发酵（高温堆肥）的卫生要求

编号	项目	卫生要求	
1	温度与持续时间	人工	堆温≥50℃，至少持续 10d 堆温≥60℃，至少持续 5d
		机械	堆温≥50℃，至少持续 2d
2	蛔虫卵死亡率	≥95%	
3	粪大肠菌值	$\geq 10^{-2}$	
4	沙门氏菌	不得检出	

表 9-3　厌氧与兼性厌氧消化的卫生要求

编号	项目	卫生要求	
1	消化温度与时间	户用型	常温厌氧消化　≥30d 兼性厌氧发酵　≥30d
		工程型	常温厌氧消化≥10℃≥20d 中温厌氧消化≥35℃≥15d 高温厌氧消化≥55℃≥8d
2	蛔虫卵	常温、中温厌氧消化　沉降率≥95% 高温厌氧消化　死亡率≥95%	
3	血吸虫卵和钩虫卵	不得检出活卵	
4	粪大肠菌值	中温、常温厌氧消化　$\geq 10^{-4}$ 高温厌氧消化　$\geq 10^{-2}$ 兼性厌氧发酵　$\geq 10^{-4}$	
5	沙门氏菌	不得检出	

注：在非血吸虫病和钩虫病流行区，血吸虫卵和钩虫卵指标免检。

表 9-4　密封储存处理的卫生要求

编号	项目	卫生要求
1	密封储存时间	不少于 12 个月
2	蛔虫卵死亡率	≥95%
3	血吸虫卵和钩虫卵	不得检出活卵
4	粪大肠菌值	$\geq 10^{-4}$
5	沙门氏菌	不得检出

表 9-5 脱水干燥、粪尿分集处理粪便的卫生要求

编号	项目	卫生要求	
1	储存时间	尿	及时应用疾病流行时，不少于10d
		粪	草木灰混合2个月 细沙混合6个月 煤灰、黄土混合12个月
2	蛔虫卵	死亡率≥95%	
3	血吸虫卵和钩虫卵	不得检出活卵	
4	粪大肠菌值	$\geq 10^{-2}$	
5	沙门氏菌	不得检出	
6	pH 值	草木灰、粪混合后 pH 值>9	
7	水分	50%以下	

注：按卫生行政部门的要求执行。

想要实现粪渣无害化，仅仅依靠化粪池的发酵原理是远远达不到要求的，因地制宜，建设粪便处理厂集中处理农村粪污就显得很有必要。粪便处理厂接收的粪便应是吸粪车或者其他专用运输工具清运和转运的人类粪便，严禁混入有毒有害污泥（表 9-6）。

表 9-6 粪便性状设计数据

项目	浓度		
	高	中	低
含水率（%）	95～97	97～98	>98
pH 值	7～9	7～9	7～9
SS（g/L）	20～23	15～20	9～18
COD（g/L）	30～40	20～30	11～20
BOD_5（g/L）	15～25	8～15	3～10
灼烧减量（g/L）	10～20	7～17	4～14
氯离子（g/L）	—	4.0～6.5	3.5～5.0
氮（g/L）	—	3.5～6.0	2.3～4.5
磷（g/L）	—	0.5～1.0	0.2～0.8
钾（g/L）	—	1.0～2.0	0.5～1.5
细菌总数（个/mL）	10^8～10^{10}	10^7～10^8	10^4～10^7
粪大肠菌值	10^{-8}～10^{-10}	10^{-5}～10^{-8}	10^{-5}～10^{-7}
寄生虫卵（个/mL）	80～200	40～100	5～60

注：本表系根据粪便含水率为95%～99%范围三种浓度情况确定，当含水率不在此范围时，本表系列数值应相应调整。

三、乡村厕所粪便处理与资源化技术

1. 粪渣无害化处理

粪渣无害化处理过程采用粪渣脱水，然后好氧发酵，使粪渣中的有机物分解稳定，粪渣中的细菌、病虫卵被杀灭，粪渣无害化处理中会释放出大量的异味气体和恶臭气体，恶臭气体臭气浓度高达上万，靠单一的臭气处理工艺根本无法达到达标排放，经过多次的试验，粪渣无害化处理的臭气治理工艺采用多级处理工艺，能达到一个比较好的臭气治理效果。

当粪便处理厂地址选择在生活垃圾卫生填埋场、污水处理厂的用地范围内或附近时，宜采用粪便絮凝脱水主处理工艺或粪便厌氧消化主处理工艺，也可以采用粪便固液分离预处理工艺（图 9-6、图 9-7）。

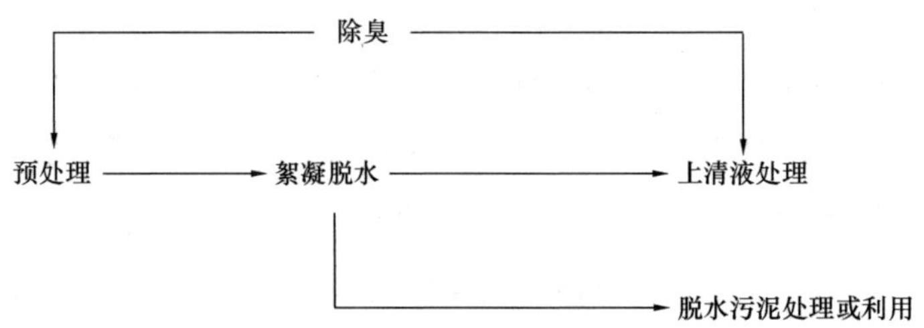

图 9-6　粪便絮凝脱水处理工艺示意

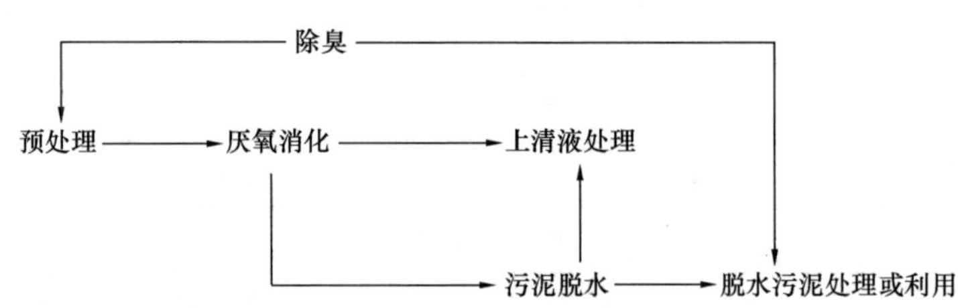

图 9-7　粪便厌氧消化主处理工艺示意

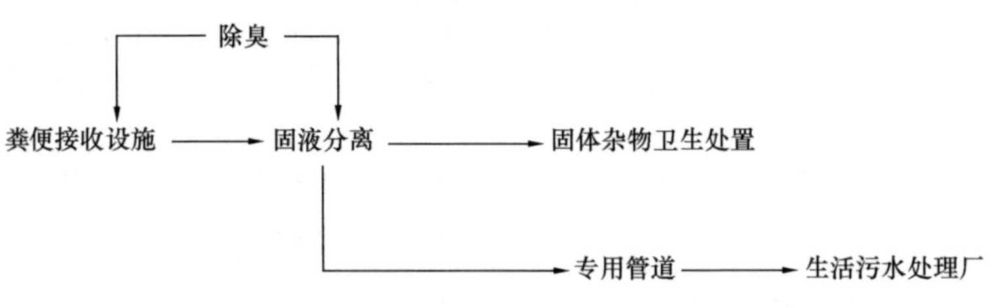

图 9-8　粪便固液分离预处理工艺示意

设计无害化卫生厕所，可以有效利用人的粪便使其回归自然的有机肥资源，处理不好就是分布广泛的污染源。利用无害化卫生厕所既能够积肥，又能使粪便无害化处理，使粪便成为环境友好型资源。改厕主要的卫生效益是消除了粪便污染，减少了霍乱、痢疾、伤寒、病毒性肝炎等肠道传染病和血吸虫、钩虫等寄生虫病的发生概率。卫生厕所将粪尿收集，在沼气池内进行发酵，产生可以利用的能源，即沼气式能源，它十分卫生、安全，大大提高了家庭生活质量，促进了新农村发展。

双坑交替式厕所由两个结构相同又互相独立的厕坑组成。先使用其中的一个，当该厕坑粪便基本装满后用土覆盖将其封死，再启用另一个厕坑；第二个厕坑粪便基本装满时，将第一个坑内的粪便全部清除重新启用，同时封闭第二个厕坑，这样交替使用。在清除积粪时，坑中的粪便自封存之日起已至少经过半年至一年的发酵消化，完全达到无害化的要求，成为腐殖质，可安全地用作肥料分离出来的小便采用双瓮式处理。在卫生间旁埋入瓮式罐体，尿液进入瓮体，其容积约 300L，一般五口之家可使用 3～5 个月，处理后的尿液，由瓮体上部出口用高压抽水车抽出，转运用于果园、草地、农田使用；也可由农户用小桶或长柄勺从出口取出，用于庭院种植。

大便处理槽内装有微生物及微生物载体（半炭化木片），大便进入槽内，通过搅拌与微生物混合，起到除臭、升温发酵、加快腐熟的效果，最终使大便无害化、资源化，作为初级有机肥回归土壤。

在 250～350 次大便次数后，或者三口之家使用 3～6 个月，可用于种植施肥。

小便处理系统如图 9-9 所示。

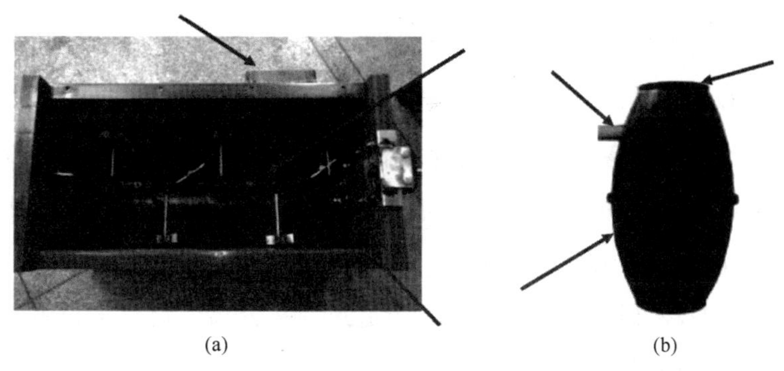

(a)　　　　(b)

图 9-9　小便处理系统

2. 堆肥与厌氧消化

堆肥，顾名思义与肥料有关，简单来说就是利用含有肥料成分的植物和人类排泄物，加上泥土和矿物质混合堆积，在高温、多湿的条件下，经过发酵腐熟、微生物分解而制成的一种有机肥料。植物肥料涵盖稻草、茎蔓、野草、树木落叶等，堆肥成功的关键就是为微生物的生命活动创造良好的条件，是加快堆肥腐熟和提高肥效的最主要因素。而堆肥厕所就是利用堆肥原理，将堆肥的原理与旱厕相结合，通过马桶箱体的重新设计营造堆肥最适合的环境，加上生物菌和植物废料的运用，将以往旱厕在使用过程中的缺点改良，令堆肥厕所在使用过程中不会产生臭味以及滋生蚊虫，在部分许可的地区可根据自身居住条件连接水和电源，通过电源带动内置的高温蒸发设备以及通风设备，加速堆肥的形成以及利用高温杀死污物中的病菌，带给用户一个全新的使用感受。同时，堆肥厕所所产生出的肥料为天然有机肥，可供用户就地使用。粪便堆肥后，所含营养物质比较丰富，且肥效长而稳定，同时有利于促进土壤固粒结构的形成，能增加土壤保水、保温、透气、保肥的能力，而且与化肥混合使用又可弥补化肥所含养分单一，长期单一使用化肥会使土壤板结，导致保水、保肥性能减退等的缺陷（图 9-10）。

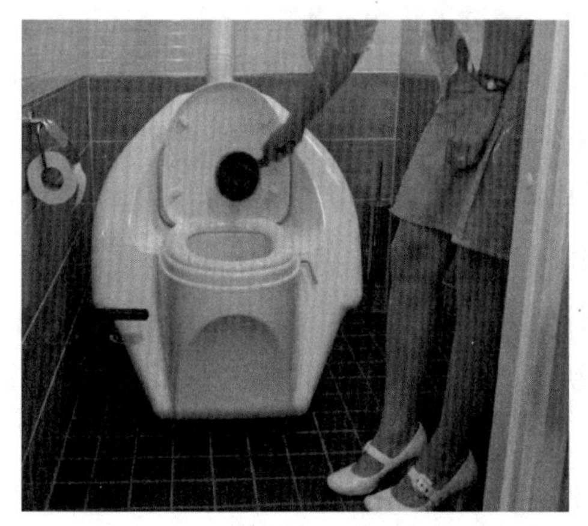
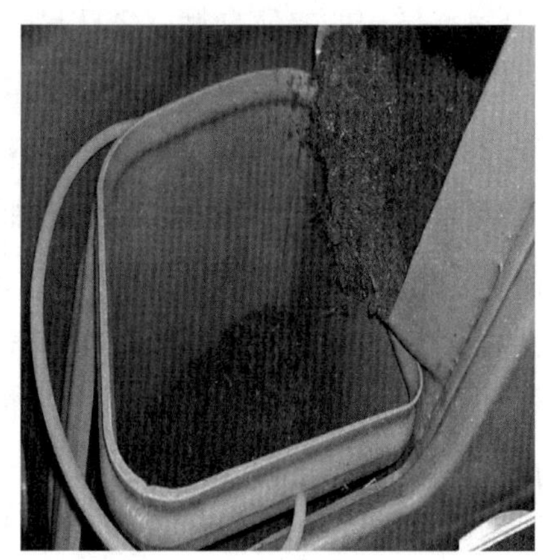

图 9-10　外国某公司的堆肥马桶和制成的堆肥

高温堆肥是人畜粪便和生活垃圾无害化处理的好方法之一，将粪便与农业秸秆或生活垃圾等混合，调节好适量水分，疏松堆积起来，使之成为 2～3m 宽、2m 高，长度不限的肥堆。堆料经好气的嗜热性微生物的分解作用，最终产生相当稳定的腐殖质。利用这种方式，既可解决恶臭和苍蝇滋生的问题，也可以杀灭杂草种子及各种病原体。此外，还可以有效存储粪便中的营养元素。

“乡村厕所关键技术研发与应用”项目组通过源头分离、资源化利用，实现营养元素“高质回收”，针对农村改厕地区发展极不平衡，粪便无害化、资源化率低的现状，采用人畜粪便共基质超高温好氧发酵技术实现对高浓度粪便的无害化处理和资源化利用。通过排泄物干式发酵一体化装置，包括辅助加热搅拌器，传动系统、供氧系统，进料、出料控制，并研发了适宜于粪便干式发酵的好氧菌和兼氧生物菌种。结果表明，粪便中粪大肠菌、蛔虫卵的灭活率达到 99.5%，粪便发酵稳定化的时间缩短至 7～10d，出料中含有中富的 N、P 和 K 等养分，可作为农作物有机肥使用。

无水堆肥马桶的原理是将粪尿分离，配合垫料等，将排泄物发酵制成堆肥，从而既大大减少用水，也达到资源循环的目的。堆肥可以用在自家花园或农田中。现代化设计的无水堆肥马桶与普通马桶外形差别不大，其在全球已经越来越流行。堆肥马桶的优点是：固体和液体废物分离，固体废物堆肥；可以作为抽水马桶的替代产品；无须用水和电；可以加装排气扇（电动）；配有手持式冲刷喷头；堆肥储存容器轻巧而且清空简便（图 9-11）。

堆肥马桶的原理是：先将有机垃圾堆肥通过使固体废物进入转鼓；用踏板转动转鼓，使垫料及时盖住废物，避免异味；转鼓内的有机肥和废物充分混合；堆肥物会逐渐进入可以清空的堆肥容器；堆肥进程在清空的容器中继续进行处理；小便和冲洗用水被分离出去，不会流进纳托姆；最后通过通向屋顶的管道进行通风换气，避免室内产生异味。

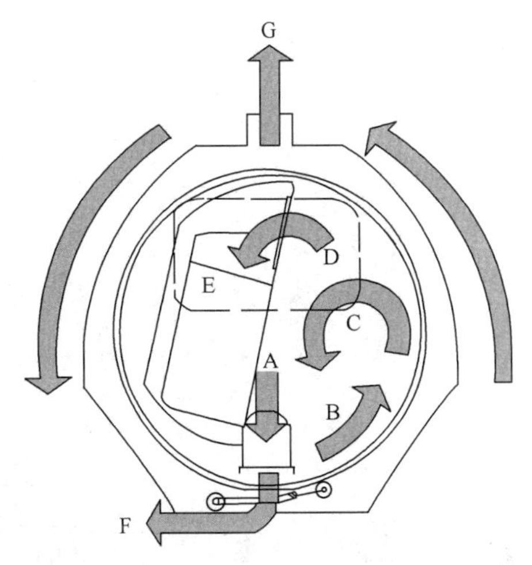

A—固体废物进入转鼓；B—用踏板转动转鼓，使垫料及时盖住废物，避免异味；C—转鼓内的有机肥和废物充分混合；D—堆肥物会逐渐进入可以清空的堆肥容器；E—堆肥进程在清空的容器中继续进行处理；F—小便和冲洗用水被分离出去，不会流进纳托姆

图 9-11　堆肥马桶的内部构造

堆肥厕所无须用水（或极少量水），减少了耗水量，同时也能减少废水处理量；特别适用于无公共给排水设施的边远地区，其本身低耗能，集储存和处理于一身，可以减少运输和避免异地处理；能够将人体排泄物转化为有机肥料；可处理厨余垃圾（瓜果皮等有机废弃物）；因其不需要敷设给排水管道，避免了路面开挖，又能够减少配套设施建设成本。但是对于习惯普通水冲式厕所的用户来说，维护堆肥厕所需付出更多努力，如果装配不到位，清理堆制好的粪肥将付出艰辛的努力，维护不当可能使清洁工作难以进行、形成臭味，而且未腐熟的粪肥可能带来健康问题；如果不能及时处理产生的液体，会影响堆肥厕所的正常工作。很多时候，堆肥厕所需连接一套中水储存设备，而且其较小的体积导致有效容量小，多数的堆肥厕所需要外接电源。这些因素也限制了堆肥厕所的进一步推广。目前，在城镇以及大城市使用堆肥厕所较少，而在广大农村地区，堆肥厕所有着得天独厚的条件以及推广潜能，随着农村厕所革命的推进，堆肥厕所的应用前景也无限看好。

3. 干粪便焚烧发电

粪便中含有大量的致臭物质和有机物，经过集中无害化处理和资源化利用，可大大减少乡村大气恶臭物质污染源，减少对水质的污染。同时，粪便经过药物和高温灭菌处理，达到彻底无害化，对保护环境和预防疾病起到重要作用。粪便发电厂先把收集来的粪便干燥达到脱水标准后，直接送到炉膛内燃烧。炉膛内有多层炉床干燥器和搅拌器，以利于粪便完全燃烧。为了消除粪便燃烧时产生的臭味，在燃烧炉内有一个处理残存挥发物和臭气的“后燃器”。后燃器中放有石灰石来吸收二氧化硫等有害气体，使排出的废气净化，不致严重污染空气。发电厂粪便燃烧产生的热能使锅炉内的水产生蒸汽，推动涡轮发电机发电（图 9-12）。

图 9-12　粪便发电设备

Janicki Industries 公司研发的 Omni－Processor 是一座 300 kW 的综合热供电发电厂，它以含固率为 5%～50%的粪便污泥作为燃料进行发电，粪便燃烧所产生的热量通过流化砂床来产生高温蒸汽，从而推动蒸汽机发电，废热则用于粪便污泥的干化。Omni-Processor 设计容量为 14 t 干物质/天，服务人口为 30000～50000 人。理论上每个使用者每天所产生的粪便排泄物可以生产 0.16 kW·h 的电能。该系统所产生的能量较为可观，可以实现较好的经济效益。但不足之处在于规模较大，难以小型化，适用于人口密集的大型社区，否则将产生较高的运输成本。

4. 制作生物燃料

沼气发酵是指利用人、畜便和秸秆、污水等各种有机物在厌氧条件下，经发酵微生物分解转化，最终产生沼气的过程。发酵微生物细分为五大类：发酵性细菌、产氢产乙酸菌、耗氧产乙酸菌、食氢产甲烷菌、食乙酸产甲烷菌，粗分为产酸菌和产甲烷菌两大类。

发酵过程分三个阶段：一是液化阶段。在沼气发酵中，首选发酵细菌群利用它分泌的胞外部，对有机物进行体外解，分解成能溶于水的单糖、氨基酸、甘油和脂肪酸等小分子化合物。二是产酸阶段。由三种菌群发酵性细菌、产氢产乙酸菌、耗氢产乙酸菌（合称产酸菌）共同作用，产生乙酸、氢和二氧化碳。三是甲烷阶段。在此阶段，食氢产甲烷菌和食乙酸产甲烷菌（合称产甲烷菌）所分解转化的乙酸、甲酸、氢和二氧化碳小分子化合物等生成甲烷。五类细菌的共性是：（1）生长缓慢；（2）严格厌氧；（3）只需要简单的有机物作为营养；（4）适合中性偏碱环境；（5）代谢最终产物为甲烷和二氧化碳。

沼气发酵条件：（1）严格的厌氧条件。沼气发酵中起主要作用的是产酸和产甲烷菌，两大菌群为厌氧菌，在空气中暴露几秒就会死亡。因此，严格的厌氧环境是沼气发酵最主要的条件之一。（2）发酵原料。通常用人畜粪，要求 C∶N 比值在 25∶1 至 30∶1 之间。（3）厌氧活性污泥（沼气细菌）。普遍存在于粪坑底污泥，下水道污泥、沼气发酵渣水、沼泽污泥，是有生命的东西，加入量占总发酵料液的 10%～15%。（4）温度。沼气发酵，一般采用常温发酵，温度范围在 8～65℃之间，最适宜温度为 35℃左右。温度是生产沼气的重要条件，温度越高，产沼气就越多，温度越低，产沼气就少或不产气。（5）酸碱度。沼气发酵细菌最适宜的 pH 值在 5.5 以下，就是料液酸化的标志，pH 值在 3.5～5 之间，为严重偏酸；投料浓度过高，产酸之后 pH 值下降；原料当中混有大量的毒性物质（图 9-13）。

沼气池厕所是指将人畜粪便或冲厕粪便水及有机垃圾混合破碎后集中收集在沼气池中进行厌氧发酵，生成以甲烷为主的沼气，可用于供能和供暖，残余物可作堆肥使用。沼气除了提供农户生活炊事、照明用能外，农业生产上还能用于塑料大棚内增温和释放二氧化碳，幼禽、蚕房增温，孵禽，点灯诱蛾，储粮，柑橘保鲜，发电等。修建一个平均 1～1.5m^3/人的发酵池，就可以基本解决一年四季的燃柴和照明问题。除沼气外，产生的沼渣是一种优质高效的有机肥料。近些年来，农民普遍以施用化肥为主，施有机肥较少。同时，农民有烧秸秆煮饭、烧水的习惯，不让秸秆还田，造成地力下降。施用沼肥可增加土壤有机质和微量元素，改善土壤结构，提高地力，降低生产成本（图 9-14）。

目前沼气池厕所在国内农村许多地区得到广泛应用，但在实际应用中依然存在很多问题亟待解决：（1）部分沼气产量受沼气池结构、原料配比、外源物及温度的影响而产气量不足；（2）部分沼气池建设质量不达标导致出水水质不好；（3）很多地区过分看重沼气池带来的经济效益导致本末倒置，仅因产气不足就闲置沼气池或生搬硬套而非因地制宜，忽略了建沼气池最基本的目的是净化污水改善卫生环境，生态效益应高于经济效益。

三联水压式沼气池如图 9-15 所示。

农村家用沼气池是 20 世纪 70 年代初在我国兴起的，几年间总数达 700 万个，全国集中供气的沼气用户达 16 万户以上。在生产和实践过程中，形成了各种各样的沼气池。按储气方式分有水压式沼气池、浮罩式沼气池和气袋式沼气池三大类。在实际应用过程

图 9-13　沼气发酵建设及装置图

中，考虑到农村庭院的布局以及方便管理，水压式沼气池更为适宜，也是目前推广较为普遍的池型。三联式沼气池厕所作为目前中国农村广泛应用的池型之一，在 20 世纪 80 年代末由大连市金州区根据当地情况，把水压式沼气池和猪圈、厕所相连，首先建成三联式沼气池厕所。此种池型结构的特点，从卫生角度来看，主要是采用中层出料，由于出料在发酵间壁的中下三分之一处，发酵液残渣全部阻拦于池中。这种池型出料口粪液中的虫卵减少率范围为 93.25%～98.5%。由于此型沼气型为单极发酵处理，加上每天有新鲜的粪便进池，沼气池出口粪液大肠菌值经常大于 10^{-5}，达不到无害化卫生标准。

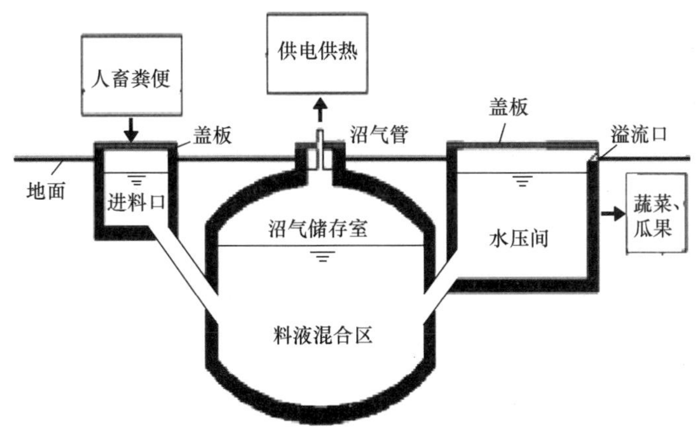

图 9-14　沼气池厕所结构图

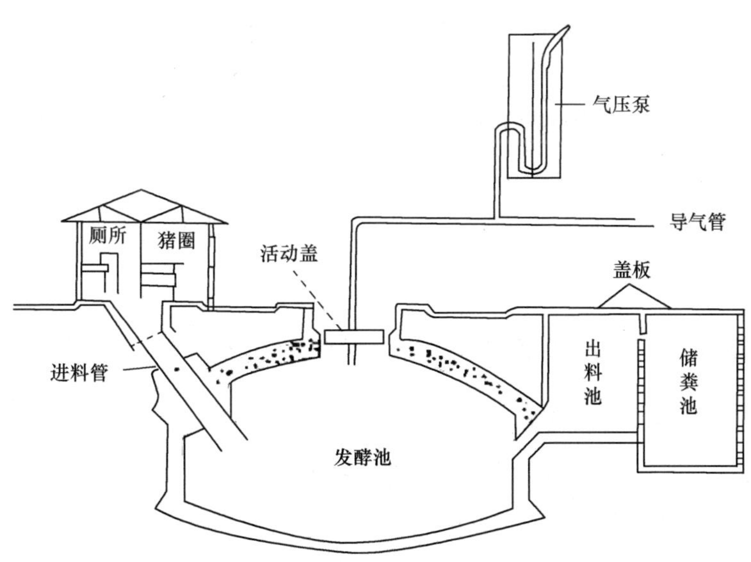

图 9-15　三联水压式沼气池示意

目前，农村家用沼气池应用较多，养殖场中有沼气工程的还很少，杭州浮山养殖场、上海星火农场、北京大兴留民营生态农场是较为成功的范例。

沼气池厕所的优点：(1) 有利于保护生态环境。沼气解决了农民的燃料问题，因而可以减少森林砍伐，促进植树造林的发展，减少水土流失，改善农业生态环境。(2) 有利于解决农村能源问题。一户 3～4 口人的家庭，修建一个 $10m^3$ 的沼气池，只要发酵原料充足，并管理得当，就能解决点灯、煮饭的燃料问题。(3) 有利于改善卫生条件。利用沼气当燃料，无烟无尘，清洁方便。粪便污水中的病菌、寄生虫卵等，在沼气池中密闭发酵而被杀死，从而改善了农村的环境卫生条件，对人畜健康都有好处。(4) 有利于促进农业生产发展。大量畜禽粪便加入沼气池发酵，既可生产沼气，又可沤制出大量优质有机肥料，扩大了有机肥料的来源。施用沼肥不但节省化肥、农药的喷施量，也有利于生产绿色无公害食品。（5）有利于促进畜牧业的发展。有利于解决“三料”（燃料、饲料和肥料）的矛盾，促进畜牧业的发展。

沼气池厕所也有不少弊端：（1）北方地区冬天使用效不果不太好，甚至不能用，需要根据情况添加粪便和其他脏的物料，有浓烈的异味。（2）沼气的上清液排放不达标，沼气池容易发生爆炸，而且沼气泄漏非常危险，气温高、添加物料多的时候，多出的沼气没有地方使用，只能排放，或者添加储存设备，而天气冷或物料少时又产气不足。（3）沼气设备腐蚀很大，需要经常检查，安全性不佳。（4）没有国家的初期投资补贴，粪便沼气化处理方案性价比较低。（5）沼气池需要经常维护，大部分农民没有时间和精力维护。这些缺点导致农村许多沼气池只在建设初期使用而缺乏长久性。

第四节　乡村厕所粪污治理模式

针对当前人们大多只重视厕所内部使用环境的改善，忽视厕所粪污的治理，对农村生态环境以及人居环境“治标不治本”的问题，笔者总结了当下所研究的或已经试行的厕所粪污治理模式，以期面对不同的自然条件以及发展水平，因地制宜地选择不同的粪污治理模式。

一、乡村水冲式厕所的粪污综合治理模式

根据 2016 年《中国卫生和计划生育统计年鉴》数据，我国水冲式厕所占比最大，许多学者针对水冲式厕所粪污如何实现无害化、减量化、资源化进行了探讨。河南省商丘市大刘庄村化粪池式厕所改造项目，提出了基于全生态链的农村粪污治理综合模式，如图 9-16 所示。

该模式基于生态系统物质循环与能量流动原理，将农村化粪池式厕所系统作为乡村区域生态循环的子系统进行研究。在该研究系统中，首先使用微水冲厕所，以降低对三格式化粪池的体积要求和后续清掏次数要求；人体排泄物经过三格式化粪池初步腐熟后，产生的粪渣可以经过干燥脱水后掺合农作物秸秆共同堆肥形成固体肥料，并用于农业生产；粪液可以直接施入土地中，但是要注意其中有害微生物的浓度，防止对人体健康产生危害，也可以通过管道输送经村级二级处理后作为灌溉水。经过上述过程形成一条循环的闭路生态链条，实现三格化粪池式厕所产物的无害化、零排放和再循环。

上述粪污处理模式适用面较广，不管是居住较集中的城镇或者村庄，还是居住分散的散户都可以有较好的治理效果，并且在此基础上可以实现多元有机固废协同处理的综

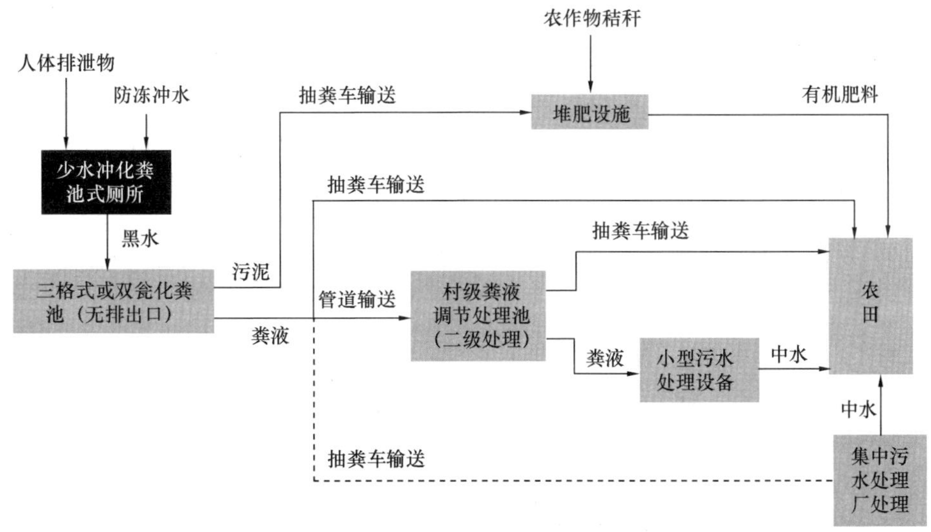

图 9-16　基于全生态链的农村粪污治理综合模式

合处理模式，但是这种模式同样存在一些缺陷，在管理、维护方面比较复杂，成本较高，受农村经济条件的限制，许多高新技术不适宜在农村地区推广。同时，存在对于干旱少雨和冬季高寒区域水冲式厕所不适用等缺陷。

二、粪尿分集式厕所粪污资源化处理

我国地域差异性大，在西北地区由于干旱少雨，没有足够的水资源来修建水冲式厕所，而在东北等高寒地带，由于冬季气温极低，三格式化粪池会形成冰冻，因此也不适用于水冲式厕所。为了解决这些地区农村卫生厕所建造问题，研究人员设计出粪尿分集式卫生厕所。这种厕所的核心技术是在前端如厕部分安装一种经过专业设计的粪尿分集式便器；与传统便器相比，粪尿分集式便器由 2 个排出口组成，分别收集尿液和固体粪便。将无害的尿液部分通过前面的尿液排出口导尿管流入厕所下方的尿桶单独收集，粪便部分则通过粪尿分集式便器后方的排出口进入下方的粪池内单独收集处理。

源分离尿液本身所含病原微生物量极少，并且尿液中的营养成分能被农作物直接吸收利用，虽然尿液中会含有微量的重金属物质，但这些重金属含量有限，基本可以忽略不计。因此，可以将源分离尿液稀释后直接灌溉土地，实现氮磷资源的再利用。同时，也有研究通过一定的技术回收尿液中的氮磷资源，其中工艺较为成熟的是沉淀结晶技术。沉淀结晶技术利用磷酸铵镁（$MgNH_4PO_4 \cdot 6H_2O$，MAP）或磷酸镁钾（$KMgPO_4 \cdot 6H_2O$，MPP）沉淀法使尿液中的氮磷钾以晶体形式析出，然后回收。这种方法可以同时回收多种元素，且生成的尿粪石自身就是一种低释放型优质肥料，可直接用于农田生产中。通过覆盖秸秆粉末可以促进粪便干化脱水，同时抑制其中微生物的生长，减少臭味散发。干化覆盖后的粪便可以集中进行发酵堆肥处理，以有机肥料的形式还田，从而实现碳氮磷硫多种元素的资源化利用。粪尿分集式厕所粪污资源化处理模式就是基于上述原理。粪尿分集式厕所粪污资源化处理模式由于其不需水冲、耐严寒等优点，适用于干旱少雨地区如我国甘肃、宁夏北部、青海西北部、西藏北部等地区以及冬季严寒的吉林、黑龙江等地区，但同时存在着若处理不当会造成粪便无害化效果不好等缺陷。

第五节　粪污无害化处理案例

一、湖南浏阳湾里屋场应用生态系统的实践

本项目利用纯生态方式治理污水和有机垃圾（含粪污）的专利技术，颠覆了传统三格式化粪池、一体化处理设备达标排放的模式，真正做到了从源头管控，很好地解决了有机垃圾“变废为宝”，做到了有机垃圾、生活污水不出门、不落地，第一时间进入仿生转化系统，达到资源化处理的好效果（图 9-17）。

该专利解决了长期困扰人们的垃圾分类问题。所有的垃圾分为有机的和无机的两大类，该户对所有能腐的（垃圾）有机废弃物，第一时间投入“仿生转化系统”进行资源化处理，家庭内外清洁干净，该垃圾资源化所产生的燃气供家庭生活用火足够有余；所产生的有机液态肥全部用于浇灌蔬菜和农作物，不需再买化肥。

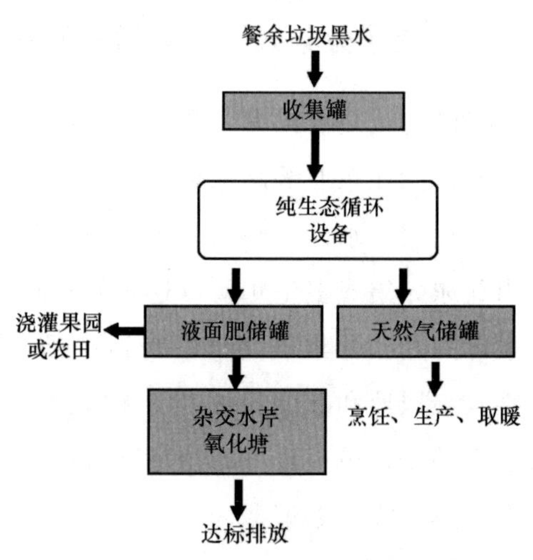

图 9-17　粪污及废水的处理工艺流程图

1. 技术原理：粪便有机质及垃圾的液态肥化

厕所粪便污水单独收集，并将易分解的有机质垃圾粉碎处理后一同加入至仿生系统，第一时间进行生物发酵，转化成有机液态肥和生物天然气。生物天然气通过净化，进入储气柜储存，再通过管道输送到用户，提供生活燃料；黑水经仿生系统处理后转化为液态有机肥，液体进入储肥池，通过自控设备形成自来肥，再分别用管道将有机液态肥接到自动灌溉系统灌溉菜地或农田。

2. 项目带来的效益

环境效益：本项目建成后可使本地区基本上无污染产生，并减少水土流失，提高土地的覆盖率，从根本上杜绝河道污染、地下水污染，改善能源结构、水肥一体浇灌、回归有机农业，保护生态环境。

经济效益：在生产过程中产生的畜禽粪便、有机质垃圾可经过本仿生系统转化为生物天然气，替代液化石油气，供村民日常使用；生活污水可通过本仿生系统转化为液态有机肥，替代化肥，将极大地提高农作物生长水平，减少化肥对作物及土壤的危害。

效益概算：按本工程惠及31户人家，共124人。

（1）每年共产生有机肥1752t，直接经济效益17.52万元；

（2）每年可产生10000m^3生物天然气，直接经济效益3万元；

（3）每年可节约用水18250t，直接经济效益1.5万元；

（4）因垃圾减量化，每年可节省垃圾运输费1万元以上。

合计每年可创造直接经济价值22万元。

社会效益：本项目建成后将极大提高湾里屋场在全省乃至全国的知名度，将传统“老种子培育场”与“纯生物循环生态系统”相结合，改善能源结构、水肥一体浇灌、回归有机农业，打造新农村建设示范项目。

3. 项目的特色

（1）不仅不用运行成本，而且可产生有机液态肥及生物天然气，具有可观的经济效益；

（2）颠覆了传统的“排”，回归了生态的“用”；

（3）自动化程度高，可实现无人值守；

（4）地埋式安装，不占用农田（图9-18至图9-22）。

二、生活粪污水处理案例

生活污水处理装置是一种以复合生化污水处理技术为核心的低能耗、高效率污水处理装置。旋转生物处理单元是SW装置的核心部分，广泛吸收最先进的污水处理技术，综合了各类低浓度有机污水处理工艺的优点，集气水混合技术、生物转盘技术、接触氧化技术、转刷曝气技术、生物强制自洁技术、梯级处理技术等多种新技术于一体，通过不断地研究改进，克服了传统生物转盘的缺点，形成SW工艺独特的复合污水处理技术（图9-23、图9-24）。

在能量的利用率、氧气的转化率、微生物的生化降解能力方面同时得到提升，使得污水中的有机物在更低的能耗条件下得到高效率的去除。整个生物处理单元由两级或三级（两个或三个）旋转生物反应器组成，每个生物反应器由一个转子和一个氧化槽组成，

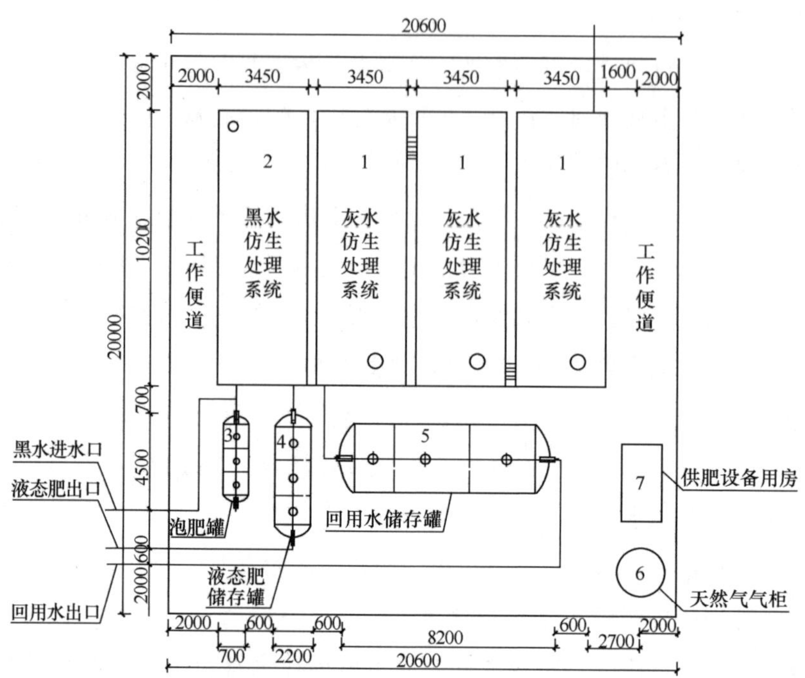

图 9-18　平面布置图

图 9-19　现场设备安装图

图 9-20　气肥控制设备间

每个旋转生物转子内部由多级叶轮构成，每个叶轮上设置了大量的螺旋叶片及具有专利技术的挂膜材料，在传动装置的驱动下，生物转子同步旋转，空气（氧气）通过生物转子气孔进入旋转生物反应器内与污水强制混合，氧气、污水、微生物三相强制高效接触，形成传质、氧化，最终实现对有机物的高效降解，达到对污水强制处理的效果。

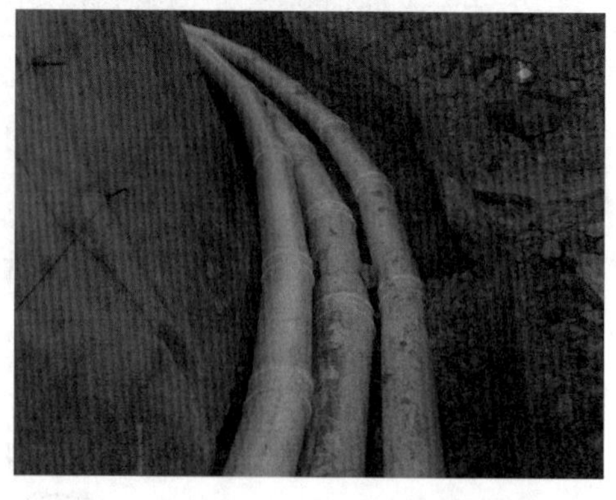

图 9-21　黑水、灰水、雨水分类收集

图 9-22　生态循环系统近景图

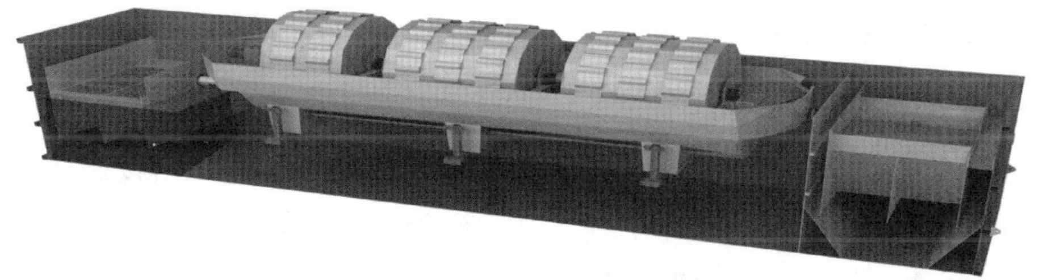

图 9-23　生活污水处理装置

图 9-24　现场设备安装图

在本工艺中，硝化和反硝化现象（称为 SND）会同时出现。因为在生物转盘工艺中，氧气很难渗透到生物膜的深处。因此，生物转盘生物膜的深层缺氧部分常常存在反硝化细菌，这些反硝化细菌可利用废水中的有机质作为有机碳源，同时，由于反硝化细菌的作用，在需氧生物膜中产生硝酸盐氮和亚硝酸盐氮部分转化为气态氮。

多段生物转盘的前几段生物膜的厚度较大，其深部氧不能渗透，呈缺氧或厌氧状态。如果在好氧区产生硝化反应，则形成的 NO_3-N 及 NO_2-N 部分生物膜的缺氧层，为存活在缺氧层的反硝化菌利用。在处理污水的同时，旋转叶片被污水冲刷，表面老化的生物膜被强制自动脱落，从而达到强制自清洁生物膜的目的，使设备永远处于良好工作状态。处理后的污水可按比例自动回流到反硝化池，调节被处理污水的高峰负荷并进行反硝化反应。

主要功能：对污水进行生化处理，去除有机污染物。

环境要求：污水温度保持在 5℃以上，安装场地通风良好。

三、脉冲生物滤池

1. 技术原理

采用脉冲生物滤池处理农村生活污水时，需设置前处理单元和后续深度处理单元。污水经前处理单元后由提升泵送至高位水箱，然后通过脉冲布水器均匀布水，污水中的污染物与滤料上的微生物充分接触，进行降解。滤池采用自然充氧，且充氧效果好，因而硝化效率高。同时，滤池采用高水力负荷进水，老化的微生物容易脱落，滤料可重新挂膜，从而保证脉冲生物滤池处理污水效果的稳定性。滤池的出水一部分回流至前处理单元进行脱氮，其余污水进入后续处理设施进行深度脱氮除磷。水泵及生物滤池布水均可实现自动控制，有排水落差的村庄可利用自然地形落差进入滤池，避免水泵提升（图 9-25、图 9-26）。

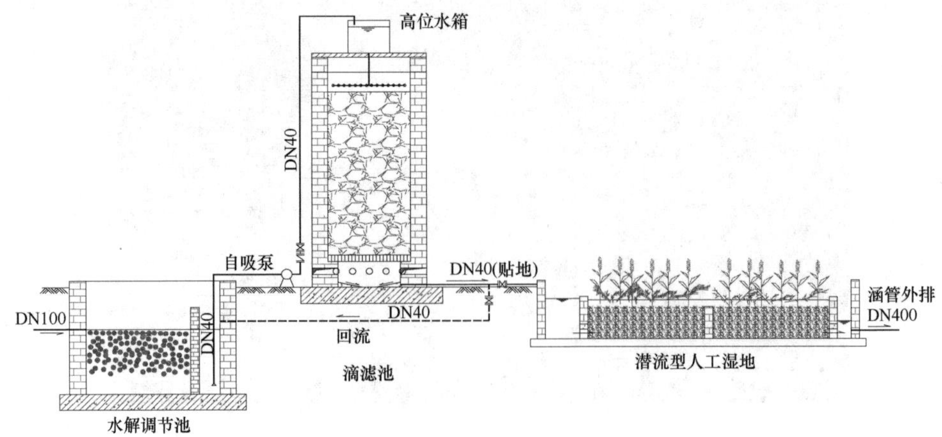

图 9-25　脉冲生物滤池工作示意

图 9-26　现场设备安装图

2. 技术特点

滤池脉冲进水，水力负荷高，生物膜更新快，生物活性高于普通生物滤池，因此有机物降解及硝化效果好，组合工艺脱氮效果好，且填料不易堵塞。脉冲生物滤池出水回流，降低滤池进水浓度，无臭气散发，无蚊蝇滋生。工艺简单且已设备化，安装简易。用电设备仅为一台进水泵，低能耗，易管理。脉冲生物滤池呈塔状，占地面积小。后续需设深度处理单元进行除磷。

3. 适用范围

该技术针对农村生活污水具有水质差异明显、水量较小、污水排放分散、收集难度大等特点而设计，适用于河网区、平原或地形较为平坦的地区，有一定闲置地，住户相对集中，户数从十几户至数百户不等。

4. 设计要点与主要技术参数

（1）脉冲生物滤池前应设置脱氮池（水解池或调节池）作为预处理设施，具有调节水量水质、反硝化脱氮的功能，同时也可进行水解反应，提高污水的可生化性。脱氮池可现场土建施工，也可采用定型产品，水力停留时间 10～15h。

（2）脉冲生物滤池可现场土建施工，也可采用模块化或标准化设备，其池形可采用圆柱形或方柱形，在现场完成安装。

（3）脉冲生物滤池填料一般选用陶粒滤料或其他复合填料，陶粒滤料粒径宜为 5～8mm，滤料填装高度宜为 2.0～2.5m。

（4）脉冲生物滤池采用脉冲方式进水，用虹吸装置自动间歇布水，布水必须均匀。设计有机容积负荷为 0.15～0.20kgBOD_5/（m^3 • d）。

（5）供氧为自然通风，池底部四周通风面积为总过滤面积的 10%～20%。

（6）脉冲生物滤池出水经流量分配槽，30%～50%的出水进入后续处理单元，

50%～70%的出水回流至脱氮池。

5. 工艺性能与主要出水指标

脉冲生物滤池主要出水水质指标可满足《污水综合排放标准》（GB 8978—1996）一级B标准的要求，其中氨氮低于5mg/L（水温高于12℃）。

四、无水免冲智慧生态厕所

1. 技术原理

利用滑板式粪尿分离技术，将粪尿从源头分离分别进行处理，小便直接从尿液收集器快速流入尿液处理系统，尿液处理装置迅速将尿液降解，杀灭新冠病毒等有害病菌，消毒处理后引流排放，也可用作绿化灌溉的液肥使用；大便则与微生物菌充分混合，高温发酵技术迅速有效地杀灭粪便中的病毒、病菌，快速将粪便发酵降解成有机肥，实现99%粪便体积消减，无须水冲，不排污，不产生气溶胶等传播媒介，避免了新冠病毒等粪口传播的风险。如厕时产生的异味，可通过新风系统除臭处理后排出；针对低温天气，兰标智慧生态厕所设计了温度补偿系统，冬季也可以正常使用（图9-27）。

图9-27　无水免冲智慧生态侧所

2. 推广理由

（1）无须用水，符合厕所卫生规范；

（2）无害化处理，资源化利用，环境友好；

（3）寒冷、缺水、少水地区可正常使用；

（4）避免二次处理带来的各种不便和风险；

（5）轻便设计，不受上下水限制，使用便捷，可用于应急场所；

（6）使用成本低，维护简便；

（7）产品适用范围广：高寒、缺水、山区等无下水管网区域，生态环境脆弱等区域；

（8）每一座无水免冲厕所就是一条可移动的有机肥生产线，还可作为一个便民服务站。

五、河南省商丘市大刘庄村化粪池粪污综合治理模式

根据 2016 年《中国卫生和计划生育统计年鉴》数据，我国水冲式厕所占比最大，许多学者针对水冲式厕所粪污如何实现无害化、减量化、资源化作出探讨，提出了基于全生态链的农村粪污治理综合模式，如图 9-28 所示。

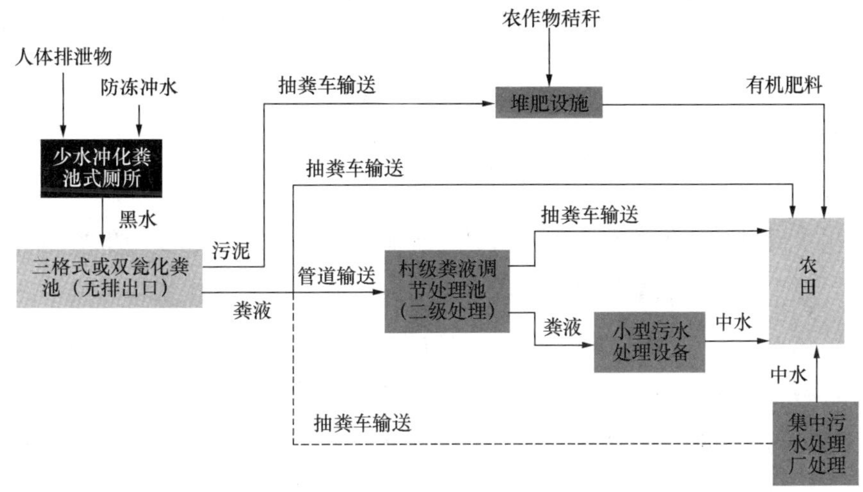

图 9-28　基于全生态链的农村粪污治理综合模式

该模式基于生态系统物质循环与能量流动原理，将农村化粪池式厕所系统作为乡村区域生态循环的子系统进行研究。在该研究系统中，首先使用微水冲厕所，以降低对三格式化粪池的体积要求和后续清掏次数要求；人体排泄物经过三格式化粪池初步腐熟后，产生的粪渣可以经过干燥脱水后掺合农作物秸秆共同堆肥形成固体肥料，并用于农业生产；粪液可以直接施入土地中，但是要注意其中有害微生物浓度，防止对人体健康产生危害，也可以通过管道输送经村级二级处理后作为灌溉水。经过上述过程形成一条循环的闭路生态链条，实现三格化粪池式厕所产物的无害化、零排放和再循环。

上述粪污处理模式适用面较广，不管是居住较集中的城镇或者村庄，还是居住分散的散户都可以有较好的治理效果，并且在此基础上可以实现多元有机固废协同处理的综

合处理模式。但是，这种模式同样存在一些缺陷，在管理、维护方面比较复杂，成本较高，受农村经济条件的限制，许多高新技术不适宜在农村地区推广，同时存在对于干旱少雨和冬季高寒区域水冲式厕所不适用等缺陷。

六、太阳能微动力一体化单户处理模式

太阳能微动力组合式一体化处理模式主要采用厌氧—好氧活性污泥法来处理厕所粪污（图 9-29）。

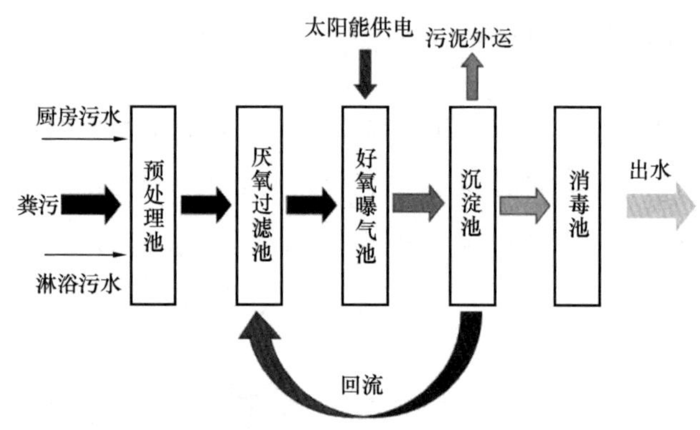

图 9-29　太阳能微动力一体化单户处理模式

厕所出水经过简单预处理后进入厌氧过滤池，通过厌氧过滤池中的微生物降解其中的有机物，减少悬浮物总量与固体物质含量，同时通过反硝化作用将回流中的硝酸根、亚硝酸根转化为 N_2，实现脱氮的效果。然后再进入到好氧曝气池，通过太阳能电池供电曝气，进一步去除其中的有机物，同时通过聚磷菌富集其中的磷，定期将一小部分污泥外运。最后污水经消毒池达标排放，未完全分解的有机物经沉淀池后回流至厌氧过滤池。该模式也可同时将厨房污水与淋浴污水一同处理。

这种处理模式具有占地面积小、处理效率高、节能环保、适用范围广等优点。但是这种模式尚处于实验室阶段，并未大概范围推广，主要是由于其中一些缺陷尚未克服，如成本较高、实际运行管理麻烦、对农村居民操作要求高等。将来可通过技术改革，简化其中操作流程，对于极偏远地区农户使用或者村镇集体使用都具有较好前景。

七、国际模式：世界银行贷款中国农村供水和环境卫生项目

世界银行从 1985 年开始至今已在中国实施了四期农村供水与环境卫生项目，其中前三期均已圆满结束，第四期项目于 1999—2006 年在安徽、福建、贵州和海南四省 33 个项目县开展实施。主要内容是开展供水工程、环境卫生、健康教育“三位一体”的综合项目活动，为四省 310 万贫困农村人口提供安全、便利的饮用水，以建造卫生厕所为

主的环境卫生活动，普及相关的卫生知识、改善相关的卫生行为，促进当地贫困农村的社会和经济发展。

通过本项目的实施，52.23％农民饮用上了自来水，虽然与基线相比增加显著，但目前仍有相当比例的农户仍未饮用自来水，自来水饮用率尚处于较低水平。每人每天的用水量范围在 50～92L。调查表明，未使用上自来水主要原因有：工程进度慢，村民想用但暂时还用不上；村民家庭经济条件差，负担不起自来水的费用；有些地方自来水入户费较高；部分农户认为现在取水已经很方便，不需要再花钱买自来水用了。

从调查结果中可以看出学校厕所及洗手设施的基本情况和学生的健康教育知识水平情况：93.68％的学校厕所清洁，86.14％的学校有洗手设施；有健康教育课的学校由基线的 59.69％上升到后续的 91.35％，有健康教育作业或考试的学校由基线的 31.63％上升到 66.35％；小学生的饭前应该洗手无论基线和后续合格率都很高，均在 90％以上，尤其后续调查均在 99％以上。大便后洗手的正确率由基线的 40.41％～63.43％上升到后续的 77.68％～94.88％。虽然小学生的健康知识水平有了很大的提高，但对便后洗手和不用抹布擦碗的健康教育仍需加强（图 9-30）。

图 9-30　世行官员在海南省项目地区农村小学进行健康教育检查

四省合计每村建设示范卫生厕所数为 10 个，在项目村建造示范卫生厕所后，村民积极主动建造卫生厕所，每村另建的卫生厕所率在 17.30％～35.28％。有厕率由基线的 76.58％上升到后续的 93.44％，卫生厕所普及率由基线的 10.14％上升到 37.38％。

四省的家庭主妇的健康知识水平都很高并与基线相比都有明显增加，家庭主妇的健康相关行为也都有明显改善。做饭前洗手的正确率由基线的 36.92％～70.43％上升到后续的 80.23％～93.37％。餐具清洁的正确率由基线的 50.01％～72.71％上升到后续的 92.96％～97.89％。储水器清洁的正确率由基线的 58.87％～77.94％上升到后续的 91.15％～98.14％。88.24％农民认为饮用自来水后腹泻明显减少。

第十章　国外乡村厕所排污方式

一、日本净化槽

1. 净化槽的基本构成和种类

净化槽是用来处理包括粪便污水和其他生活污水的污水处理设施。净化槽主要是利用生息在槽里的各种细菌和原生动物等微生物对有机污染物进行生物降解来达到净化污水的目的。因此，净化槽的构造主要是为能够最大限度地发挥微生物的生物降解功能来设计的。除此之外，净化槽还有固液分离功能，污泥浓缩和储留功能，以及消毒功能（图 10-1）。

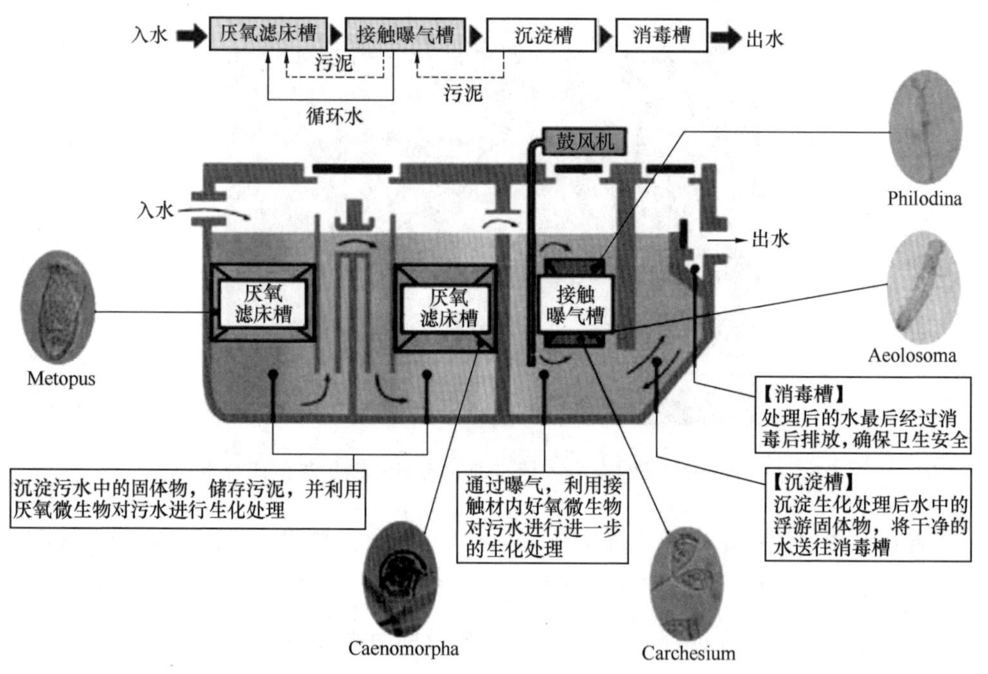

图 10-1　净化槽的构造和运行原理

净化槽的处理能力、处理工艺以及壳体的材料等，可根据建筑物的用途，所处理污水的水量和水质，以及排放水体的环境标准来决定。根据净化槽的处理能力的大小，可分为以下三类。

小型净化槽：用于独户住宅的家庭用小型净化槽，以及 50 人槽（日平均污水量

$10 m^3/d$）以下的小规模的污水处理设施。其壳体材料一般采用玻璃钢 FRP（Fiberglass Reinforced Plastic）或者是工业塑料 DCPD（Dicyclopentadiene），基本上在工厂批量生产。

中型净化槽：51 人槽以上 500 人槽（日平均污水量 $100 m^3/d$）以下的中规模污水处理设施。在工场生产的产品其壳体一般采用强化塑料 FRP，在现场施工的设施一般采用钢筋混凝结构（RC 制）。

大型净化槽：501 人槽以上的大规模污水集中处理设施，一般设施采用钢筋混凝结构（RC 制），在现场施工安装。

2. 净化槽的构造标准和处理性能

净化槽的构造可分为两种，一种是由国土交通大臣制定的标准构造（或称例示构造型），另一种是由净化槽厂家申请，由国土交通大臣批准的构造（或称性能评价型）。1969 年日本建设省首次公布了全国统一的净化槽构造标准，对净化槽的处理性能、构造等作出了详细的规定，这也是例示构造型净化槽最初的构造标准。从那以后，此标准经过了数次修改，2000 年 6 月净化槽的构造标准再次修改，改称“建设大臣制定的构造方法”，并删除了原有的单独处理净化槽的构造标准。以前安装的家用小型净化槽基本上是例示构造型。最近几年，随着净化槽技术的迅速发展，采用新技术的性能评价型家用净化槽现在占了新安装净化槽的 95%左右。按照处理性能，净化槽可以分为以下 3 种：（1）BOD 除去型净化槽（BOD≤20 mg/L）；（2）去磷脱氮型净化槽（BOD≤20 mg/L，T-N≤20 mg/L，T-P≤1 mg/L）；（3）膜分离型净化槽（BOD≤5 mg/L）（图 10-2）。

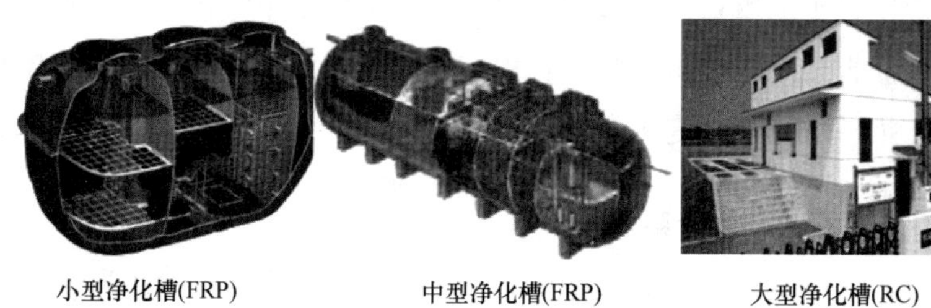

小型净化槽(FRP)　　中型净化槽(FRP)　　大型净化槽(RC)

图 10-2　净化槽

二、澳大利亚非尔托污水处理系统

澳大利亚科学和工业研究组织的专家于最近几年提出一种“过滤、土地处理与暗管排水相结合的污水再利用系统”，称之为“非尔托”高效、持续性污水灌溉新技术，其目的主要是利用污水进行作物灌溉，通过灌溉土地处理后，再用地下暗管将其汇集和排出。该系统可以满足作物对水分和养分的要求，同时降低污水中的氮、磷等元素的含量，使之达到污水排放标准。其特点是过滤后的污水都汇集到地下暗管排水系统中，并设有水泵，可以控制排水暗管以上的地下水位以及处理后污水的排出量，如图 10-3 所示。

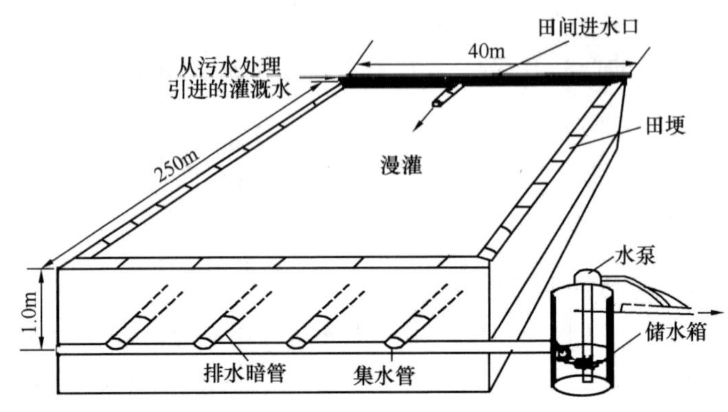

图 10-3　非尔托系统示意

非尔托系统对生活污水的处理效果好，其运行费用低，特别适用于土地资源丰富、可以轮作休耕的地区，或是以种植牧草为主的地区。该系统实质上是以土地处理系统为基础，结合污水灌溉农作物。人们担心长期使用污水灌溉后污水中的病原体进入土壤，污染农作物。但大量调查和试验表明，土壤—植物系统可以去除城市污水中的病原体。为慎重起见，国内外一致认为，处理后的城市污水适宜灌溉大田作物（旱作和水稻）。因为大田作物的生长期长，光照时间长，病原体难以生存；而蔬菜等食用作物，生长期短，有的还供人们生食，则不宜采用污水灌溉。此外，这种处理方法受作物生长季节的限制，非生长季节作物不灌溉，污水处理系统就不能工作。暗管排水系统在我国多用于改良盐碱地和农田渍害，一般造价较高，若用于处理生活污水还需修建控制排水量的泵站，则造价更高，推广应用有一定困难。

三、韩国的湿地污水处理系统

韩国的农业用水是最大用水户，占总用水量的 53%。韩国农村的居民分散居住，认为兴建集中处理的污水系统造价太高，小型和简易的污水处理系统适合在农村应用。因此，研究了一种湿地污水处理系统，使污水中的污染物质经湿地过滤后或被土壤吸收，或被微生物转变成无害物。这种方法需要的能源少，维护的成本低。韩国国立汉城大学农业工程系对湿地污水处理系统在田间进行了试验，如图 10-4 所示，容器长 8 m，宽 2 m，高 0.9 m，用混凝土制成。容器内填沙并种植芦苇，未经处理的生活污水从一端引入，又从另一端卵石层中排出。生活污水是从一个学校收集而来，其年平均水质指标为：pH 值为 7.85，溶解氧为 0.23 mg/L，生化需氧量为 124.35 mg/L，悬浮固体物

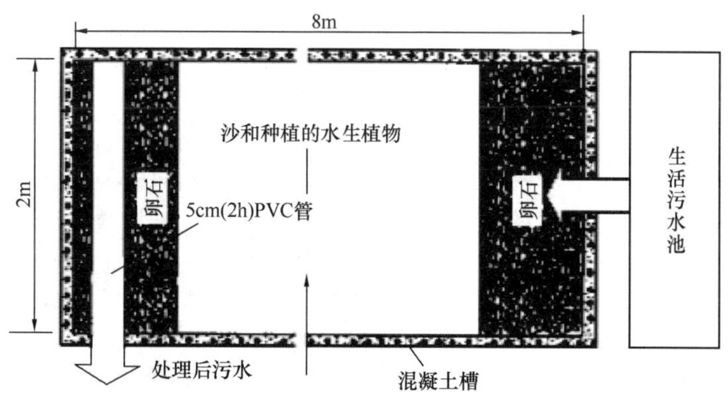

图 10-4　湿地污水处理系统实验示意图

为 52.36 mg/L，总氮量浓度为 121.13 mg/L，总磷量浓度为 24.23 mg/L。用经过湿地系统处理后的污水灌溉水稻。

污水灌溉水稻试验是在用聚氯乙烯板制成的盆内进行的。盆宽 90cm，长 110cm，高 70cm，表面积为 $1m^2$，底部铺一层 10cm 厚的卵石，上盖过滤布，然后用水稻土填满。在盆底安装排水管，控制渗漏水。盆外为用混凝土做成的大坑，坑与盆之间填满土壤，以便消除温度对作物生长和微气候的影响。试验设计有四种处理，分别按污水浓度、施肥和不施肥等，与常规处理（用自来水灌溉并施肥）进行对比。试验对水稻的生长过程（稻株高度、分蘖数目、叶面积、叶面积指数、总干物质等）进行了详细观测和分析。主要结论：利用处理过的污水灌溉，对水稻的生长和产量无负面影响；利用处理过的污水灌溉，并加施肥料，水稻产量达 5730.38 kg/hm^2，比常规对比田高约 10%。

韩国试验研究的湿地污水处理系统，实质上也是一种土地—植物系统，至今已广泛用于欧洲、北美、澳大利亚和新西兰等。湿地上多种植芦苇、香蒲和灯心草等，对病原体的去除效果好。但其缺点是需要大量土地，并要解决土壤和水中的充分供氧问题及受气温和植物生长季节的影响等。一般来说，利用湿地处理后的污水灌溉水稻，可取得更好的净化效果。

四、新型改厕排污设备：红外感应及高压冲水便器

1. 红外感应便器

通过红外感应装置控制、采用机电结合的方式来实现自动冲水，并且控制冲水量的大小。红外线感应便器自动冲水装置，采用红外线反射原理，一旦人体的手或身体接近红外线区域内，红度外线发射管就会发出反射，红外线接收管就会集成线路内的微电脑处理信号，发送给脉冲电磁阀。红外感应便器如图 10-5 所示。

红外感应便器利用感应器智能控制冲水时间及水量，优点是安装简便，方便实用；

缺点是感应器易坏，感应不准确时易发生浪费现象。

而高压冲水便器则是利用改变冲水模式从而减少水资源的浪费，这种方式很易实现，但是缺点是在冲水的过程中会产生巨大噪声。

图 10-5　红外感应便器

2. 源分离马桶

人体排泄物虽然仅占污水的 1%，但含有污水中绝大部分氮磷和大部分有机物。源分离是将高浓度的人类粪尿和其他杂排水分离，从粪尿中收集能量和资源。不含人类粪尿的杂排水和混合污水排放相比，由于不含冲厕水总量可减少 1/3 到 1/2，污染负荷大大降低；可以用远低于传统污水的能量及资金投入得到净化和分散再利用的效果。源分离系统突出的特点是构建一个微循环系统，最大限度地实现资源回收利用。该系统以源分离、微循环、资源回收为导向的排水系统，在模式上最大限度地降低耗水和调水，构成微循环和微降解。同时，修复废物、肥料、农业食品这一物质循环，从远距离输送末端处理改成源头管理模式。

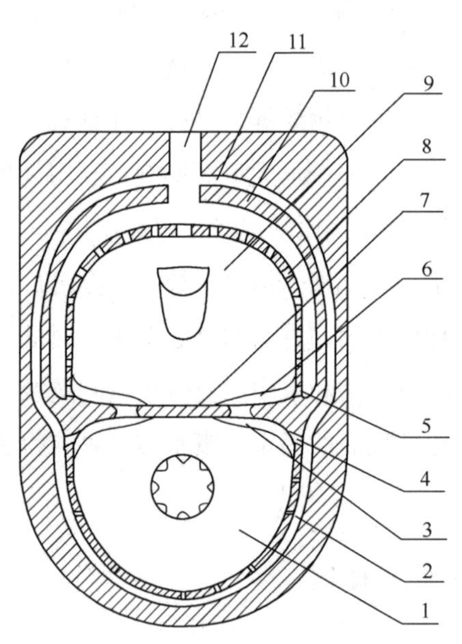

图 10-6　传统源分离马桶示意图

1—小便池；2—小便池冲水孔；3—布水边缘；4—小便冲水道前端孔；5—大便冲水道末端孔；6—布水凸缘；7—凸堰；8—大便池冲水孔；9—大便池；10—大便冲水道；11—小便冲水道；12—进水道

源分离马桶是一种新型马桶，目的是在排污源头利用马桶处对粪尿进行分离，从而节约资源。源分离马桶分为多种型号，有传统源分离马桶、人力驱动源分离马桶、电控感应粪尿分离、机械传输式源分离免水冲厕所等。

传统源分离马桶是将市面上现有传统马桶进行改装升级，即在传统马桶基础上增加一个小便排污口，在小便排污口和大便排污口之间增加隔板，使两者分开，如图 10-6 所示。该厕所的优势在于当使用者需要小便时，则按下小便处冲水按钮，这样大大减少了用水量；该厕所的缺点在于隔板容易粘黏粪便，不易打扫，同时影响如厕舒适度。传统源分离马桶的优势则是可以广泛用于农村，价格不高，安装简便，是农村厕所改造的首选马桶。

人力驱动源分离马桶是通过人自行判断大小便，并人工进行机械操作将粪便和尿液分别输送到不同的后续处理设施中。

如图 10-7 所示，小便时尿液自动流入后续处理设施；排便后则需要人先踩踏板，使粪便落入下方储存容器中，然后推动按压杆将粪便推送到后续的堆肥干化处理设施中。这种人力驱动厕所的主要优点是：无需水冲，节约水资源的同时提高后续堆肥处理的效率；脚踩和按压杆的设计使得人操作过程中不会与污染物接触；成本相对低廉，安装比较简便，可在经济欠发达地区推广和使用。但这种厕所也存在一定的不足：需要人工介入，降低了使用过程中的舒适度；与传统的便器之间存在着较大区别，需要用户改变已有的使用习惯；无水冲虽然节水，但卫生效果较差，若不能定期清洁维护，气味和污染问题依然存在。

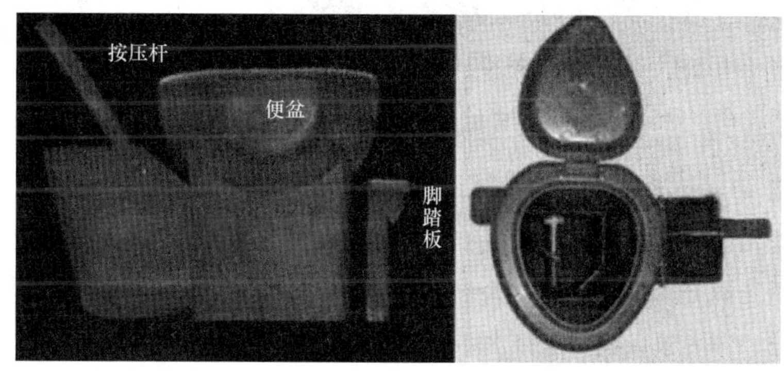

图 10-7　人力驱动源分离马桶

电控感应粪尿分离马桶采用了 Kaller 和 Eoos 公司发明的 iPee 感应器以及电控的尿液阀门，当感应器检测到尿液时自动控制阀门打开，使得尿液进入前端管道进行单独收集。大便时则阀门关闭，粪便及冲厕水由后端管道进行收集，内部结构与工作流程如图 10-8 所示。该厕所在使用过程中无须手动控制，不改变用户使用习惯，感应器和电控阀门的存在使得厕所不仅能够将粪便和尿液分离，还能对尿液和冲厕水进行一定的分离，保证尿液不被稀释从而提高后续处理效率。该厕所的核心部件在于尿液识别感应器 iPee，其使用可靠性与使用寿命尚需进一步验证。但这种设计较为复杂，同时价格也较为昂贵，短时间内难以大规模推广使用。

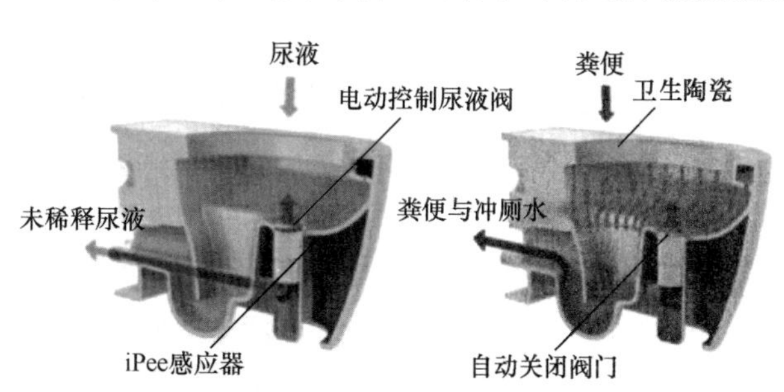

图 10-8　电控感应粪尿分离马桶

机械传输式源分离免水冲厕所底部为机械传送带，用户使用后传送带运转将粪便输送至后方进行单独收集，而尿液则由传送带边缘流下，从而实现粪便和尿液的分离。其基本原理如图 10-9 所示。该便器可以将粪便与尿液实现较好的源头分离，无水冲可实现较好的节水效果，且基本不改变用户使用习惯。然而，在实际使用中，传送带如何长期保持清洁，以及无水封厕所如何实现无臭味仍然存在一定的问题。另外，该厕所下部存在机械传动装置，在安装过程中与传统的便器差异较大，也使得该厕所的推广存在一定的限制。

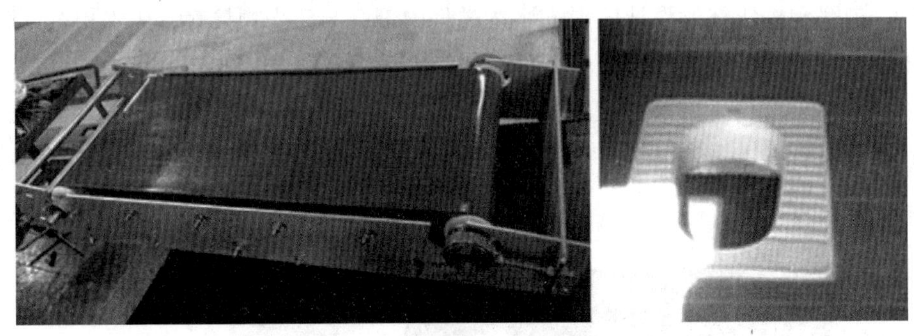

图 10-9 机械传输式源分离免水冲厕所

3. 负压源分离排污设备

在负压排污系统基础上，为了更加节约用水和资源回收，对以种植业为生的农村来说可以安置负压源分离排水系统，此系统综合了源分离与负压两种厕所的优点，即在便器内增加排尿口和隔板，在负压排水系统的基础上另设一条排水管道，最终收集至不同的真空罐中，流程如图 10-10 所示。负压源分离系统最终将粪便与尿液分开处理，后面可对其资源化处置，从而得到天然肥料，改善农村经济。负压源分离系统主要由负压源分离便器、负压管网和真空站三部分组成，下面将介绍三部分的特点及作用：

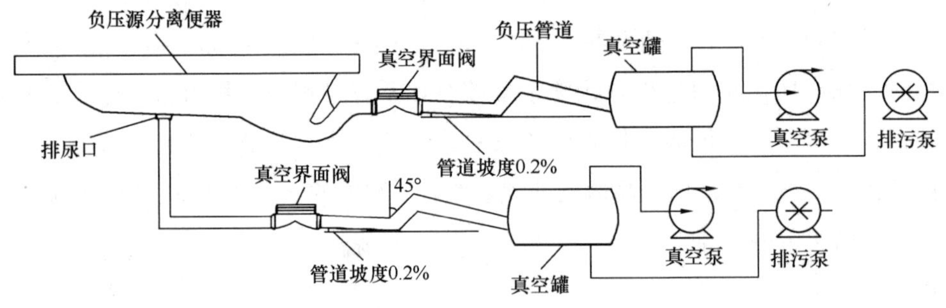

图 10-10 负压源分离系统简图

负压源分离便器是负压便器的优化设计，负压源分离便器设有排粪口和排尿口，即在便器内设置隔离装置，一般由不锈钢或者陶瓷构成，如厕后，粪、尿通过不同的排污口排出。负压源分离便器相对于负压便器的优点在于当人们只进行小便时，由于小便具有流动性，只需要 0.1L 的水清洗卫生器具。在负压作用下，大便也仅仅需要 0.6～1 L 的水清洗便器。由于负压源分离便器实现了黄水与褐水分离，冲洗总水量大大减小，从而达到了节水效果。除了节水效果明显，负压源分离便器的优势更在于之后的资源化利用，一般来说，尿液为生活污水总量的 1%，却贡献了生活污水磷的 50%和氮的 80%，源分离直接将黄水分离而来，不仅减少了在污水处理厂回收的烦琐程度，更是减少了资源的浪费，符合可持续发展的社会理念。

负压管网是连接在源分离厕所之后的运输污水的设备，将污水通入真空罐，最终流向市政污水管道。在负压源分离系统中，需要设置两根主干管分别收集黄水与黑水。

负压管道按管材分可分为塑料管类、金属管类、复合管类，不论是从价格还是安装难度或者连接方式等来说，性价比最高的为 UPVC 管材，因此实际生活中所用的管材也多见 UPVC。

负压管网按管径分可分为干管和支管两种形式，无论是干管还是支管，它们的管径一般都在 5～20 cm 范围内。从理论上讲，管径越小，费用越少，安装难度越小，但是管径越大，管道内水头损失较小，所以要从实际出发，宜选择最优的管径大小。负压管网的主干管最小选用 DN90 mm 的管径，但不超过 DN200 mm；支管一般常用 DN63、DN70 mm 的管径。

负压管网按铺设的方式分为锯齿状管道、“U”形管道和波状形管道。锯齿状管道是如今最常用的负压管道铺设方式，一般管道铺设坡度为 0.2%～ 0.5%，提升段由两个 45°弯头和一截短管组成。当真空系统工作时，污水通过负压抽吸的方式逐渐向真空站移动，由于真空界面阀开启时间较短，未移动至真空站的污水在摩擦与负压的作用下在管道低洼处储存，等待下一次系统运行，如此反复，最终达到输送污水的效果。“U”形管道设计较为简单，通过设置“U”形存水弯，每次将污水运输至存水弯，从而使得“U”形弯两端管道到达水封效果，形成压差。波状形管道适用于穿梭障碍物、地形复杂的地区，安装容易，施工简单。这种布管方式的上升坡度为 2%左右，下降坡度为 0.5%～1%，一般较少使用。

真空站是整个负压系统的关键所在，是维持整个系统运营的心脏。真空站中配有真空罐、真空泵、排污泵、终端控制系统等装置。真空罐是收集污水并保持负压的设备，即污水中转站，在负压源分离系统中，真空罐需要设置两个，分别收集黄水与黑水。真空罐有两个水位极为关键，即停止水位和启动水位，分别在罐内三分之一和三分之二处。只有污水在两水位之间，才能达到最优的排放效率。真空泵是整个系统处于负压的装置，一般将整个系统的工作压力抽至 60～70 kPa，一般工程中基本设置两台真空泵，一备一用，以防事故发生。

排污泵是将真空罐收集的污水排至市政管网的关键设备，当真空罐收集污水到达启动水位，则控制系统自动打开排污泵，但是打开排污泵必定破坏真空环境，于是在真空罐上端与排污泵后端增设平衡管，从而在不破坏真空的条件下排走污水。平衡管相当于一个连通器，使排污泵两端的液位相等，利于泵内的气体排出，防止气缚发生；或是补偿泵内的压力降，使气蚀不易发生。排污泵在实际工程中通常也设置两个，一用一备，防止事故发生。

真空便器主要是指用于真空排水系统的专用坐便器（现也有蹲便器），有壁挂式和落地式，材质有陶瓷、塑料和不锈钢。真空便器主要包括便器本体、真空阀、控制器、冲水组件及必要的安装附件等。冲厕采用手动启动按钮（也可配置红外感应）。运行真空度在－0.03～－0.07MPa。排污管路一般为上行排水，也可以为下行排水。

真空控制阀设置在卫生器具（除真空便器外的卫生器具，如洗脸盆、浴盆、净身盆、淋浴盆、小便斗和地漏）下方，用于控制卫生器具排水的专用阀门，由真空控制装置和气动控制装置组成。

真空排水系统的真空管路有真空水平连接管、垂直提升管、真空竖向收集管等。控制系统包括真空泵站的控制柜以及连接真空便器或真空控制阀、真空泵和排水泵的控制电路。

管理篇

管好厕所，指长时间保持良好的厕所环境。这是一场十分复杂和艰巨的战役，除了需要常规的专职人员，更需要一批优秀的环境管理建设及专业的后期维护人员的高效配合，此外还需要在管理技术上的创新。在执行国家相应的政策、法规和标准的同时，还需要强化日常管理，提升厕所的运维及服务水平。

第十一章　乡村厕所革命政策解读

第一节　中央有关乡村厕所革命的政策解读

一、解读习近平总书记“厕所革命”的批示

2015 年 4 月 1 日，习近平总书记专门就厕所革命和文明旅游作出重要批示，要求我们从小处着眼，从实处着手，不断提升旅游品质。

2015 年 7 月 16 日，习近平总书记在吉林省延边州调研时指出，新农村建设也要不断推进，要来场“厕所革命”，让农村群众用上卫生的厕所。

2017 年 11 月 27 日，习近平总书记就旅游系统推进“厕所革命”工作取得的成效作出重要指示。他强调，两年多来，旅游系统坚持不懈地推进“厕所革命”，体现了真抓实干、努力解决实际问题的工作态度和作风。随后，2017 年出台《农村人居环境整治三年行动方案》，指出要加快推进农村“厕所革命”。2018 年发布《农村人居环境整治三年行动方案》，将开展厕所粪污治理作为其重点任务之一。

二、《关于推进农村“厕所革命”专项行动的指导意见》

2019 年发布《关于推进农村“厕所革命”专项行动的指导意见》，提出到 2020 年，东部地区、中西部城市近郊等有基础、有条件的地区，基本完成农村户用厕所无害化改造，厕所粪污基本得到处理或者资源化利用，管理长效机制初步建立。

2015 年，注定是会被铭记的年份，因为“厕所革命”得到我国最高领导人批示与提倡。近年来，国家旅游局和全行业深入贯彻落实习近平总书记重要批示精神，从人民群众最迫切的现实需求出发，从旅游业最突出的薄弱环节入手，以钉钉子的精神，大力实施厕所革命三年行动计划，努力补齐影响群众生活品质这一短板。全国厕所数量明显增加，质量明显提升，布局逐步优化。抓“厕所革命”，从小处着眼、从实处入手，是提升旅游品质的务实之举。从此，“厕所革命”在中国大地全面展开，不断深入，激发国人响应，引起世界关注。

厕所革命开展以来，国家旅游发展基金集中用于厕所革命补助，累计安排资金达到

10.4 亿元，各地安排的配套资金超过 200 亿元，并加大了对中西部地区、农村地区、革命老区的资金支持力度，厕所革命逐步向乡村展开。

“让农村群众用上卫生的厕所”，这是总书记牵挂农村居民最贴心的民生大事。乡村的生态环境与改水改厕工程，直接与乡村振兴、乡村环境改造、乡村经济的发展和乡村民众的健康、卫生习惯、文化素养等息息相关，这是新农村建设与美丽乡村小镇、全民奔小康的大策略同步发展、齐头并进的。

三、《农村人居环境整治三年行动方案》

2018 年 2 月 5 日电：近日，中共中央办公厅、国务院办公厅印发了《农村人居环境整治三年行动方案》（以下简称《方案》），并发出通知，要求各地区、各部门结合实际认真贯彻落实。

改善农村人居环境，建设美丽宜居乡村，是实施乡村振兴战略的一项重要任务，事关全面建成小康社会，事关广大农民根本福祉，事关农村社会文明和谐。近年来，各地区、各部门认真贯彻党中央、国务院决策部署，把改善农村人居环境作为社会主义新农村建设的重要内容，大力推进农村基础设施建设和城乡基本公共服务均等化，农村人居环境建设取得显著成效。同时，我国农村人居环境状况很不平衡，脏乱差问题在一些地区还比较突出，与全面建成小康社会要求和农民群众期盼还有较大差距，仍然是经济社会发展的突出短板。为加快推进农村人居环境整治，进一步提升农村人居环境水平，制订本方案。

（1）资金投入是推进农村人居环境整治的重要保障，《方案》对此有什么安排？

为强化整治资金支撑，《农村人居环境整治三年行动方案》主要明确了以下渠道：

一是建立地方为主、中央补助的政府投入体系。农村人居环境是当前经济社会发展的突出短板，各级政府均应加大资金支持力度。地方政府要统筹整合相关渠道资金，合理保障农村人居环境基础设施建设和运行资金。中央财政加大投入力度。支持地方政府依法合规发行政府债券筹集资金，用于农村人居环境整治。城乡建设用地增减挂钩所获土地增值收益，按相关规定用于支持农业农村发展和改善农民生活条件。村庄整治增加耕地获得的占补平衡指标收益，通过支出预算统筹安排支持当地农村人居环境整治。创新政府支持方式，采取以奖代补、先建后补、以工代赈等多种方式，充分发挥政府投资撬动作用，提高资金使用效率。

二是加大金融支持力度。通过发放抵押补充贷款等方式，引导国家开发银行、农业发展银行等金融机构依法合规提供信贷支持。鼓励中国农业银行、中国邮政储蓄银行等商业银行扩大贷款投放，支持农村人居环境整治。支持收益较好、实行市场化运作的农村基础设施重点项目开展股权和债权融资。

三是调动社会力量积极参与。鼓励各类企业积极参与农村人居环境整治项目。规范推广政府和社会资本合作（PPP）模式，通过特许经营等方式吸引社会资本参与农村垃圾污水处理项目。引导有条件的地区将农村环境基础设施与特色产业、休闲农业、乡村旅游等有机结合，实现农村产业融合发展与人居环境改善互促互进。引导相关部门、社会组织、个人通过捐资捐物、结对帮扶等形式，支持农村人居环境设施建设和运行管护。倡导新乡贤文化，以乡情乡愁为纽带吸引和凝聚各方人士支持农村人居环境整治。

（2）把农村环境基础设施建起来很难，但建成后怎么管理运营好是更大的挑战，《方案》对此有什么考虑？

开展农村人居环境整治，需要立足当前、着眼长远，在解决现阶段突出问题的同时，着力健全村庄人居环境管护长效机制，激发农民建设美丽家园的自觉性、主动性，确保建成设施长期稳定运行。这方面，《方案》主要有以下考虑：

第一，加强村庄规划管理。全面完成县域乡村建设规划编制或修编，与县乡土地利用总体规划、土地整治规划和村土地利用规划等充分衔接，鼓励推行多规合一。推进实用性村庄规划编制实施，做到农房建设有规划管理、行政村有村庄整治安排、生产生活空间合理分离，实现村庄规划管理基本覆盖。推行政府组织领导、村委会发挥主体作用、技术单位指导的村庄规划编制机制。村庄规划的主要内容应纳入村规民约。

第二，完善建设和管护机制。明确地方党委和政府、有关部门和运行管理单位责任，基本建立有制度、有标准、有队伍、有经费、有督查的村庄人居环境管护长效机制。鼓励专业化、市场化建设和运行管护。有条件的地区推行城乡垃圾污水处理统一规划、统一建设、统一运行和统一管理。组织开展专业化培训，把当地村民培养成为村内公益性基础设施运行维护的重要力量。

第三，发挥村民主体作用。强化基层党组织核心作用，充分运用“一事一议”民主决策机制，完善人居环境整治项目公示制度，保障村民权益。将农村环境卫生要求纳入村规民约，通过群众评议等方式褒扬乡村新风，鼓励成立农村环保合作社，深化农民自我教育、自我管理。明确农民维护公共环境责任，庭院内部、门前屋后环境整治由农民自己负责；村内公共空间整治以村集体经济组织或村民自治组织为主，主要由农民投工投劳解决，鼓励农民和村集体经济组织全程参与规划、建设、运营和管理。

（3）如何确保《方案》提出的目标任务得到有效落实？

为了确保完成农村人居环境整治的重点任务，《方案》重点在以下几方面提出了明确要求：

一是加强组织领导。强化地方党委和政府责任，切实加强统筹协调，建立上下联动、部门协作、高效有力的工作推进机制。省级党委和政府对本地区农村人居环境整治工作负总责，要明确牵头责任部门、实施主体，提供组织和政策保障，做好监督考核。

强化县级党委和政府主体责任，做好项目落地、资金使用、推进实施等工作，对实施效果负责。地市级党委和政府做好上下衔接、域内协调和督促检查等工作。乡镇党委和政府做好具体组织实施工作。各地在推进易地扶贫搬迁、农村危房改造等相关项目时，要将农村人居环境整治统筹考虑、同步推进。

二是明确实施步骤。各省区要在摸清底数、总结经验的基础上，抓紧编制或修订省级农村人居环境整治实施方案。按照先易后难、先点后面、先规划后实施的原则，有序启动农村人居环境整治行动。《方案》要求，各地要结合本地实践，深入开展试点示范，总结并提炼出一系列符合当地实际的环境整治技术方法，以及能复制、易推广的建设和运行管护机制。在此基础上，集中推广成熟做法、技术路线和建管模式，确保整治工作扎实有序推进。

三是加强考核验收督查。各省区市要制定考核验收标准和办法，以县为单位进行检查验收。将农村人居环境整治工作纳入本省区市政府目标责任考核范围，作为相关市县干部政绩考核的重要内容。相关部门将根据省级实施方案及其明确的目标任务，定期组织督导评估，评估结果向党中央、国务院报告，通报省级人民政府，与中央支持政策直接挂钩，并以适当形式向社会公布。

四、《农村人居环境整治村庄清洁行动方案》

为深入贯彻落实习近平总书记关于改善农村人居环境的重要指示精神，抓好《中共中央办公厅、国务院办公厅转发〈中央农办、农业农村部、国家发展改革委关于深入学习浙江“千村示范、万村整治”工程经验　扎实推进农村人居环境整治工作的报告〉的通知》精神落实，按照《农村人居环境整治三年行动方案》部署安排，聚焦农民群众最关心、最现实、最急需解决的村庄环境卫生难题，充分激发农民群众“自己的事自己办”的自觉，从老百姓身边的小事抓起，一件事情接着一件事情办，不断增强亿万农民群众的获得感、幸福感，有力有序科学推进农村人居环境整治工作，决定联合组织开展村庄清洁行动，特制订《农村人居环境整治村庄清洁行动方案》。

这个《方案》是中央农办、农业农村部、国家发展改革委联合科技部、财政部、自然资源部、生态环境部、住房城乡建设部、交通运输部、水利部、文化和旅游部、国家卫生健康委、国家能源局、国家林草局、全国供销合作总社、国务院扶贫办 、共青团中央 、全国妇联等多个部委、部门发出的，有利于改善乡村人居环境整治，有利于乡村整体面貌的清洁行动；该行动对促进乡村厕所革命、乡村卫生都有明确的行动指南。

五、各省出台农村“厕所革命”实施方案

我国各省出台了乡村“厕所革命”的实施方案，针对乡村厕所改造进行了整体部

署，明确工作目标及奖励机制，对户厕、乡村公厕、粪污处理设备、技术支持及标准进行了说明，时间上的安排与不断推进，合理部署，这是省级政府对乡村厕所革命出台详细的实施方案，对其他地区也是有指导意义的。可以说，这个方案很好地运用了厕所革命中的“建—管—用”理论，从新建改建到粪污处理，从专业化的改厕队伍到落实小组村干部的管理、使用厕所，宣传与加强厕所革命、乡村人居生态环境的观念，都有进步的指导意义。

同时，各省又出台了《2019 年村庄清洁行动实施方案》，重点做好村庄“三清一改”，即：清理农村生活垃圾、清理村内塘沟、清理畜禽养殖粪污等农业生产废弃物，改变影响农村人居环境的不良习惯，实现村庄内无乱堆乱放，无污水乱泼乱倒，无粪污明显暴露，杂物物件堆放整齐，房前屋后干净整洁，村容村貌明显提升，长效清洁机制逐步建立，村民清洁卫生意识普遍提高。

六、各省出台城乡公厕管理考核办法

为了更好地推进城乡公厕管理规范化、制度化，各省设区市要制定具体管理措施，创新公厕管理、检查、考核、奖惩机制，推行“公厕长”模式。探索“以商养厕、以商管厕”，开展公厕“认养”；鼓励机关企事业单位厕所向社会开放，省直单位要带头，学校厕所要以保障安全为前提对社会开放。各市县要做好移动式公厕储备，提高应急反应能力，维护公共卫生安全；加强保洁管理。健全日常保洁管理机制，做到有制度、有标准、有人员、有经费、有督查，重点加强火车站、汽车站、机场、公园、广场等人员流动大的公厕管理，所有公厕达到“四净三无两通一明”，即地面净、墙壁净、厕位净、周边净，无溢流、无蚊蝇、无臭味，水通、电通，灯明。注重科技创新。运用“互联网+”，解决找厕难问题。对全省公厕实行统一编号、统一标识、统一档案，通过互联网技术建立具备显示开放时间、蹲位数量和意见反馈等功能的公厕大数据平台，让群众在最短时间内找到最近公厕，让管理人员动态掌握公厕管理维护情况，实时监督整改。开展智慧公厕研究，提出公厕创新方案。针对男女厕位固定化模式，难以满足人流瞬间性别差异大的特定需求，应用模糊数理和 BIM 等技术，研究建设可动态调整男女厕位的公厕，探索根据候厕人数、候厕时间等监测数据，动态调整男女厕位比例，满足实际使用需求。鼓励研发低成本、低能耗、易维护、高效率的处理技术，大力发展环保、节水、节能型公共厕所。

七、《关于推进农村“厕所革命”专项行动的指导意见》的解读

中央农办、农业农村部、国家卫生健康委、住房城乡建设部、文化和旅游部、国家发展改革委、财政部、生态环境部八部门联合印发了《关于推进农村“厕所革命”专项

行动的指导意见》。到 2020 年，东部地区、中西部城市近郊区等有基础、有条件的地区，基本完成农村户用厕所无害化改造，厕所粪污基本得到处理或资源化利用，管护长效机制初步建立；中西部有较好基础、基本具备条件的地区，卫生厕所普及率达到 85％左右，达到卫生厕所基本规范，储粪池不渗不漏、及时清掏；地处偏远、经济欠发达等地区，卫生厕所普及率逐步提高，实现如厕环境干净整洁的基本要求。

到 2022 年，东部地区、中西部城市近郊区厕所粪污得到有效处理或资源化利用，管护长效机制普遍建立。地处偏远、经济欠发达等其他地区，卫生厕所普及率显著提升，厕所粪污无害化处理或资源化利用率逐步提高，管护长效机制初步建立。

该意见明确指出，要全面摸清底数，科学编制改厕方案，合理选择改厕标准和模式，整村推进、开展示范建设，强化技术支撑、严格质量把关，完善建设管护运行机制，同步推进厕所粪污治理。进一步健全中央部署、省负总责、县抓落实的工作推进机制。同时，加大资金支持，各级财政采取以奖代补、先建后补等方式，引导农民自愿改厕，支持整村推进农村改厕。

八、针对乡村厕所改建、户厕改造的扶持政策

为深入贯彻习近平总书记关于农村厕所革命的重要指示精神，按照《中共中央办公厅、国务院办公厅印发实施〈农村人居环境整治三年行动方案〉的通知》和《中共中央、国务院关于坚持农业农村优先发展做好“三农”工作的若干意见》有关要求，2019 年 4 月，相关部门印发《关于开展农村“厕所革命”整村推进财政奖补工作的通知》(财农〔2019〕19 号)，明确中央财政安排资金，用 5 年左右的时间，以奖补方式支持和引导各地推动有条件的农村普及卫生厕所，2019 年中央财政通过转移支付安排奖补资金 70 亿元，2020 年安排资金 74 亿元。同时，指导各地按照“省负总责、县抓落实”的要求，统筹上级补助、本级一般公共预算、城乡建设用地增减挂钩所获土地增值收益、耕地占补平衡指标收益等渠道资金，强化农村厕所革命等农村人居环境整治的投入保障。任务安排上，按照 2020 年中央一号文件要求，东部地区、中西部城市近郊区等有基础有条件的地区（农村改厕一类县）要基本完成农村户用厕所无害化改造，其他地区实事求是确定任务目标。地处偏远、经济欠发达等地区，基础条件较差、技术模式不成熟，要重点做好示范引导，可适当放慢进度或暂缓，防止盲目追赶进度、贪大求快。

资金分配上，《关于开展农村“厕所革命”整村推进财政奖补工作的通知》明确，中央财政统筹考虑不同区域经济发展水平、财力状况、基础条件，结合阶段性改厕工作计划安排财政奖补资金，并适当向中西部地区倾斜，例如，2019 年、2020 年分别支持云南省 2.24 亿元、8.09 亿元。中央财政奖补资金切块下达到省后，各地因地制宜确定本省奖补方案，明确补助对象、补助标准、补助方式、资金管理要求等，分类推进农村

厕所革命。

使用方向上，农村厕所革命整村推进奖补资金主要支持粪污收集、储存、运输、资源化利用及后期管护能力提升等方面的设施设备建设，各地可根据工作实际确定具体支持内容。

由于改厕涉及农户自身利益，应在一定程度上明确使用者的责任，确保改厕后的管护和安全使用。农业农村部、国家卫生健康委、市场监管总局联合印发《关于进一步提高农村改厕工作实效的通知》（农社发〔2020〕4号）明确要求，要严格落实“先建后补、以奖代补”，不能简单以“发钱”或“发厕具”代替改户厕，不能大包大揽过度承诺、片面追求农户“零费用”改厕，不能脱离实际简单压低改厕成本、只重数量不重质量。提高资金执行进度和资金使用效率，强化绩效结果应用。下一步，将积极会同相关部门，进一步完善相关支持政策，加大对中西部等地区农村厕所革命支持力度，同时继续加强对地方工作督促指导，切实提高资金使用效率，强化农村改厕工作实效。

九、关于开展农村“厕所革命”整村推进财政奖补工作的通知

为贯彻落实中办、国办印发的《农村人居环境整治三年行动方案》（以下简称《三年行动方案》）的总体部署和中央领导同志的有关批示精神，根据中央农办、财政部等八部委联合印发的《关于推进农村“厕所革命”专项行动的指导意见》（以下简称《指导意见》）的有关分工，经国务院同意，从2019年起，财政部、农业农村部组织开展农村“厕所革命”整村推进（以下简称整村推进）财政奖补工作。中央财政安排资金，用5年左右时间，以奖补方式支持和引导各地推动有条件的农村普及卫生厕所，实现厕所粪污基本得到处理和资源化利用，切实改善农村人居环境。现将有关事项通知如下：

1. 奖补原则

（1）整村推进、逐步覆盖。以行政村为单元进行奖补，实施整村推进，整体规划设计，整体组织发动，同步实施户厕改造、公共设施配套建设，并建立健全后期管护机制，逐步覆盖具备条件的村庄，持续稳定解决农村厕所问题。

（2）农民主体、政府引导。改厕过程中注重发挥农民作为参与者、建设者和受益者的主体作用。强化政府规划引领、资金政策支持，引导村组织、农民和社会主体共同参与实施整村推进。

（3）地方为主、中央支持。落实《三年行动方案》明确的“地方为主、中央补助”政策，地方各级财政部门应加强农村“厕所革命”财政保障，注重资金绩效。中央财政对地方开展此项工作给予适当奖补。

（4）区域统筹、差别补助。中央财政统筹考虑不同区域经济发展水平、财力状况、基础条件，实行东中西部差别化奖补标准，结合阶段性改厕工作计划安排财政奖补资

金，并适当向中西部倾斜。

2. 奖补程序

（1）数据报送与审核。

各省级农业农村部门会同财政部门调度统计本地区改厕工作开展情况，审核汇总后于每年1月底前，向农业农村部、财政部报送上一年度整村推进实施情况（包括完成的行政村名称及数量、农村户厕改造数量等）和效果，以及本年度整村推进计划。农业农村部汇总各地上年度完成数，统筹平衡确定本年度计划数，并将相关数据和建议报送财政部。

（2）资金分配与下达。

财政部统筹考虑汇总报送的上述相关数据和建议，并征求农业农村部的意见，应用绩效评价结果，按照因素法将中央财政奖补资金切块下达到省。分配因素主要包括：各地上一年度整村推进完成情况、本年度整村推进计划、财政困难系数、东中西部等。省级财政部门会同农业农村等有关部门根据具体改厕计划，采取“先建后补、以奖代补”等方式，按各地有关规定程序和具体奖补方法，将奖补资金落实到符合条件的村、户。各地有关部门按要求做好事前绩效评估和绩效目标管理。

（3）资金使用范围。

中央财政奖补资金由地方统筹使用，补助方向上，主要支持粪污收集、储存、运输、资源化利用及后期管护能力提升等方面的设施设备建设。各地可根据工作实际确定具体支持内容。补助对象上，侧重奖励上年完成任务的村和户，兼顾补助当年实施的村和户。

（4）奖补方案报送。

各省级财政、农业农村等有关部门统筹中央财政奖补资金和地方财政安排的补助资金，结合实际情况，确定本省奖补方案，明确补助对象、补助标准、补助方式、资金管理要求等。各省奖补方案应于中央财政奖补资金下达后1个月内报财政部、农业农村部备案，并抄送属地财政部派出机构。

3. 有关要求

（1）落实投入责任。

各地要按照“省负总责、县抓落实”的要求，统筹上级补助、本级一般公共预算、城乡建设用地增减挂钩所获土地增值收益、耕地占补平衡指标收益等渠道资金，强化整村推进的投入保障。建立健全财政投入引导、农民和集体积极投入、社会力量多方支持的多元化投入机制，探索建立政府补助、用户付费、市场化管理的运行维护机制。

（2）加强政策衔接。

中央财政继续通过现有渠道支持农村生活垃圾污水治理、畜禽粪污资源化利用、旅游景区厕所建设等，鼓励各地在项目布局、资金安排、功能衔接等方面，加强与整村推进的统筹配合。鼓励各地在已建成污水处理设施或运行维护有保障的地区优先推进改厕工作。农业农村部负责牵头组织实施整村推进项目，各地要按照工作部署及有关要求，扎实做好此项工作。

（3）重视数据管理。

地方各级农业农村部门会同有关部门要及时调度、准确掌握农村改厕工作动态信息，对相关数据严格核实，保障各项基础数据的真实性、准确性和完整性。要结合《三年行动方案》和《指导意见》提出的任务目标，科学设计，合理规划，分年度确定改厕任务计划并逐级上报备案。要高度重视数据库建设，详细掌握截止到2018年底未完成农村改厕的村庄基本信息（包含村庄名称，村庄内未完成改厕户数等）、2019年及以后年度每年完成农村改厕村庄的基本信息（包含村庄名称，完成改厕户数、公共设施等），实行“建档立卡，逐个销号”。

（4）建立公示制度。

要通过多种形式公开公示奖补资金使用情况。奖补到行政村的资金分配方案应在县级相关部门官网上进行公示，补贴到户的资金分配情况应在本村进行公示，接受社会和群众监督，提高资金使用的透明度。各地要坚持政府引导与农民主体意愿相结合，通过村民民主议事等方式，让村民参与整村推进项目，调动农民的积极性、主动性和参与性。

（5）加强绩效管理。

各级财政部门应会同农业农村部门按照全面实施预算绩效管理的要求，建立健全全过程预算绩效管理机制，做好事前绩效评估，按规定科学合理设定绩效目标，对照绩效目标做好绩效监控、绩效自评，适时开展重点绩效评价，强化绩效结果运用，做好绩效信息公开。财政部、农业农村部将绩效评价结果作为调整当年或安排下一年度资金预算、调整完善政策的重要依据，推动财政资源配置和资金使用效益的最大化。

（6）强化资金监管。

中央财政奖补资金支付应按照国库集中支付有关规定执行。对于骗取、套取、挤占、挪用，或违规发放等行为，要依法依规严肃处理。各级财政部门要完善规章制度，加强财政资金管理，规范资金管理使用的环节和流程，及时掌握资金管理使用情况。

第二节　乡村厕所革命的政策指引

为贯彻落实党中央国务院决策部署，全力推进“厕所革命”，现就国家卫生城镇推进“厕所革命”相关工作提出如下要求：

一、切实增强对“厕所革命”重要意义的认识

厕所问题关系到广大人民群众生产生活环境的改善，关系到国民健康素质提升、社会文明进步，是城乡文明建设的重要内容。全面推进“厕所革命”，特别是抓好农村地区“厕所革命”，是实施乡村振兴战略、推进农村人居环境整治的关键环节，是降低疾病流行风险、保护人民群众身体健康的有效措施。各地对卫生城镇要进一步提高认识，强化组织领导，将“厕所革命”作为卫生城镇创建及健康城市健康村镇建设等工作的重要内容持续推进，取得实效。

二、以卫生城镇创建为抓手全面推动“厕所革命”

各地要将“厕所革命”作为卫生城镇创建的重点任务，有效促进相关设施建设和长效管理机制建立，切实解决人民群众关心的热点难点问题。在新创和复审工作中，要严格把握《国家卫生城市（2014 版）》和《国家卫生乡镇（县城）标准（2010 版）》，按照《城镇环境卫生设施设置标准》和《城市公共厕所卫生标准》等要求，找短板、查弱项，优化布局，重点解决数量不足、标准不高的问题。加快推进城市主干道、车站、机场、港口、旅游景点、学校等场所的厕所建设与管理，确保城镇厕所符合标准、数量充足、布局合理、管理规范、干净整洁。要将农村户改厕造作为卫生县城（乡镇）、卫生村创建的重要指标，不断提升农村卫生户厕普及率。全国爱卫办将把相关工作开展情况作为国家卫生城镇技术评估和复审暗访的重要检查内容，对各地好的经验进行宣传，对工作落实不力的地区进行批评。

三、以卫生城镇示范带动周边地区深入开展“厕所革命”

国家卫生城镇是一个地区社会综合治理能力和文明程度的重要标志，对于促进城乡统筹发展具有重要作用。已创建的国家卫生城镇要充分发挥其在改善城乡环境、提升社会卫生综合治理水平等方面的示范引领和辐射作用，带动周边地区积极开展卫生城镇创建工作，努力提高国家卫生城镇和省级卫生城镇、卫生村的覆盖率，通过创建着力解决好厕所等基础设施不完善的问题。要坚持城乡统筹，以城区带动郊区、以城镇带动农村，扩大卫生城镇创建工作的覆盖范围，促进城镇全域深入开展“厕所革命”，全面改善城乡基础设施，不断提升人民群众的获得感和幸福感。

四、以健康城市健康村镇建设促进“厕所革命”提质升级

开展健康城市健康村镇建设的国家卫生城镇，特别是全国 38 个健康城市试点市，要按照《关于开展健康城市健康村镇建设的指导意见》要求，落实好健康城市健康村镇

建设的重点任务。在此基础上，要进一步完善城市公共厕所服务体系，在保障厕所数量充足和布局合理的基础上，不断提升厕所建设和改造的质量，提高精细化管理水平，促进公共厕所建设管理水平整体提升。在推进健康村镇建设中，要重点推进农村户厕改造，坚持集中连片、整村推进，在实现卫生厕所目标的基础上，提高粪便无害化处理和资源化利用水平。加大中小学、乡镇卫生院、集贸市场、公路沿线等重点区域卫生厕所改造工作力度。

五、积极营造全民参与“厕所革命”的良好氛围

各地要结合卫生城镇创建、健康城市健康村镇建设等工作，多层次、全方位地宣传“厕所革命”的重要意义。要加强文明如厕、卫生厕所日常管护、卫生防病知识等宣传教育。要充分发挥爱国卫生运动的组织优势和群众动员优势，发动广大群众积极、自愿地参与到“厕所革命”建设中，营造全社会共同推进“厕所革命”的良好氛围。

第十二章　乡村厕所管理

第一节　乡村户厕清洁指引

户厕的清洁管理包括户厕墙面的清洁、小便器/马桶的清洁、顽固尿垢的清除法、厕所地板的清洁。

一、户厕墙面的清洁

乡村户厕的墙壁多用瓷砖铺就，因而缝隙之间会暗藏很多污垢。使用多功能去污膏可维持瓷砖清洁亮丽，而对于瓷砖缝隙，可先用牙刷蘸少量去污膏除了垢，再在缝隙处用毛笔刷一道防水剂，这样不但能防渗，还能避免霉菌生长。瓷砖缝隙擦干净后，将烛炬涂抹在接缝处，先纵向涂一遍，再横向涂一遍，让烛炬的厚度与瓷砖厚度持平，之后就很难再感染上油污了。

洗手间墙地面还很容易呈现黑斑，可以用专用的清洁剂或者稀释后的酒精喷洒一遍浴室，对于其进行清洁，马桶、浴缸周围的污垢，用专用清洁剂以及小刷子清洁，有霉菌点之处可以用棉球蘸酒精擦拭。

具体步骤：

(1) 首先确定清洁的位置，用浸泡了洗涤液的海绵块在确定了界线的范围内擦洗。

(2) 先从上到下擦拭，空出的一只手要牢牢扶住墙壁，遇到贴有透明胶布或纸片的墙壁，要用薄刀片轻轻刮除。

(3) 墙面够不着的地方，使用人字梯，要立稳后再登上操作。海绵块的使用：纵向横握，横向纵着使用海绵。

二、小便器、马桶的清洁

(1) 先将便器中的污水放掉，再用钩子取出过滤器，使用海绵块擦去表面污垢，然后浸泡到盛有洗涤液的水桶里。

(2) 用水管接水不停冲洗过滤器，使用筒刷或钢丝刷清除便器上的污垢。

(3) 便器底部积水可以使用海绵块吸取，再用海绵块蘸洗涤液使劲擦洗；遇到海绵块无法去除的水垢和尿垢，可以使用尼龙刷。

（4）马桶清洗前，放水冲掉槽中污水，便器上黏附的残留大便要用铲子或钢丝刷清除；用海绵块将便器中积留水使劲压回去再洗尽，海绵块蘸洗涤液仔细擦拭，遇到无法清除的水垢、尿垢时使用尼龙刷。

（5）遇到顽固性的污垢，要用网状纱布加洗涤液擦拭，或可以彻底清除水垢等留下的吃水线。

三、顽固尿垢的清除法

（1）先用铲子铲除顽固性尿垢，若还是铲不掉则改用平口起子，将刃口对准尿垢，另一只手拿锤子轻轻敲击，再用勺子清理掉；

（2）网状砂布可以嵌入砂磨块，也可用网砂布一角擦拭便器的交界处，用网状砂布带点洗液擦洗尿垢痕迹处，直至收光。

四、厕所地板的清洁

（1）将拧干的抹布在地板坡度较高处横向展开，用两手揪住靠近自己一侧的抹布两角，吸取地板的水分；

（2）拽住抹布向排水口方向退，途中不要停歇，并确保抹布不脱离地面，当抹布吸饱了水后，去排水口拧干，再重复上述操作，直到残留水分被彻底清除干净为止；

（3）最后将拧干的抹布摊开对折，像拂去地板上的灰尘那样扇风，吹干地板上水分。

第二节　乡村公厕清洁指引

一、乡村公厕的清洁

1. 准备工作

拖布、扫帚、畚箕、抹布（两块要有区别，一块为便器专用，另一块揩其他）、清洁剂、消毒剂、卫生纸、垃圾袋等，清洁桶和马桶刷、“正在清洁”告示牌。

2. 具体操作

（1）进入公厕之前，先敲门询问有人：“里面有人吗?”确认无人后再进入，如有人，稍等客人离开后方可进入（并要挂上“正在清洁”告示牌）；

（2）先放水将马桶和小便池冲一下，然后加入清洁药水，浸泡片刻，注意便池和马桶内如有异物应取出后再放水；

（3）用清洁剂喷洒在洗面池上，然后用干净揩布蘸清水顺时针从上到下细擦盆面，落水口活塞周围要仔细擦拭；

（4）用抹布从上到下、从左到右擦公厕内的镜子及墙面；

（5）注意肥皂液或壶内肥皂是否缺少，如少应补足；

（6）用抹布擦拭门窗、窗台、百叶门、墙面、镜面、烘手器等，必要时用刷子、百洁布、刮刀等去污；

（7）冲掉马桶药水时，将马桶的大口盖和垫圈掀开；

（8）用马桶刷取清洁剂刷大口盖内侧和上部边缘；

（9）重新放水清洗一次马桶；

（10）用干抹布逐一擦净盖板、垫圈、盖板底和外侧水箱；

（11）冲掉小便池的药水，用马桶刷取清洁剂全面刷洗；

（12）从上到下用清水冲洗，用湿抹布抹净外侧表面；

（13）用干抹布擦亮不锈钢按钮；

（14）补充卫生纸，将卫生纸折角留在外侧，折成三角形，压在手纸护板下；

（15）投放芳香球净化空气；

（16）用拖把将地面拖干净后退出，撤去“正在清洁”告示牌。

二、乡村公厕卫生清洁的卫生要求及标准

（1）乡村公共厕所必须有专人管理，保持清洁卫生，即地面无积水，无纸屑、烟头、痰迹和杂物，大便器内无积粪，小便器（糟）内不积存尿液，无尿垢、杂物，墙壁、顶棚整洁。公厕内悬挂有统一制定的规章制度，应按规定时间开放与清洁、管理。

（2）地面保持干净干燥，墙壁及顶棚、玻璃窗保持干净、整洁。

（3）大便蹲位、蹲台、池边、池壁和隔板保持干净、无残留物。

（4）洗手池、拖把池、尿池、尿沟也必须清洁干净。公共厕所的周围应适当绿化、美化，门窗、水管无浮土，隔板及厕所墙面无乱写、乱贴、乱画。

（5）厕内基本无臭味，无蜘蛛网，管理间整洁，管理间内物品摆放有序。

（6）公厕周围 3～5m 范围内无垃圾、粪便、污水、杂物；做好季节消毒，厕内做好杀蝇、灭蛆工作（每年的 4 月 15 日至 10 月 15 日为消杀时间），对公共厕所应经常进行卫生消毒，在有肠道传染病流行时，应按传染病防治法实施办法的规定，对公共厕所的粪便进行消毒处理。

（7）公共卫生间内照明灯具、镜子、挂衣（物）钩、烘手冲水、洗手等设施等完好，无积灰污物。

（8）废旧电池回收箱摆放整齐，毒饵盒按规定摆放整齐，要有警示标志。

(9) 非水冲式公共厕所储粪池的粪便应及时掏取，粪池内的粪便不得超过粪池容积的四分之三。

(10) 在乡村旅游区设置的公厕，除满足一类水冲厕所标准外，还应增加自动（或脚踏）洗手设备、烘手器、梳妆室、机械通风装置以及必要的室内美化、香化。

乡村厕所环境管理标准及考核见表12-1。

表12-1　乡村厕所环境管理标准及考核

考核项目	内容及要求	分值	计分方法
开放时间	公厕设专人管理保洁，无断岗、脱岗现象，24h开放	20	公厕无专人管理保洁的，每例扣10分；有断岗、脱岗现象，每例扣5分；未按规定时间开放，每例扣5分
管理制度和文明服务	服务公约等规章制度上墙；管理人员文明服务，上班时间不做与公厕保洁无关事项，积极配合检查人员检查；免费公厕不得有收费或变相收费现象	20	管理人员上班时间从事与公厕保洁无关事项的，每例扣2分，不配合检查人员检查工作的，每例扣5分；免费公厕违反规定擅自收费或变相收费的每例扣10分
公厕保洁质量	公厕及时保洁，室内地面无积水（$0.5m^2$以上）或纸张、烟头等杂物。公厕便池无积粪、无尿碱；踏步及四周干净，隔板、蹲坑、墙裙无粪疤、尿碱、涂写、刻画、喷涂等现象；墙壁、顶棚、窗台、灯具、隔离板无蛛网和积灰；消杀彻底，无明显异味、无蝇蛆和鼠患；化粪池有盖，不满溢	35	公厕内未保洁的扣10分，室内地面有积水（$0.5m^2$以上）或有纸张、烟头等杂物3片以上扣2分。公厕便池有积粪，每处扣2分，有尿碱每处扣1分；踏步及四周不净，隔板、蹲坑、墙裙有粪疤、尿碱、涂写、刻画、喷涂等现象的每处扣1分；墙壁、顶棚、窗台、灯具、隔离板有蛛网和积灰的每处扣1分；消杀不及时，可视范围内蝇蛆超过5只扣1分，10只以上扣2分，有鼠患每只扣2分，有明显异味的扣2分；化粪池无盖或有盖未盖的扣2分，满溢的扣5分
设施情况	设置统一规范的公厕标识和指示牌；水电齐全、设施完好，水流满足冲刷要求	15	未设置统一规范的公厕标识和指示牌，每例扣1分；公厕无水、电扣2分，设施缺损的每处扣1分，水流不能满足冲刷要求的，每处扣1分
责任区环境	管理室整洁、无乱堆乱放杂物、私拉乱接电线现象；公厕周边3m范围内地面整洁；无乱晾晒乱搭建；无暴露垃圾	10	管理室不整洁、有乱堆乱放杂物、私拉乱接电线的，每例扣1分；公厕周边3m范围内地面不洁的，每例扣1分；有乱晾晒乱搭建的，每例扣2分；有暴露垃圾的，每例扣2分

第三节　疫情防控期间如何做好乡村厕所的管护

2020 年新冠疫情期间，由农村农业部发出的针对乡村厕所的管护指引，供读者参考。

疫情防控期间如何做好农村厕所管护

1 注意厕所清洁卫生

▼ 加强农户厕所清扫，经常通风换气，不堆放杂物，保持清洁卫生，做到地面不见垃圾、便器不见粪渍。

▲ 疫情防控重点区域应日扫日清，及时对便器、洗手台、门把手等可接触处进行消毒，使用过的厕纸应及时清理或装袋密闭收集。

▲ 加强农村公共厕所日常卫生保洁，适当增加消毒频次，公厕周边做到无垃圾、粪便、污水、杂物等。

2 做好化粪池管理

▲ 农户应经常检查厕所化粪池、下水道、排气管等相关设施设备，对破损、渗漏的及时进行维修，三格式、双瓮式化粪池应加盖板密封，确保粪便无害化。

► 如发生粪污外溢，应向外溢粪污中加入足量的生石灰或含氯消毒剂等进行处理，并及时清理。

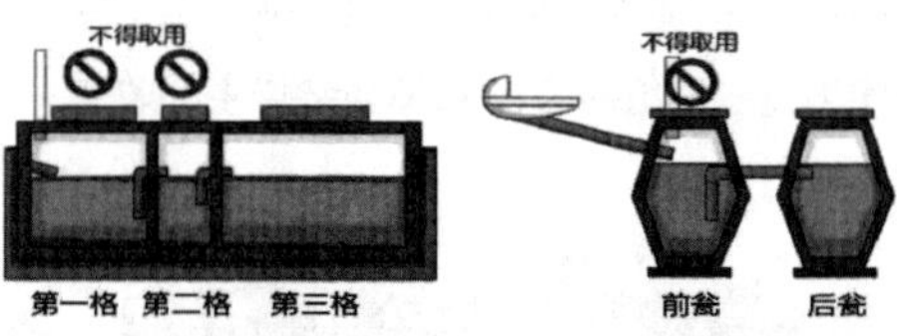

▲ 疫情防控期间应尽量减少不必要的清掏和转运，确需清掏的，对于三格式卫生厕所，不得取用一、二格的粪液施肥，适时清掏第三格；对于双瓮式厕所不得取用前瓮的粪液施肥，适时清掏后瓮。

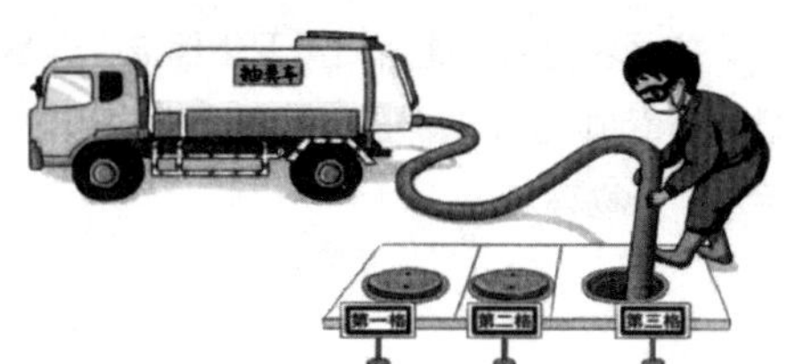

▲ 在清掏过程中，做好人员防护和粪污密闭转运，防止粪污外泄。

3 做好粪污末端处置

▲ 严禁随意倾倒或直接排放粪污。

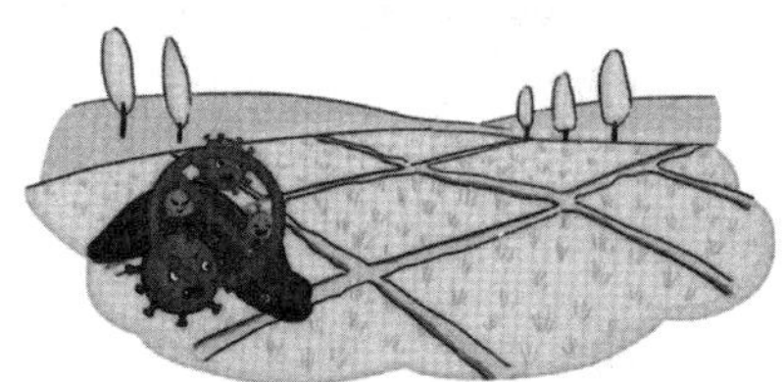

▲ 未经处理或处理后达不到无害化要求的粪污不得还田。

4 养成良好如厕习惯

▲ 便后及时冲水。

▲ 冲水时盖上马桶盖。

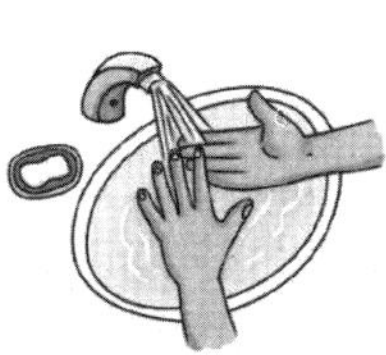

▲ 便后洗手要牢记。

▲ 使用旱厕的农户，如厕后应及时覆盖，防止粪便暴露。

▲ 疫情防控重点区域应尽量不使用便桶，不能将便桶放在水体中冲洗。

▲ 利用媒体、明白纸、标语等，加强厕所日常管护、卫生防病知识等宣传教育。

农业农村部规划设计研究院
农业农村部环境保护科研监测所 编绘

第四节　乡村公厕的除臭管理

一、厕所臭气的成分

谈到厕所的空气除臭技术，必须先了解厕所臭气的主要成分，见表 12-2。

表 12-2　厕所臭气成分及危害

种类	特性	主要危害
氨气（NH_3）（尿素味）	无色气体，有强烈的刺激气味	眼、鼻、咽部有辛辣感，流泪、咳嗽、喷嚏、咳痰、咳血、胸闷、头痛、头昏、乏力，严重的会造成肺水肿、脑水肿、喉头水肿、喉痉挛、窒息
硫化氢（H_2S）（臭蛋味）	无色、有毒酸性气体。低浓度时有一种特殊的臭鸡蛋味	强烈的神经毒素，对黏膜有强烈刺激作用。低浓度的硫化氢对眼、呼吸系统及中枢神经都有影响。吸入少量高浓度硫化氢可短时间内致命
甲硫醇（CH_3SH）（烂菜味）	无色气体，有烂菜心气味	对眼睛、皮肤、黏膜和上呼吸道有强烈的刺激作用，可引起头痛、恶心及不同程度的麻醉作用，浓度高甚至可产生呼吸麻痹而死亡
甲基吲哚 $C_8H_5NHCH_3$（粪臭味 ）	常态下无色至黄色液体	对眼睛、呼吸系统和皮肤有刺激性

二、常用的除臭技术

厕所臭气不仅会带来人们感官上的不悦，甚至会造成对人体的伤害，因此厕所除臭非常重要，常见的除臭技术见表 12-3：

表 12-3　常用除臭技术

种类	主要原理	优点	不足
掩盖法	采用某些合成香精或天然香精进行喷洒，遮盖臭味	投资小，操作简单，作用快	异味分子还存在，需要耗材
稀释空气法	通过使用抽风机将室内空气抽出，或者是用鼓风机将新鲜空气鼓入室内，改变臭味浓度比，从而减少臭味	投资小、设备简单、运行成本低	耗电大、噪声大，对大气造成污染

续表

种类	主要原理	优点	不足
固体吸附法	应用固体物质如活性碳、碳酸盐化合物、沸石、无机卤化物等吸附臭味	投资小、设备简单	吸附存在饱和问题，需要更换耗材
臭氧氧化法	利用具有强氧化性的臭氧分子氧化恶臭分子，使恶臭分子发生还原反应而除去臭味	能使恶臭分子分解	不能人机共存，臭味去除速度慢
微生物法	采用高浓度、高活性的有效微生物菌群，这些生物菌能抑制异味源中致臭微生物的生化活动	除味效果好	微生物的生态环境难维护
植物提取液雾化法	利用某些天然植物提取液具有破坏异味分子的性质，在室内雾化后进行除臭	方法简单	需耗材
化学法	利用臭气中的某些物质和药液产生中和反应的特性进行除臭	方法简单，成本低，除味速度快	针对个别异味分子有效，有耗材
UV 光解法	应用紫外线打断异味分子化学键，同时产生臭氧对异味分子进行氧化分解	无耗材，方法简单	易产生紫外线和臭氧外泄，造成二次污染
高能离子法	应用高能离子管激发出高能量离子将异味分子的化学键打断，同时发生氧化还原反应分解异味分子	无耗材，除臭效率高，无二次污染	控制难度高，设备成本偏高

从除臭技术大方向来看，又可分成“有耗材除臭技术”和“无耗材除臭技术”两个技术流派。例如，植物液雾化除臭和活性炭吸附除臭为有耗材除臭技术，无耗材除臭技术顾名思义是在除臭过程中不需要频繁定期地更换除臭部件，如 UV 光解法、高能离子法等。

三、乡村厕所的除臭工艺

除臭工艺是指应用上述除臭技术，采用怎样的工艺手段，才能达到良好的厕所空气除臭效果。除臭工艺非常重要。厕所空气除臭效果的好坏不仅与除臭技术有关系，还与除臭工艺有关。

纵观目前的厕所除臭工艺，总结起来有以下三种：新风除臭法、空气内循环除臭法和空间反应除臭法。

1. 新风除臭法

新风除臭法是将厕所的臭味收集起来，利用除臭设备除臭后外排，通过负压引新风的方式或者是主动引新风进入厕所，以空气置换的方式进行除臭。新风除臭法又分单向流负压新风法和双向流热交换新风法两种。

新风除臭法对于新风量的计算应满足《城市公共厕所卫生标准》（GB/T 17217—1998）要求的每小时大于等于5次换气标准。由于臭气外排，对除臭设备的一次性除臭效果要求很高，否则将对厕所外的空气造成污染，将会受《恶臭污染物排放标准》（GB 14554—1993）中无组织排放的标准约束，做得不好反而会遭到周边居民的投诉。

2. 空气内循环除臭法

空气内循环除臭法与空调的作用类似，在厕所内安装除臭机，厕所内空气经过除臭机后，将空气异味去除，吹出无味的空气，除臭技术的反应腔体在除臭机内，经过一段时间的循环除臭处理，达到去除厕所臭味的目的。

空气内循环除臭法对除臭机的风量需求依厕所的空气体积来计算，以每小时循环5次以上为佳。该除臭工艺安装简单，可以不用布管，不会影响厕所的整体装修风格。

3. 空间反应除臭法

空间反应除臭法是将厕所的整个或局部空间作为除臭反应腔体，在厕所内空间装除臭机，将除臭物质喷洒于整个空间，除臭物质与臭气在厕所内空间进行反应，以此来除臭。

厕所的异味分子以还原性气体为主，因此所用除臭物质多为强氧化性物质，如植物除臭液、氧化氯和臭氧等。为了提高除臭效果，强氧化性物质必须布满整个空间，这时要注意在人机共存的厕所环境下对人体的安全性。

四、乡村公厕的除臭案例（设备及方案）

应用各种除臭技术和除臭工艺，专门用于厕所除臭的设备较多，如图12-1、图12-2所示。

1. 厕所除臭杀菌机

（1）采用高能离子除臭技术、等离子催化技术和离子灭菌技术等多项自主知识产权的除臭技术，实现厕所的高效除臭和高效杀菌性能，除臭和杀菌效率皆达95%以上，杜绝“粪口传播”，确保厕所的防疫安全；

（2）无耗材，运行费用低，无二次污染，人机共存；

（3）采用内循环除臭工艺方式，作用面积大，低功耗、低噪声，安装方便；

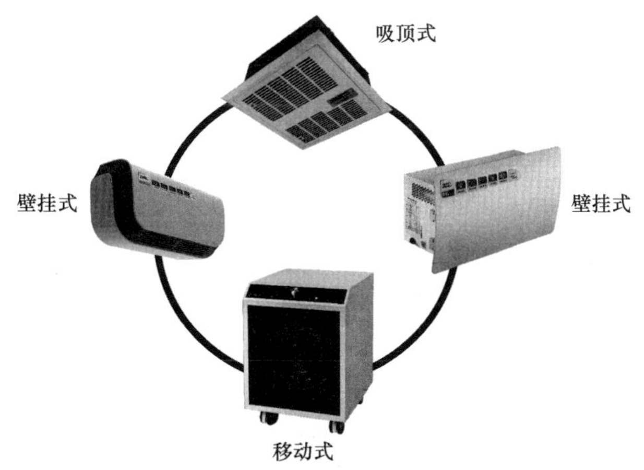

图 12-1　厕所除臭杀菌机

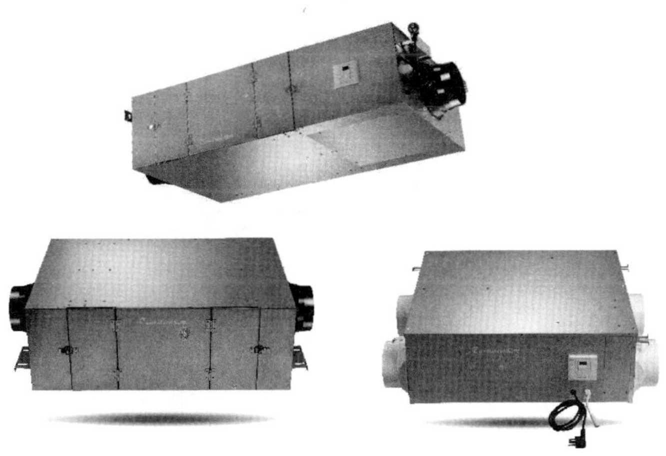

图 12-2　厕所新风除臭机设备

（4）除臭能力可调，智能故障保护，定时运行，安全可靠。

2. 新风除臭机具

（1）采用新风除臭法，将臭气收集除臭杀菌后有组织的外排方式，快速去除异味，同时保持厕所空气清新；

（2）应用微负压新风原理，防止臭气外泄；

（3）采用热交换技术，新风引入和废气外排时进行热交换，有效防止空调能量损失；

（4）采用高能离子除臭技术、等离子催化技术和离子灭菌技术等多种除臭技术，除臭和杀菌双高效，均达 95%以上效率；

（5）无耗材设计，运行成本低。

经过多年的实践，我们专为厕所革命推出三套公厕除臭杀菌方案，见表 12-4。

表 12-4　公厕除臭杀菌方案

项目	方案 A	方案 B	方案 C
产品组成	厕所除臭杀菌机	单向流新风除臭机＋厕所除臭杀菌机	双向流新风除臭机＋厕所除臭杀菌机
除臭方式	高能离子除臭技术 等离子催化技术	高能离子除臭技术 等离子催化技术 空气置换（负压引新风）	高能离子除臭技术 等离子催化技术 空气置换（主动引新风）
效果	好	很好	非常好
造价	低	中	高
能量损耗	低	高	中
安装方式	壁挂	吊顶＋壁挂	吊顶＋壁挂
安装施工量	小、简单	中	大
适用场所	半密闭公厕	无空调较密闭的公厕	有空调较密闭的公厕

第十三章　乡村厕所的智能化

随着乡村厕所革命的进一步发展，针对乡村公共厕所数量多、规模大、分布相对分散等特点，乡村公共厕所管理看似小事，却是农村民生中重要的一面。为了确保公厕达到有水、有电、有人管，无味、无垢、无尘、无积的“三有四无”标准，需建立一套能确保“运维管理工作及时、规范、科学，以大数据分析结果对公厕进行持续优化”的管理及技术支撑体系。因此，提出乡村厕所智能化概念，对乡村厕所进行智能检测、智能管理。

比如在乡村公厕内安装集成了 TVOC（异味）监测、温湿度监测、环境光监测、远距离无线 RFID 射频识别、断电报警功能于一体的青泓公厕智能监测终端，并接入青泓公厕管理云系统，可以实现对区域内乡村公厕运行状态的本地和远程集中可视化监测、预警及控制，为用户和相关单位、业主提供便捷服务；同时，平台支持建立统一的公厕基础信息库，支持基于移动互联网和大数据的巡检、维护等管理功能；支持相关单位、业主准确掌握现状，为乡村公厕改造效果评价、维护效果评价、长期运行管理提供持续有效的监测数据支撑。

第一节　乡村厕所的未来发展

随着全面小康的步伐跨越，将来的乡村与城市一定是没有差距的。乡村的美好环境与设施的不断完善，魅力小镇与美丽乡村，是今后城市人口最羡慕的地方，人居环境与生态环境的完美融合，“乡村厕所革命”的日益推进，未来的乡村厕所发展的趋势将是人性化、智能化。人性化首先要做到洁净无味，其次要配备第三空间、洗手液、烘手器等设施；智能化包含手机导航寻找乡村公厕、乡村公厕智能节水、智能节电、智能除臭等，家庭户厕也是多功能的智能化设计，智能马桶、智能检测、智能身体健康系统等配套化使用，让乡村田园生活乘着现代高科技的翅膀，变得更加便捷与高端。

一、乡村家庭智能户厕设备智能化发展趋势

美丽乡村建设随着乡村振兴战略的目标实施，在规划与建设上，根据各地环境与人文风情进行合理布局。一幢幢别墅群的出现，给人现代都市田园风情。在家庭户厕方

面，水冲厕所、节水厕所、除异味的旱厕等多种形式并存。

家庭户厕的智能马桶、智能消杀设备、智能排污、粪便循环利用技术，是乡村厕所未来的发展方向。

智能马桶发源于美国，在日本得到普及，在韩国、西欧等地成为一种时尚。智能马桶既卫生、舒适，又可以防范多种疾病的困扰，随着科技的发展，智能马桶越来越为人们所接受。比如，可以改善坐垫的温度，集便圈加热、温水洗净、按摩等多项功能于一身，提供更佳的洁身功效和舒适的清洗体验。双喷嘴的设计，提供臀部清洁与女性清洁，清洗到位；脉冲冲洗模式，能享受到 SPA 按摩功效。细心的人可能会发现，马桶几天不刷洗，里外都会有污渍，实际上，马桶上有我们肉眼无法看见的微生物，还会有容易引发传染性疾病的病毒、细菌、真菌或寄生虫。而智能马桶具有杀菌功能，在预防细菌感染、痔疮、便秘等问题上有很大的优势（图 13-1）。

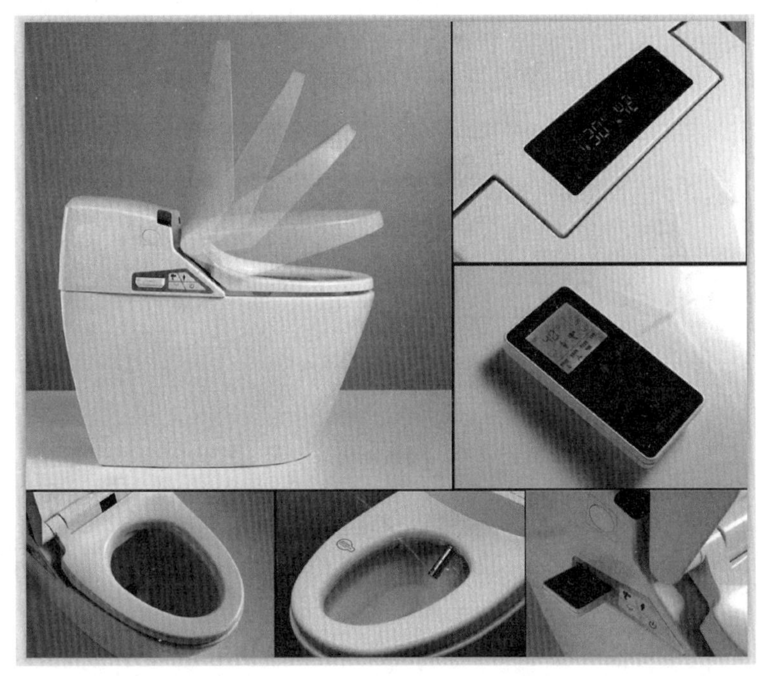

图 13-1　智能马桶及多功能设备

智能马桶起初用于医疗和老年保健，洁身功能可有效减少所有人群的肛门疾病以及女性下身部位的细菌感染，大大减少妇科疾病和肛肠类疾病的患病率。按摩功能不同强度的水势重复作用于净洗部位，促进血液循环，预防相关疾病，尤其对便秘患者来说，具有促进通便的作用。

智能马桶拥有许多特别的功能，如臀部清净、下身清净、移动清净、坐圈保温、暖风烘干、自动除臭、静音落座等。最方便的是，除了可以通过按钮面板进行操作，还专门设有遥控装置以实现这些功能。消费者在使用的时候，只要手握遥控器轻轻一按，所有功能都可轻松实现。

卫生间里的塑料纸篓，如不及时清理就会大大增加细菌繁殖的速度，智能马桶可以在“方便”后进行自动清洗、烘干，无须卫生纸擦拭，有效解决卫生纸和纸篓带来的卫生问题。这样，不仅在“方便”后有温水自动喷出冲洗，进行暖风烘干，连卫生纸和纸篓也可以丢弃了。

二、智能马桶对健康的防护及检测作用

健康检测智能马桶的外观、大小与普通马桶几乎一样，但里面的“黑科技”可不少。

据了解，它可以完成包括尿液分析、尿流率检测、体脂检测、血压心率等内容，并且以上各项指标内容，可以与手机、平板等结合使用，形成采集端、展示端、云端的平台体系（图 13-2）。

图 13-2　重庆交通大学信息科学与工程学院的蓝章礼教授与其团队研制的健康检测智能马桶

该马桶可分析尿常规 11 项指标、大便 10 项指标、体脂 10 项指标、尿流率 13 项指

标以及血压、心率等指标。同时，通过长期数据分析，发现并预警肾脏、肝胆、消化道、尿路、子宫、前列腺、体脂、内脏脂肪、心脏、内分泌系统、循环系统、孕期指标等异常。

健康检测智能马桶包含高新传感器，用于自动采集检测人体关键基础指标，结合物联网内容，使得产品与智能终端连接，实时生成用户健康报告。同时，可云储存、分析用户每一次检测数据，包含医生团队对指标的解读。

智能马桶的健康检测功能，只要将智能马桶的功能体系与手机终端对接，将每天清晨从马桶里收集的粪尿信息样本，进行一整套的科学分析，就可以第一时间监控到主人的健康状况，尤其是肠道及泌尿系统的病症，这样便于及时给予一些健康的提示，对于早期防病及健康把握有十分良好的监控与预测功能。这套多功能马桶目前在日本、瑞士、美国、西欧等国家，成为一种时尚。

第二节　乡村公共厕所智能化管理系统

在美丽乡村与特色小镇建设上，乡村智慧公共厕所系统是现代智能化系统的新运用，它们是通过物联网技术实现卫生环境、蹲位使用、烟味监控、客户评价、日常用品等的互联互通管理，将所有人、事、物联动到一个智慧厕所管理平台。

公厕内氨气、硫化氢、烟感、漏水、照明等数据接入实时检测系统，系统通过接入空气监测传感器、人体监测传感器、客流统计器、紧急按钮、有人无人显示牌、人脸识别供纸机、厕所评价器等，将所有采集到的数据通过厕所综合终端系统进行分析，再与手机终端链接，可以适时对以上的数据进行采集、分析、发布命令，启动智能化设备，定点适时地进行消毒、杀菌、烘干等程控服务。

乡村智慧公共厕所系统平台可以依托于公网或专网，实现将厕所卫生环境情况、蹲位使用情况、厕所空间布局情况展示，为大众提供简捷、美观的厕所环境及使用情况。

针对乡村旅游的景区公厕，我们可以通过智慧系统采集数据、对游客的密度、上厕所的人数、淡季旺季人流量的数据分析，制订旺季厕所配置、增添移动公厕等措施来弥补不足。

针对乡村人口居住松散的状况，乡镇公厕里还有智能报警系统，当老年人在厕所里遇到突发情况，可以按动报警铃，这样远处的救助人员第一时间赶来救急，可大大地改善乡村老人的安全与救助机制。

乡村智慧公厕就是通过物联网、大数据，云计算、网络传输、传感器等技术的应用，使“乡村智慧公厕”内部系统具备及时感知、准确判断和精确执行的能力，解决了传统厕所服务过程中异味控制、节能节水不够人性化的难题，实现了对多个乡村智慧公厕联合管控的精细化管理，让游客与村民的乡村体验与田园生活更美好、更便捷（图 13-3）。

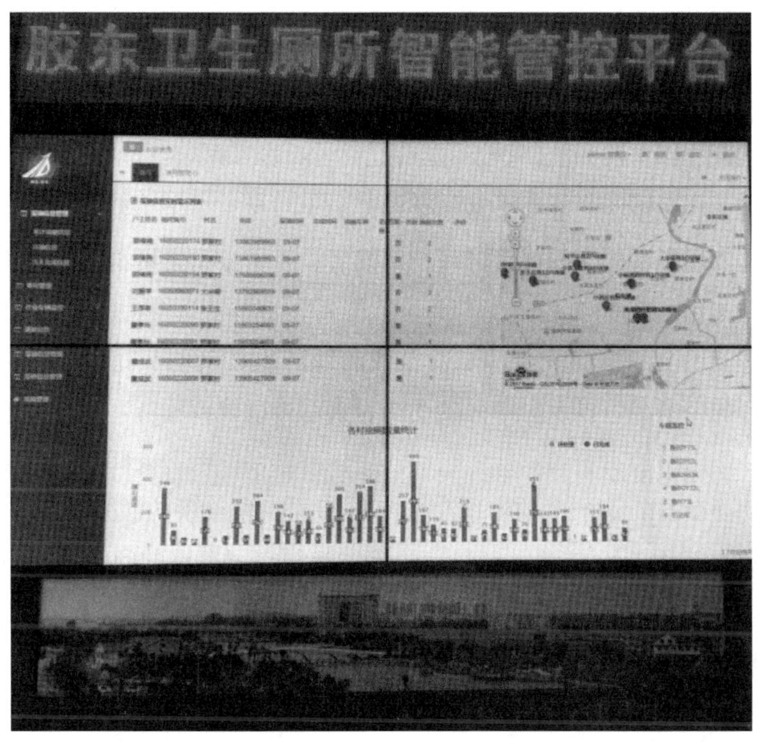

图 13-3　山东胶东地区农村卫生厕所智能管控平台

美丽乡村人居环境大幅改善，厕所粪污的一体化处理让粪污变成有机肥、污水净化达标，既减少了对环境的污染，也使得昔日蚊蝇滋生的村庄更加生态、更加宜居、更加美丽，未来的农村将彻底变样。粪污处理一体化，让污水变清水实现再利用，农民可用来冲厕、灌溉或绿化。

美丽乡村建设离不开智能生态环境检测系统的运用。厕所实现微水或无水冲洗厕所，可考虑收集尿液处理后冲洗或生物降解、粉碎等方式，配合马桶盖触发光触媒除臭技术实现自动冲洗。从水源的保护与污染整治、各家各户的粪污管网的统一管理、粪污资源的再循环利用入手，全程整体智能化管控。

全域净化、环境美化、人性化、智能化的程控设备，是乡村智能生态环境系统建设的基础，智能化数据采集、数据分析、可视化传输，整体系统监督、人力改组、安全联动等综合服务，一体化污水成套处理设备的安装，压滤脱水、过滤沉淀设备的运用；废水处理设备、畜禽养殖排污处置、人工湿地水处理设备，可以将水源、污染源、智慧水务系统等进行统一监控。

厕所冲洗后，实现无害化处理回收，配合环保技术，自动生成化肥进行回收。

智能传感器的安装，对乡村厕所的卫生环境检测，并将监测数据周期上报至平台，分析厕所历史卫生环境状况，安排好保洁、杀毒、杀菌等智能服务系统，适时定点开始作业。

第三节　乡村景区公厕智能化运营模式案例

美丽乡村、特色小镇是在新型城镇化建设的大背景下催生的发展途径，美丽乡村与特色小镇协同发展具备生态与民生的可持续发展、乡镇旅游发展与区域竞争力提升、优秀本土产业与文化的传承和发扬的愿景。

然而，伴随旅游的快速发展，配套服务的矛盾也日趋明显，2017 年《环球时报》针对外国游客的一项调查显示，96％的受访者表示难以找到厕所，94％抱怨公厕不提供手纸。厕所，作为精神文明的象征，它的使用体验直接影响着人们对一个城镇的感受。

以“自动换套马桶盖＋多功能纸巾机”等智能物联设备为技术依托，结合“物联网＋大数据＋人工智能”，主要针对目前公厕的如厕空间存在的问题，如厕位不够、马桶不敢坐、气味难闻、没有厕纸等问题，通过“共享厕所＋免费纸巾”的方式，免除人们在外“如厕难、难如厕、无纸巾”的尴尬。

基于上述存在的问题，可优化一个智能化的服务平台，通过“智媒体＋新零售＋大健康”的综合运营模式，让公厕的如厕空间能够持续化地良性运营（图 13-4）。该项目的推广有以下优势。

图 13-4　智能换套马桶盖

功能优化：智能换套马桶盖自带自动换套、座圈加温、温水冲洗的功能；

民众受益：免除如厕难、难如厕、无纸巾的烦恼，打造一个安全、无臭、卫生的公共如厕环境；

地区受益：通过智慧厕所，提升景区、乡村的配套服务，增加客流量，收获群众口碑和人流；

政府满意：提升公共服务配套水平，助力文明城镇、美丽乡村的建设。

智能化模式运营实例如图 13-5 所示。

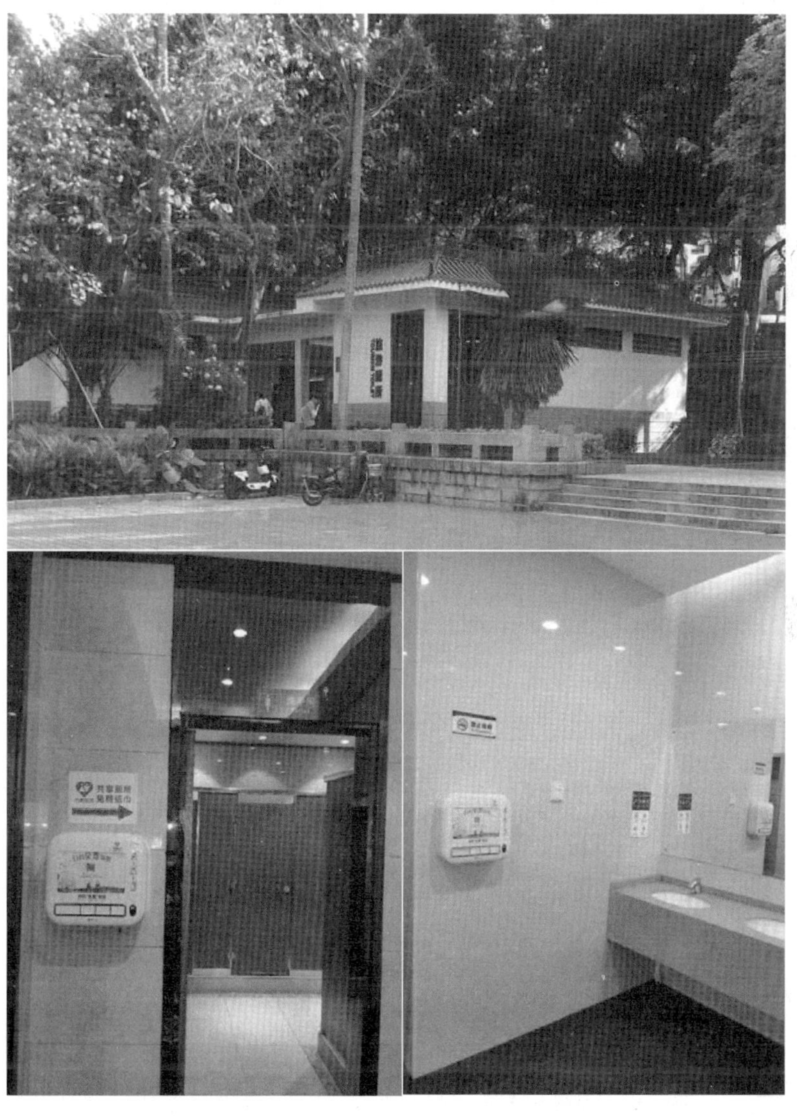

图 13-5　智能化模式在厦门景区运营

第四节　乡村智能化厕所的未来发展

一、基础建设品质化

厕所的建设，不单单只是厕位的增多，还有厕所整体的设计美感，各空间的布局规划，厕所文化的布置等。未来，厕所不只是解决公众的如厕问题，还是展示文明的窗口。厕所结合人文设计，增加太阳能、风能、雨水收集、废水重新利用、粪便循环生态等功能，让厕所实现自我循环运行，构建更加环保、生态的厕所系统。

厕所整体个性化、人文化：在设计上运用当地的民族风俗、地方特色等元素。同时，在建设材料的选择上，也会更加注重选择环保材质。对厕所周边的环境及绿化也会有更深入的思考和布局。另外，厕所外观追求与自然的整体性，并探寻一种和谐的关系，同时保持建筑物和自然环境的对比性，让厕所能够既具有功能性又具备雕塑性。

厕所运行实现生态化：循环水冲洗生态环保厕所从污水原位收集、粪便粉碎、固液分离、生物降解、净化消毒到循环使用，在时间和空间上实现了连续的、完整的系统化、资源化处理，突破了传统冲水式环保厕所对清洁水的依赖，满足了生态环境可持续发展的要求。全自动化的管理模式避免了手动接触，完全消除了交叉感染。同时，以复合生物水处理等各种技术为核心，通过高效生物处理单元和消毒单元的联合作用，使冲厕污水得以较彻底的净化，极少量不可生物降解的固体转化为有机肥，大部分污染物经过处理转化为清洁水，从而实现了冲厕污水源头治理和资源化。

二、配套设施人性化

在厕所的配套设施方面，厕纸的供应、老人及残疾人设施的完善、亲子厕位的设计、厕所除臭功能的加强等人性化的规划也会逐步实现，使公众在外如厕也能有宾至如归的感觉，甚至享受比家里更优质、更人性化的如厕条件。值得一提的是，为亲子专门设计的第三空间内，为婴儿专门设置了换尿布的地方，婴儿可以很舒适地躺着更换尿布。

配套设备注入更多科技元素：例如，红外线感应器小便池，配备脚下的电子秤马桶，在使用这样的马桶的时候，电子秤会测出使用厕所的人的体重，旁边的扶手则会测出血压和心跳，马桶内的化验仪器会分析出粪便中的蛋白质、红白血球的糖分，这些数字会在厕所内的屏幕上显示，同时又会作为资料被输入计算机里的健康中心。

免费的卫生纸巾机，自动感应的洗手液和水，放置衣帽的设施，还拥有最先进的设备和最干净的环境，当使用者从厕所离开后，先进的自动清洁系统就开始发挥作用了，贴近地面的数支高压水枪会将地面的杂物冲进垃圾桶里，污渍也会被清洗得一干二净，地面也会被自动烘干。当下一个使用者进入时，自动更换马桶便洁垫。

三、空间功能复合化

公厕将成为集现代科技、基本公共服务、景观建筑于一体的新公共空间，成为继家庭空间、工作空间、社交空间、虚拟空间之后的“第五空间”。公厕内会有自动存取款机、缴费机、再生资源智能回收机、自动售水机等便民服务基础设施，甚至还会为保洁人员专门配置休息区和淋浴室。厕所将朝着“厕所＋”的功能复合化模式发展。

四、管理服务智慧化

除了不断丰富和完善公厕的配套设施，让公众感受到更智慧化的如厕体验外，智慧厕位引导系统、厕所搜索 App 的运用等，都在不断优化着公厕的智慧服务。智慧厕位引导系统能让公众实时了解到公厕的使用情况，厕所搜索 App 能帮助公众在内急时快速找到距离最近的公厕。

物联网数据采集：烟感、漏水、照明等实时在线检测系统等。

移动终端管理：厕所导航、智能系统、气温、空气质量等。

五、厕所运营市场化

为保障厕所的有效管理和有序运作，“以商养厕”的模式也将成为一种发展趋势。厕所不单单是政府投入建设，相关企业也会参与进来，将他们的商业模式与公厕的运作相结合，碰撞出可持续的运作模式。公厕运营的市场化不仅可以弥补政府资金的不足，加快美丽乡村建设的速度，还可以促进公厕在节能、节水、环保等技术上不断创新，实现多方共赢。

未来，“厕所革命”不仅要实现从有到优的品质升级，更要实现从智能到智慧的跨越，从景区辐射到全城，由城市向农村不断深入，逐步提升百姓的生活品质。

使用篇

用好厕所，指如厕文明及良好的习惯养成。

自觉爱护厕所设备、保持厕所卫生环境，培养文明如厕的良好习惯，坚决抵制粗鄙丑陋的如厕行为。树立『爱护厕所环境人人有责』『厕所文明从娃娃抓起』的观念，让大家明白厕所也可以是一个健康舒适的公共空间。

第十四章　乡村厕所文化素养及宣教

厕所是一个既公共又私密的空间，它是人们生活的必需品，保障着人们的日常需求。因此，厕所问题不是小事情，它是基本的民生问题，也是衡量一个地区文明程度最重要的文明窗口之一。

如今，我国在城市公厕、旅游厕所和农村改厕等领域进行较为彻底的“厕所革命”，这一行动在改善人居环境、提升城市文明品位、改变乡村面貌和保障人民群众卫生健康，引领我国城乡文明新风尚等方面，发挥着重要作用。

如厕时，厕所的私密性对监管提出要求，但只有人人掌握这些文明的如厕规范，才能因势利导，杜绝厕所的不文明现象。在乡村厕所革命中的厕所文化素养方面，我们从家庭教育、学校教育、公德教育等角度出发，制订出相应的厕所文化素养。从文化知识、行为规范、基本健康素养等方面入手，根据乡村厕所革命的“建—管—用”理论，力求提高我们的如厕文明，改善乡村厕所的环境管理，让我国乡村村民从这些厕所文化素养的核心内容中，养成一种很好的厕所文明习惯。通过扎实的养成教育和文明素养教育，把“方便问题”管理到位，从而保障乡村村民的健康与环境的完美统一。

第一节　厕所文化素养的意义

厕所虽小，却是浓缩了民生。厕所是我们每个人每天必须接触和使用的基础设施，体现着人的生活尊严和基本权利。厕所革命是人关于厕所观念、意识和行为的革命。只有把我国民众传统上“重视吃，不重视拉”的观念和意识彻底转变，让大家认识到厕所与生活质量和品位、文明和健康、权利和尊严息息相关，意识到一个好的厕所对其个人和家庭的重要意义，这才是真正意义的厕所革命。

农村居民厕所卫生文化素养是针对我国民众对厕所卫生文化意识、知识和行为存在的不足而提出的，旨在通过广泛倡导该素养，使得农村居民的厕所卫生文化意识不断提升、相关知识不断增长和如厕行为不断改变。

厕所卫生文化素养的定义是指个体获取、理解、实践厕所卫生和文化信息和服务，增强厕所卫生和文化观念意识、知识、技能和自我效能的能力。

中国农村改厕虽然取得了一定成绩，但是，农村厕所问题依然没有从根本上得到很好的解决。还有相当比例的农村家庭仍然使用非卫生厕所。即使建了卫生厕所，由于人们对厕所的观念、意识和行为还没有转变，农民使用脏臭厕所造成的不自信、不文明、无尊严问题还普遍存在，这些是我国实现全面建成小康社会的瓶颈所在。

中国的厕所问题复杂，困难重重，尤其是农村厕所问题是本轮厕所革命的重点和难点。总结过往，梳理矛盾，人们关于厕所的卫生文化素养水平低是中国“厕所革命”的核心难题。只有这个难题得以彻底解决才是中国“厕所革命”成功的标志。

2020 年 11 月 19 日，在“世界厕所日”这个特殊的日子里，由中华预防医学会、联合国儿童基金会、中国健康促进与教育协会、中国学生营养与健康促进会、世界厕所组织联合发布《厕所卫生文化素养核心信息及释义》。这也许是一件从此开启人们对厕所重新认识，树立正确厕所观念的有意义的事。

第二节　《中国居民厕所卫生文化素养》及释义①

一、广大民众厕所文化素养的普遍提升和厕所观念、意识的根本转变是中国实现“厕所革命”的关键所在

释义：习近平总书记提出的“厕所革命”内涵丰富，其中最重要的应该是人们关于厕所观念、意识和行为的革命。只有把我国传统上“重视吃，不重视拉”的观念和意识彻底转变，让人们认识到厕所与他的生活质量和品位、文明和健康、权利和尊严息息相关，意识到一个清洁卫生的厕所对其个人和家庭的重要意义，这才是中国“厕所革命”成功的标志，中国厕所问题才能得到长效的、可持续的、根本性的解决。建设具有中国特色的厕所卫生文化，把厕所卫生文化素养的提高作为“厕所革命”的考核评估指标之一。只有广大农民关于厕所观念、意识和行为得以彻底转变，才是本次“厕所革命”伟大之所在。

二、厕所卫生状况是社会文明发展的重要体现，清洁卫生的厕所是每一个家庭必不可少的基本卫生设施

释义：厕所虽小，却浓缩了民生。使用清洁卫生的厕所是现代文明社会的重要组成部分，一个国家的厕所卫生状况体现了民族的卫生文化，厕所不仅需要满足人们的基本需要，同时还承载着对弱势群体（女性、儿童、老人、残疾人）的需要。一个国家厕所的设计和设置能否满足和尊重弱势群体的特殊需求是一个国家文明程度的体现。联合国

---

① 中国健康教育中心．健康教育核心信息汇编（2019 版）[M]．北京：人民卫生出版社，2020.

可持续发展目标指出，水和环境卫生设施需要得到持续的改善，并决定将每年的11月19日设立为“世界厕所日”，以推动安全饮用水和基本卫生设施的建设，共同改善世界环境卫生问题。

厕所是我们每个人每天必须接触和使用的基础设施。根椐世界厕所组织统计，一个人平均每天上厕所6～8次，一年大约要上2500次，算下来人的一生约有3年时间在厕所里度过。厕所与每一个家庭和个人息息相关，不可或缺。

三、使用卫生厕所事关每个人的权利、尊严和生活质量，更关系到妇女儿童的健康、隐私和安全

释义：尊严就是权利和人格被尊重，每个人有尊严地活着是人人共有的平等权利。生活品质是让生活呈现出趋向美好的趋势，以及对生活的一种状态。人们对生活品质的要求随着社会经济的发展逐步提高，家庭卫生条件是生活品质的重要构成，家里的厕所清洁卫生程度直接体现家庭的卫生文化素养、文明程度、生活品质。

在家庭中，女性如厕的平均时间大约是男性的3倍，儿童如厕的频率比成人更高，更容易受到厕所内不安全环境因素的影响。如感染粪便传播疾病的可能性更大，旱厕可能造成儿童的跌落伤害等。缺乏卫生、安全和可靠的卫生设施对女性，特别是生长发育期的女性青少年的身心健康有明显的不良影响。因此，厕所革命不仅需要在设施的规划建设上得到改善，还需要建立正确的社会规范和行政良好的社会意识，要让人们意识到卫生舒适的厕所不仅事关家人的健康，还关系到他们的个人尊严和生活质量，把建设和使用卫生厕所变成自己的内需动力。

四、厕所不仅是满足生理需求和健康需求的设施，也是家中最讲究、最卫生、最舒适和最温馨的所在

释义：厕所在我们生活中是重要的场所。随着生活水平的改善和健康水平的提高，厕所与人的关系越来越多元化，不仅是关乎最基本的生理需求和健康需求的设施，更是实现和维护个人尊严的主观要求。厕所不单单是排便的场所，也是人们的隐私空间。因此，强调厕所私密性，可以充分保护个人隐私，满足个人释放压力、化妆更衣以及特殊人群（如母婴、行动不便等需要特殊关照的人群）的特殊需求。国际社会普遍关注卫生设施的性别公平性。缺乏卫生、安全和可靠的卫生设施对女性，特别是生长发育期的女性青少年的身心健康有明显的不良影响。青少年女性对厕所的私密性要求更高。处于生理期的少女可能因为学校厕所不方便而请假。女性不安全的在室外厕所如厕或是露天排便甚至可能诱发性犯罪。应提高卫生设施的性别公平性。

五、把厕所建在室内，使用更方便、更舒适、更安全，也便于清扫保洁

释义：人们在内急时都希望厕所就在眼前，但受传统观念、文化和习惯的影响，认

为厕所是一个脏臭、蚊蝇漫天飞、蛆虫满地爬的不洁处所，厕所的建设应该离房屋越远越好，并不愿意将厕屋建在室内，多数是建在院内的边角地方，有的甚至建在院外道路两旁。冬天时寒风刺骨、天黑路滑，夏天时酷暑难耐、蚊虫叮咬，上厕所要经受寒风刺骨和酷暑难耐的考验，还要担心天黑路滑和被蚊虫叮咬的情况发生。特别是老人、妇女和孩子，因上厕所摔伤、冻病的情况时有发生。

据调查，在我国东北和西北地区的农村户厕建在室内的不到 25%，建在院内的约有 58%，建在院外的约有 17%。我们要倡导农民将厕屋建在室内。在农村，只有把厕屋建在室内，才能更加用心管理和保持清洁，上厕所才能既方便整洁又舒适安全，这样农民才能实现有尊严地、体面地、舒适地、安全地上厕所。

六、每年 11 月 19 日是“世界厕所日”

释义：世界厕所组织（World Toilet Organization）于 2001 年提出设立“世界厕所日”，并得到全世界的关注。2013 年 7 月 24 日，第六十七届联合国大会通过决议，决定将每年的 11 月 19 日设立为“世界厕所日”。通过设定“世界厕所日”推动安全饮用水和基本卫生设施的建设；倡导人人享有清洁、舒适及卫生的环境；希望通过全世界人民的努力，共同改善世界环境卫生问题。世界厕所组织是一个非政府性组织，总部设在新加坡。世界厕所组织致力于全球性的厕所文化，倡导厕所清洁、舒适、健康，目前世界厕所组织有来自 17 个国家和地区的 47 个国际会员。

七、卫生厕所应该是无臭无味、清洁卫生、看不见粪便，对周围环境无污染

释义：联合国制定的可持续发展目标提出，到 2030 年，人人享有适当和公平的环境卫生和个人卫生，杜绝露天排便，粪便无暴露。所谓“粪便无暴露”就是在任何地方包括村内和院内的地面上甚至村周边的农田表面没有人和畜禽的粪便；在厕屋内不会因为便池冲洗不净、化粪池封闭不严使人能够看到粪便，使蚊蝇不能够接触到粪便；即使在清除储粪池的粪水和粪渣时也能够达到不被人看到粪便这样的要求。人们在日常的生产和生活环境中闻不到粪便的臭味。总而言之，就是在任何时候、任何地点都眼睛看不见、手和蚊蝇接触不着粪便。同时，没有经过处理的粪便不能随意排放到周边环境中去。即使处理过的粪便，不但要保障生物的无害化，还要保障生态的无害化，即要建设环境友好型厕所。要以农村改厕为主，带动农村污水垃圾的治理，改变村容村貌，同时实施美丽乡村建设，创造健康环境，使得农村环境卫生状况得到根本性变化。

八、什么样的厕所是无害化卫生厕所

释义：无害化卫生厕所是指厕所有墙、有顶，储粪池不渗、不漏，密闭有盖，厕所

内整洁卫生，没有蝇蛆，无臭味，粪便及时清理并进行无害化处理。我国农村改厕重点推荐的几种无害化卫生厕所类型包括三格式、双瓮式、粪尿分集式、双坑（瓮）交替式、完整下水道水冲式厕所、小型集中处理模式。

三格化粪池式厕所是一种应用较广的卫生厕所。三格化粪池式厕所粪便无害化处理效果好，厕室基本无臭味，适用范围广；双瓮漏斗式厕所主要由漏斗形便器、前后两个瓮形储粪池、过粪管、后瓮盖和厕屋组成，是一种结构简单、造价较低的卫生厕所类型；双坑（瓮）交替式厕所由厕屋、两个相同便器与储粪池组成，两个储粪池互不相通但结构相同，轮换交替使用，一坑使用时另一坑为粪便封存坑，主要适用于中西部习惯使用固体粪肥的地区。不同地区可结合自身特点选择适宜的卫生厕所类型。不同的厕所类型一定要有相应的粪尿管理的模式处理。

九、经无害化处理的粪尿是很好的有机肥料，使用有机肥能够提升农产品的品质，提高经济效益

释义：粪便中含有的大量细菌、寄生虫卵等会造成土壤和水体污染，威胁农民的身体健康。但粪尿中还有大量营养成分未被人畜吸收，粪便只要进行科学的无害化处理，就是很好的有机肥料。通过高温堆肥、厌氧发酵和脱水干燥方法，能有效地杀灭病毒、细菌和寄生虫，使粪便达到生物的无害化。人畜粪便还田再利用是我们祖先农耕文明的智慧传承，对于中华文明的发展和农业生产力的提高具有不可估量的作用，同时符合农业生态化发展的思路，是利国利民的好事，因此，应该把人畜粪尿作为珍贵资源管好并加以充分利用。这样不但减少了化肥和农药的使用量，而且有机农产品价值高，有利于健康。随着现代化农业生产不断朝着规模化和集约化发展，探索规模化的粪便资源化利用模式已成为环保产业和生态化农业发展的方向。

十、粪便能够传播肠道传染病和寄生虫病，使用卫生厕所能够有效降低这些疾病发生和流行的危险

释义：粪便中通常含有许多对人体健康有影响的病原体，包括细菌、病毒和寄生虫卵等。如果粪便未经有效无害化处理，这些病原体就会污染食物和饮用水，或者通过手、口等多种途径进入人体而致病，引起痢疾、伤寒、副伤寒、霍乱、病毒性肝炎等肠道传染病，以及血吸虫、蛔虫、囊虫等寄生虫病等。

使用卫生厕所使粪便不再有暴露，从而防止蝇蛆滋生，阻断苍蝇等病媒携带病原体污染食物；卫生厕所的厕坑及储粪池不渗漏可以防止粪便污染水源和水体；卫生厕所还可通过厌氧发酵、脱水干燥或将粪便转运后处理等方式杀灭病原体，使病原体失去传染性，从根本上减少肠道传染病与寄生虫病的传播流行。

十一、粪便可通过高温堆肥、厌氧发酵和脱水干燥方法对粪便进行无害化处理，杀灭粪便中的寄生虫、病毒和细菌

释义：粪便中含有的大量细菌、寄生虫卵等进入土壤后在土壤中一般能存活几个月甚至更长时间，造成土壤的生物性污染。高温堆肥是以粪便、秸秆为原料，进行密封高温堆肥，温度最高可达50～70℃，持续5～7d，粪便中的致病菌就会被杀灭，达到无害化的目的。厌氧发酵是将粪便封闭在缺氧的环境中，在一定的高温条件下经过发酵，有效地降低和杀灭寄生虫、病毒和细菌的数量，使粪便达到无害化。三格化粪池就是利用这一原理。粪便里的致病菌一般存活在水环境中，在脱水的环境中不容易存活，如粪尿分集式厕所的粪坑中加入草木灰有吸水、吸臭的作用，经过一段时间的干燥后就达到了无害化要求。

十二、公厕作为最基本的公共服务设施，文明使用公厕，维护厕内环境卫生，爱护厕内设施是每个人的基本素质

释义：公厕作为最基本的公共服务设施，其建设管理水平和卫生清洁程度，展示了一个地区的文明形象。随着社会经济的不断发展，整洁卫生的如厕环境也越来越受到人们的关注，在全面加强公厕硬件建设的同时也在不断提升公厕软件建设和服务水平。文明如厕，人人有责。便后及时冲洗，保持厕所清洁；避免粪便暴露，产生难闻的气味及滋生苍蝇。爱护厕所内公共设施，保持厕所内卫生整洁，不乱写乱画、不乱扔乱倒、不乱拉乱尿、爱护厕所。文明如厕最能反映出国民素质，国家素养。

十三、如厕习惯反映个人和社会的文明状况，随地大小便是不文明的现象，儿童粪便也应倒入厕所

释义：随地大小便是不文明的现象，反映了一个人的基本素质和修养。随地大小便人数多少，也反映着一个国家的文明程度。同时，随地大小便还会滋生蚊蝇、污染水源、污染土壤，影响人居环境。粪便中的污染物会通过多种途径进入人体而得病，如痢疾、伤寒、副伤寒、霍乱、甲型肝炎、腹泻、肠道寄生虫病等。感染性腹泻病是全球发病率高和流行广泛的传染病，5岁以下儿童腹泻发病率远远高于成人，主要是由于感染轮状病毒、诺如病毒、大肠埃希氏菌属引起的。儿童缺乏自主上厕所的能力，为了避免粪便致病菌造成疾病的传播和流行，家长需要收集儿童粪便并将粪便倒入厕所内。

十四、便后及时冲洗，保证厕所便器的干净卫生；勤于打扫，才能保持厕室的清洁舒适

释义：厕所需要及时清扫，保证厕室内干净整洁，尤其要保证便器的卫生，避免尿

迹及粪迹产生臭气并滋生蝇蛆。便后及时冲洗，保持厕所清洁，避免尿液中的尿素水解生成氨气，产生骚臭味；避免粪便暴露，产生难闻的气味及滋生苍蝇。每天必须打扫厕所，地面及时清洗，保证四周墙壁、门窗整洁；厕所便器及时清洁，无粪迹、尿迹、痰迹和蝇、蛆等污物；厕所室内空气流通，无臭气，设施和工具摆放有序、干净整洁。打扫厕所之前，要先把厕所里面的垃圾打扫干净，避免垃圾堵塞了下水管道或者马桶口，然后用水把厕所的污渍冲一下，必要时使用净洁剂擦洗厕所，然后再用水冲一下厕所。

十五、建立社会规范，倡导使用卫生厕所，提高居民厕所文化素养

释义：建立社会规范，把使用卫生厕所、维护环境卫生得观念和行为纳入村规民约中，发挥社会规范的作用，强化居民环境卫生意识，约束规定居民的行为，家家使用卫生厕所，形成“小家清洁·大家整洁”的氛围，增强群众的文明卫生意识，使优美的生活环境、文明的生活方式成为内在自觉要求。通过各种形式和渠道开展宣传教育和评优示范活动，促使人们的厕所卫生文化素养的提高。

十六、便后要洗手，洗手方法要正确，洗手冲厕要注重节约用水

释义：饭前便后立即洗手能有效降低人体感染疾病的风险，掌握正确的洗手方法，养成良好的洗手习惯，是预防经手传播疾病的有效手段。单纯用清水冲洗很难清除手上的细菌，要想把手洗干净，就一定要使用肥皂或洗手液，反复搓洗手部的每一个地方，最后用清水冲洗干净。

中国是一个缺水的国家，且水资源分布严重不均，有些地方严重缺水。因此，要养成良好的用水习惯，节约用水，洗手打肥皂时关上水龙头，冲洗时水流要小。冲刷厕所的设备尽可能采用节水型水箱、节水型马桶等，注意检查水箱是否漏水，避免不断流水，以免造成水资源的浪费。

十七、新建的三格式和双瓮式卫生厕所在使用前加水、粪便和污水分开、清掏第三格施肥、粪渣要堆肥

释义：新建的厕所使用前在第一池（或瓮）加两桶水，平时每次冲水1～3L；其他生活污水需另设管道，严禁排入化粪池；待第三池（或后瓮）快满时（一般在2～4月），可用抽液筒或抽粪车抽出，随水浇地或直接施肥；在使用一年后，第一池（或瓮）的粪渣可用抽粪车抽出，到田地边挖沟深埋或起垄密封后进行堆肥处理，或送到粪污处理厂处理，也可以采用小型集中处理模式通过管网或吸粪车转运集中排入小型粪污集中处理系统；化粪池不能渗漏、密闭有盖，发现问题及时维修或报修；地方政府应主动承担当地厕所后续管护和粪便处理利用的组织协调工作，建立长效机制。

十八、干旱缺水地区选用节水便器，减少冲水，重复用水，旱厕要勤打扫

释义：在干旱缺水地区，由于供水不足，不适用自来水冲水的马桶、冲水量大的便器。可采用节水便器，配合高压冲水装置，每次冲水不超过1L；可将洗脸、洗澡用水收集储存，倒入高压冲水装置的水桶内，或用舀水冲的方式；可选用粪尿分集式、双坑交替式等卫生旱厕类型，但卫生不容易保持，需要勤于管护。

十九、寒冷地区选择厕所入室，做好粪池防冻处理；深坑防冻厕所要做到粪便无暴露，入冬清粪要处理

释义：寒冷地区主要是解决冲水厕所冬季的防冻问题，以及旱厕在夏季的不卫生问题。具体来说，通过采取厕所入室解决寒冷地区如厕问题，将化粪池建在室内的地下，在室外留有清粪口，可有效解决冬季厕所防冻问题；如房屋建好后在室外建化粪池，可采用“穿墙打洞”的方式，需要增加化粪池埋深或地上添加覆盖保温层，确保池内储存的粪液不会冻结。

如用室外独立式水冲厕所，便器须安装在第一池或前瓮上方，进粪管垂直设置，避免粪尿冬季冻结于进粪管和便器之中。寒冷季节可采用舀水冲的方式；可选用粪尿分集式、双坑（瓮）交替式等卫生旱厕类型，但卫生不容易保持，需要勤于管护；深坑防冻式厕所可用于户厕和公厕，设置盖板保证粪便无暴露；入冬之前清理粪池，粪便需要进行堆肥或送粪污处理厂处理。

二十、双坑（瓮）交替式厕所如何维护和管理

释义：双坑（瓮）交替式厕所是由两个结构相同又互相独立的厕坑组成，先使用其中的一个，当该厕坑粪便基本装满后用土覆盖将其封死，再启用另一个厕坑；第二个厕坑粪便基本装满时，将第一个坑内的粪便全部清除重新启用；同时封闭第二个厕坑，这样交替使用。在清除积粪时，坑中的粪便自封存之日起已至少经过半年至一年的发酵消化，完全达到无害化的要求，成为腐殖质，可安全地用作肥料。双坑（瓮）交替式厕所最适合用于高寒、干旱缺水的地区。

《厕所卫生文化素养核心信息及释义》是由中华预防医学会组织权威专家针对人们在厕所观念意识、相关知识技能、如厕行为习惯方面的情况，在深入调查、收集资料、广泛征集专家意见的基础上，经过多次专家咨询论证和现场测试，研制编写完成的。这也是我国第一次发布的厕所卫生文化素养核心信息及其释义。

《厕所卫生文化素养核心信息及释义》可作为开展健康教育和健康促进活动的核心

素材和内容。各社会组织可在遵守核心信息内涵的基础上，将其转化为不同的宣传教育材料并通过不同的渠道和方法进行传播。

居民厕所卫生文化素养水平需要通过科学的方法开展监测评估。当前还没有一个规范的统一的监测评价方法。

第三节　乡村厕所对各类人群的思想观念影响

一、乡村干部须转变观念

乡村“厕所革命”的初衷是改善农村人居环境，保障村民健康，提高村民文明素质。改厕工作的根本出发点和落脚点是改善群众的生活环境，提高群众的生活质量，是一项社会公益事业，属于群众性活动。因此，转变干部群众的思想观念，统一思想认识，引导乡村干部自觉参与至关重要。在具体实施过程中，还应广泛宣传，稳步推行，尽可能做到因地制宜，“因户而异”。多做实地调研，多想实招，解决农民的实际困难和忧虑，把这项民生工程真正做成民心工程。“乡村厕所革命”是一项系统工作，是精神文明和生态文明建设的重要组成部分，我们从前期规划、建设，到后期的管理、维护，再到文明生活习惯的养成，都需要持续跟进，不断探索符合本地实际的改厕模式。只有这样，乡村“厕所革命”才能达到预期效果。一是乡村基层医疗站医生和基层干部要充分利用院坝会、村民代表会、党员会等开展健康教育，普及卫生知识，转变群众的思想观念，改进多年形成的不良卫生习惯，促使他们良好生活习惯的养成。二是要充分利用广播、电视、横幅、标语、倡议书、院坝会等多种形式，加强宣传教育，使改厕工作做到家喻户晓，人人皆知，群众的思想觉悟和自身素质得到普遍提高，对改厕工作给予极大的拥护和支持。三是在学校多开展卫生知识讲座，让广大学生从小养成良好生活习惯，并通过学生帮助甚至是督促家人改掉生活陋习，培养良好的卫生习惯。

二、必须发挥乡村基层组织的示范作用

各行政村便民服务中心，代表一个基层组织的对外形象，各村干部应切实发挥示范作用，带头增强卫生意识，不但要做好自己家庭厕所卫生，还要做好村级服务中心公共厕所清洁卫生，为办事群众营造一个良好的如厕环境，切实发挥引领示范作用。

每一项政策要想真正落地生根，开花结果，必须通过各种途径和方式，让群众知道这项政策具体有哪些内容，要他们怎么做，能给他们带来什么益处等。只有当绝大部分人从思想上、心底认同接受，才能说政策宣传是成功的。

由于时间紧、任务重，村干部只好硬着头皮上马，根本不召开全村动员大会，也不

通过村广播进行宣传讲解，村民在根本不知道怎么回事的情况下被迫接受厕所改造。尤其是一些老年人，几十年蹲旱厕习惯了，让其突然改变习惯，他们会很抗拒，很不配合。

应协调好多方的力量，因为乡村厕所的建设和管理，涉及规划、卫生、教育等多个领域和房地产开发、上下水管道等多个产业，光靠政府主导是不够的，还需要相关企业和市场配合。乡村基层党建工作要做到多元共治就是这个道理，只有调动基层党员干部每一个人的积极性，实现多渠道、多方位、多人才的工作理念，才能切实有效地将乡村厕所革命的工作推进下去，才能在村社区之间搭建党建交流平台，理解乡村改厕过程中遇到的需求和困难，通过衔接各方资源，促进乡村改厕工作的科学可持续开展。

三、乡村厕所革命与家庭主妇的关系

家庭主妇是乡村环境卫生的主角。厨房、厕所、垃圾处理等，是她们每天必须主理的事务，对此，肩负着重要的职责与健康的守护。对于主妇们来说，维护乡村家庭环境，正确处理厨余垃圾与户厕的卫生，是她们的主要工作。

厨余垃圾生活化处理：烂菜叶、不需要的蔬菜瓜果，一般用来喂鸡鸭。在乡村，很多家庭都散养了几只鸡鸭，吃不完的蔬菜瓜果一般用来喂鸡鸭。鸡鸭不吃的蔬菜瓜果可倒到菜园土里，堆肥沤肥。厨房的生活用水、洗菜水一般排到化粪池内。化粪池的水经过发酵又是非常好的肥料，用来种蔬菜瓜果，可以减少化肥的使用量，减少化肥的污染，一举多得。

对于户厕的管理与打扫，家庭主妇必须做到：地面无水渍，洁具清净，定期消毒杀菌，注意通风，保持一个干净舒适的如厕环境。

第四节　乡村如厕文明的教育

如厕小事非小，它能真实地检验一个人的文明素养。《文明如厕倡议书》提倡广大乡村村民积极参与厕所革命、厕所文明宣扬，养成良好的卫生习惯，构成积极、健康、向上的文明如厕文化，不断提升乡村文明形象，增进乡村社会文明进步。厕所是社会进步、文明发展的产物，是衡量国家公共文明的重要尺度，是城乡文明程度、管理水平、社会责任的综合反映。

厕所你我他、文明靠大家。为进一步提升乡村文明程度和村民文明素质，养成文明如厕习惯，抵制粗俗如厕行动，在此，我们以“文明如厕，从我做起”为主题，向广大农村居民发出倡议：

（1）争当文明如厕的示范者。加强本身的文明修养，自觉做到有序如厕，自觉排

队，礼让为先，便后冲洗、节俭用水，稳定吐乱扔、稳定刻乱画，爱惜厕所公共设施和公共卫生，从个人点滴行动做起，加快文明如厕进程。

（2）争当文明如厕的监督者。广大村民和游客朋友要积极响应文明如厕的号令，营建文明如厕的良好氛围，争做提倡文明如厕的传播者、实践者和示范者，积极监督和制止不文明如厕行动。

（3）争当文明如厕的推动者。要推动乡村各类企事业单位、乡村公厕、村委单位和乡镇公共厕所免费对村民、游客开放，主动承担社会责任和义务；推动村委机构、景区景点、车站、码头、加油站、乡村集散地等窗口服务单位进一步优化如厕环境，提供更加周到的如厕服务，为村民和游客如厕提供方便。

文明如厕的具体内容：

（1）乡村公共厕所属于公共场所，如厕时要遵守秩序、不争不抢，有序如厕、礼让为先。

（2）来也匆匆，去也冲冲，随手冲厕彰显文明。大小便入池手纸入篓，上厕所之后千万要记得冲水，吐痰记得用纸巾包住扔进垃圾篓中，养成好习惯。

（3）我们有义务维护乡村厕所环境的整洁，也应保持厕所洁净。请不要在厕所的墙壁、门板等处乱贴、乱涂、乱画和书写污言秽语。维护环境，人人有责。

（4）吸烟有害健康，请不要在厕所内吸烟。厕所是一个相对封闭的空间，在厕所内吸烟，有害物质久久无法散去，对所有如厕人的健康更是一种危害。

（5）爱护厕所内的公共设施，是我们应尽的责任。不要损坏厕所内的公共设施和设备，否则会给其他人正常使用厕所造成不便；自己养成如厕的好习惯，也为别人留下一个厕所干净的好环境。

（6）节约用水人人有责，请及时关闭水龙头。便后洗手，请及时关闭水龙头。如遇水龙头、冲水阀等损坏造成水流不止的情况，应及时反映，避免水资源的浪费。

（7）浪费可耻，不要过度浪费公共厕纸。过度浪费免费卫生纸的做法，有违公共道德。

（8）不占用公共资源，请不要在公厕里占位。高峰期时，一些公共厕所蹲位常常会遇到供不应求，甚至排长龙，与人方便与己方便，请不要随意占用蹲位。

（9）保持厕所周围清洁，不在乡村厕所里乱贴乱涂广告或非法宣传物。

（10）文明如厕，从我做起；向前一小步，文明一大步，细微之处见公德，举手之间显文明。

第五节　乡村厕所革命的宣传

乡村厕所革命属于乡村振兴与建设美丽乡村的主要内容。改厕是改观念、改环境、改行为的一场革命，只有把农民的传统观念改变了，才能保证改厕的实施和效果。要建立健全“县—乡—村”三级健康教育工作网，将农村改厕培训纳入工作范围；要对工作人员进行改厕核心信息相关知识的逐级系统培训，以保证健康教育工作的开展效果。

我们在传递党中央与各级政府部门下达的乡村振兴政策，传递乡村振兴声音，服务乡村振兴干部和广大群众的同时，需要按照各地乡村民俗特色、乡村文化基础，在传统宣传媒体与宣传方式的推广下，不断开发现代新媒体方式，让乡村厕所革命与乡村厕所文化、乡村如厕文明、乡村厕所革命的“建—管—用”理论等不断深入到乡村干部与乡村村民内心深处，让厕所革命的新观念、新举措、新技术、新风尚在乡村振兴中得到完善与实现。

一、宣传的重要性

1. 疫情下的乡村厕所

厕所是人类社会活动及饮食的末端，是“五谷轮回之所”。人类在从事各种社交、居家活动中接触的细菌、病毒等病原体，都要带到厕所，导致厕所不可避免地成为一个重要的致病隐患。

目前，农村厕所革命已到了关键时期。2020 年是《农村人居环境整治三年行动方案》的收官之年，各省正在摩拳擦掌，准备在 2020 年完成改厕任务的冲刺。但是，新型肺炎疫情却突然暴发且在全国蔓延。全国上下同心同德，将疫情防控当作首要任务。在这场新型冠状病毒感染的肺炎疫情防控阻击战中，农村是防疫的薄弱环节。而认真抓好农村防疫工作的同时，一定不能忽略农村厕所的无害化改造及粪污管控问题。这是因为，厕所是不可忽略的致病源。为什么说人类粪尿可以携带病毒，更容易导致粪口传播呢?

所谓粪口传播，就是在病毒原宿主的粪便中存在活病毒的时候，在卫生设施不足和卫生习惯不良的情况下，病原体通过口腔进入新的感染者体内。换句话说，就是未经处理的排泄物或者污水可能污染水源，当人们喝了这样的水就可能会感染；或者在冲马桶的时候，冲洗时的较大喷力让水与粪便混合形成气溶胶升腾到空中，传播给他人；也有可能在便后没有洗手时，病原体通过手、食物、衣物等日常用品传到他人身上，再从口腔或者通过接触传播进入他人体内，从而造成感染。

冠状病毒离开人体以后确实无法永久独立生存。因为病毒本身缺乏独立的代谢机制，自身不能复制，只能在活细胞内利用宿主细胞的代谢系统，通过核酸复制和蛋白质合成，然后再进行装配的方式进行繁殖。

因此，在新型冠状病毒肺炎疫情冲击之下，农村防疫压力巨大，减少粪口传播隐患，厕所粪污管控是重中之重。

2. 洪水泛滥对乡村厕所的要求

每年的7—8月，我国的南方大部分地区都会迎来汛期，更甚形成内涝，水患频繁。汛期暴雨时，粪便污水随洪水进入污水处理厂、集水池，曝气池也是大“粪口”。如果粪便污水直排河、湖，形成黑臭水体，那么，河道湖泊就是大面积的“粪口”。上述各类“粪口”，都排出臭气，一方面造成大气污染；另一方面，粪便污水中如果有病毒，就可能有气溶胶传播的风险。

长江中下游一带历年夏时频降暴雨，是我国内涝最为严重的地区之一。每逢强暴雨和内涝，城市乡村、河流湖泊，必将出现粪便污水横流的局面。

在病毒较多的区域，与粪便污水接触机会越多、时间越长的人群，最易感传病毒。

3. 汛期粪便污水病毒传播防控预案建议

根据中央“科学防控，精准施策”的原则精神，国家卫健委“注意粪尿污染造成气溶胶或接触传播”指导，提出汛期粪便污水病毒“防控预案建议”。鉴于粪便污水病毒传播，用大数据尽可以对重点“风险区域”实时自动监测和记录。将“新冠病毒”、厕所粪便、粪口、污水处理系统、河道湖泊、雨情洪涝信息数据等进入数据库分析处理。为充分发挥数据增值应用功能，促进部门和公众联动，设立共享平台，制定相应的汛期病毒防控管理办法，注意用水卫生。建立乡村疫情水污风险区域的责任管理，按属地、产权所有，法人单位原则分别承担防控责任，落实乡村厕所防控方案与防控效果。

（1）卫生防疫、环境监测的定时汇报。

（2）厕所粪便、垃圾的管控，注意饮水安全，不要裸身接触任何污染的水体，饮用水要进行加热烧开方能饮用。

（3）水污排水（内涝），特别是乡村公共厕所水污的处理。

（4）建立污水处理系统，对相邻的乡村进行统一监控与管理。

（5）乡村河、湖水的治理保护，在相应的水体里进行沿岸区域的消毒、杀菌等防范工作。

注：此部分内容参考文章“以疫情防控为切入点推进农村厕所革命的对策建议”（作者：郭晓鸣、张鸣鸣）。

二、宣传的传统模式

充分利用新闻媒体宣传的主渠道作用，在当地广播、电视台开设农村改厕专题栏目播放公益广告、电视专题片等，让老百姓明白为什么要改厕、怎样去改厕。

传统的乡村文化宣传还有黑板报（墙报）、大型标语。

通过这两种方式能够将乡村“厕所革命”的精神直接下达各地镇党委、村委、村小组；其次，利用当地的报纸、杂志等纸质媒体，甚至利用印发宣传单、挂历，在上面广泛宣传厕所革命的好处；再就是利用当地县乡一级电视台、乡镇广播、乡村有线广播，加大对新农村政策、乡村厕所革命的好人好事、新技术、新举措报道，这样就可以普及相关的乡村厕所文明的知识与下达乡村改厕的信息。

三、现代多媒体、自媒体、融媒体的新模式

时代不断发展，信息传播高速。当今的乡村，已经不是30年前、50年前的僻壤小城。一大批返乡再创业的企业家带动新农村的飞跃发展与各项建设的进步，乡村的面貌也为之巨变。推进乡村"厕所革命"，完善乡村改厕，也是乡村文明教育的重要环节。现在的农民，在经济大发展的同时，也玩起了抖音、微信、自媒体，那么，如何发挥乡村新时代村民的自媒体为乡村"厕所革命"服务，怎样让厕所文明的知识与观念深入普及到老年村民，也是摆在我们乡村振兴大背景下的问题与思考。

应利用微信公众号、视频小制作、抖音视频直播，用现代多媒体、自媒体以及融媒体的多种手段，让我们的乡村振兴伟大战略与改善乡村健康、生态、环境的厕所革命落到实处，为广大乡村村民带来希望与美好。

四、喜闻乐见的创新模式

根据我国大江南北、东部西部的乡村地理特色与各地乡村的风土人情，同时充分考虑乡村的人文风俗、地方文化的优势，我们采用一些喜闻乐见的新模式，进行普及乡村厕所文明的教育。

比如，利用各地地方戏的方式，将厕所革命的知识与技术编成快板、小戏曲、地方戏、二人转、采茶戏等形式，到各个乡镇集市集中汇演，让老百姓明白厕所革命的意义与要求，具体做法与改厕带来的新面貌。

深入村、组、户召开座谈会、动员会、谈心会、对比会，充分利用召开村民大会的机会；树立典型，用已改厕户、村、乡镇的事例引导、带动其他群众，推动整个农村改厕工作的开展。群众参与式培训是很好的方式，采用问答和物质奖励相结合的形式，可以调动他们参与的积极性。

结合"亿万农民健康促进行动"和健康城市创建、美丽乡村建设等活动，广泛开展改厕宣传教育，使农村居民认识到改厕有利于净化环境、减少蚊蝇滋生、有效消除疾病传播、降低医药费用和增加收入、减少儿童旷学、提升生活品位和精神面貌，引导农民形成健康文明的生活方式，自觉支持、参与改厕工作。

注：此部分内容参考文章《农村改厕如何促进观念改变，建立长效机制》（作者：陶勇）。

第六节 “厕所文化”案例精选

案例一 推广“厕所革命”的民间文化大使——姜祚正

在湖北宜昌，有一位90岁高龄的老诗人、楹联家姜祚正，深入研究厕所文化与写作厕所诗词、厕所对联，达30余年。2016年湖北宜昌市大力推进“厕所革命”，宜昌市兴建了一批设施完善、建筑讲究、里面配套精良的“高颜值”厕所，但厕所建设好了，总觉得缺些什么。为推广厕所文明，引起社会大众对厕所的关注，老先生纯公益奉献，发挥其诗词对联传统文化的才智，义务创作上百副厕联，这些对联被勒石刻板、刻匾，让当地公共厕所更具品味，成为网红打卡、百姓交口称赞的一道亮丽风景线。这位老先生就是我国著名的奇趣诗联作家姜祚正（图14-1）。

图14-1 姜祚正先生近照

谈到撰写厕所联的缘起，姜老补充说：“很多年前出国到日本，感到日本的公共卫生特别是公厕，特别清洁。相比日本，中国那时还不大重视厕所文明。近几年，中国厕所革命方兴未艾，宜昌也兴建了很多高颜值的公厕，我由此生出新的想法，有了那么多五星公厕，何不增加一些厕所文化，何况厕所还是大文豪欧阳修读书的‘三上’（马上、枕上、厕上）之一，而楹联可以说是最佳选择，于是这几年撰写了大量厕联，到目前积累了110余副。”

如今，宜昌的厕所对联成为宜昌文化旅游、厕所革命、厕所文化的一大亮点与特色。

在青龙村一个投资 40 多万元的公厕，姜老师题写的第一副厕联曰：

君思方便请方便，

水往下流不下流。

此联一出，立即引起轰动，不单当地人赞赏，连外地的游客也纷纷打卡留作纪念，后来，成了网红的光顾之地。

“但求对我千回准，不必要它三尺高”“入时静静，出时净净；来也匆匆，去也冲冲”“做个文明人，自当滴水不漏；留方干净地，才可长年生香”，这些脍炙人口又让人若有所思的厕所对联，填补了只有名胜古迹、亭台楼榭上题联，而厕所上不题对联的空白，这些都是姜祚正先生临时灵感触发一气呵成，也有苦思冥想甚至半夜睡梦中醒来立刻把笔速记的，可以说，“一心痴梦厕所联，日间挥写夜间思”（图 14-2）。

图 14-2　姜祚正先生指书并打造的厕联

龙泉镇青龙村、点军联棚乡鄢家冲村家家户户挂对联（发动当地诗词楹联协会会员创作）、百里荒景区和鸣翠谷景区等地的厕所门口挂出展示，成为当地一道亮丽的文化风景线，很多人在如厕后，还专门拍照留念。

姜老师为鸣翠谷景区撰写了一篇“厕之铭”：“新建之所，别有天地。金字对联，工整风趣。内外洁净，弥漫香气。有景有情，更有诗意！”该景区负责人表示，姜祚正先生的对联俗中见雅，节制而有内涵，“我们有意将之打造成景区的文化一景”。

据了解，姜祚正先生近年撰写的厕所对联就已达110多副，在全国42个达标厕所刻联题匾，新书《厕文奇观》也正在酝酿出版中。他的厕所文化创作，经“今日头条”“人民号”等网络新媒体传播，阅读点赞已过百万人次。他说：“只要是给公厕写对联，我都分文不取，因为这些都是公益的，厕所做得那么好，也是政府为改善民生而做的，我能用上一己之长，也是很幸福的事！”如今，在湖北的荆门、襄樊、宜昌，广东的深圳、东莞，已经遍布了姜祚正老先生亲手独家打造的厕联，让“厕所文化、厕所革命”的春风，走进人们的视野，走进民众的心田，他一直在播撒着火种。

案例二　群厕群力·厕所文明从娃娃抓起——走进乡村小学

孩子是祖国的未来，更是新农村建设的后备力量。乡村厕所革命首先对乡村儿童进行教育，“群‘厕’群力”推动乡村厕所文明从娃娃抓起，同时在幼儿园里，可以采用儿歌的形式，向小孩子渗透厕所文明的好习惯，为祖国的未来打下良好的基础。

活动背景：来势汹汹的2020年新冠疫情给我们敲响了警钟，为防止乡村孩子发生聚集性疫情及传染病，我们意识到厕所卫生安全教育的重要性，更明白卫生安全教育应该从乡村学校开始，让学生养成爱护厕所环境和良好的如厕卫生习惯，我们开展此类公益活动。

活动主题：“群厕群力·厕所文明从娃娃抓起”

活动目的：服务于我们乡村中小学校，希望能够通过我们的实际行动，帮助孩子们提升和改善校园如厕环境，让孩子养成爱护环境和良好的卫生习惯，减少传染病的发生。

活动意义：让乡村中小学校学生掌握“安全文明如厕”的知识，呼吁青少年健康卫生行为的养成，倡导使用健康卫生厕所，预防控制肠道传染病等疾病的发生和传播，教导孩子们从小养成爱护环境和良好的卫生习惯，让青少年接受科学、文明、健康的生活方式，享受幸福生活。

活动目标：把“群厕群力”的公益活动推广到乡村中小学，在校学生直接受益，影响未来成千上万个家庭间接受益。

活动对象：各乡村中小学校学生。

活动方式：乡村厕所文明公益活动。

活动时间和地点：①时间（每周劳动技术活动课）；②地点：校园内。

宣传方式：①宣传横幅；②文明讲座；③乡村厕所文明行为绘本。

活动效果：①防范疫情：“群厕群力”——厕所文明从娃娃抓起，是2020年新冠疫情影响下，“厕所卫生安全”教育最有意义的活动之一，对于防范疫情，保障全体师生的卫生安全、健康，是最及时、最需要、最值得推广的公益活动；②养成习惯：良好的厕所卫生环境是学生日常学习、生活所必需的，对改善学校厕所环境及养成卫生、注重健康的良好习惯；促使青少年改善卫生行为，有预防疾病的健康意识，尤其是教导孩子们从小养成良好的卫生习惯；③减少疾病：防范和减少青少年肠道寄生虫、痢疾等传染病，减少因厕所卫生而引起的死亡恶疾，将有很大裨益；④具有影响力：通过这次公益活动，让整个深圳的中小学校受到“厕所革命”带来的普惠效应，安全健康的厕所环境，改变青少年的卫生习惯，良好的如厕文明、厕所文化知识，让他们从中获得新时代的文明意识、规则意识、责任意识、平等意识、生态意识和劳动观念等，这是他们将来适应社会发展需要的必备品格和行为能力，也是终身受益的精神财富（图 14-3、图 14-4）。

图 14-4　“群厕群力”公益活动得到学生们、家长的大力支持

这里收录一批如厕文明的儿歌：

小孩小便歌

女孩来小便，走到便池前，
两腿分开站，裤腰往下拉，
脱至膝盖前，慢慢蹲下去。
男孩要小便，站到便池前，
两腿分开站，裤子往下脱，
对着便池拉，尿液不遗漏。
讲究卫生好，文明从此来。

男孩提裤子歌

小便之后很舒服，提起裤子再洗手。
小手变成大嘴巴，抓住裤腰往上拉。
裤缝对着小肚脐，一层一层往上提。
先里后外不着急，两边也要提整齐。
男孩应有好作为，爱护身边好细致。
注意不露小肚皮，裤子提好真神气。

擦屁股歌谣

大便之后轻松，擦擦可爱小屁股，
卫生纸手中拿，从前往后轻轻擦，
折一折再擦擦，干干净净舒服啦，
注意卫生冲水，洗洗小手更可爱。

冲厕所歌

小朋友啊讲卫生，大小便后冲一冲。
轻轻按下水龙头，水儿哗哗往外流。
注意卫生节约水，洗手之后要关紧。
厕所干净没味道，幸福健康好宝贝。

案例三　农村小学厕所设施及学生如厕行为调查报告①

厕所是在校学生活动的重要场所之一，良好的厕所环境更是学校育人环境的重要组成部分。由于种种原因，国内对农村校厕的重视度不高。在农村学生使用校厕的影响因素探讨方面，国内研究呈现出空白。为了解农村校厕卫生状况和学生如厕行为，探讨学生使用校厕可能的影响因素，开展农村小学厕所设施及学生如厕行为调查(图 14-5)。

图 14-5　专家组成员在调查小学生如厕的情况

本次调查抽取南北方地区各一所典型农村非寄宿制完全小学，每所学校各抽取三年级和六年级一个班，对抽中班级的所有学生进行问卷调查，共调查了 149 人。

调查采用现场观察和访谈的方法进行。观察上午和下午课间休息时每人次如厕时长和如厕人数。调查学校基本情况、厕所卫生状况等。对学生进行一对一式的结构化访谈，内容包括是否选择在校如厕，使用厕所的频率，如厕时间选择，如厕体验和感受等。

本次调查两所非寄宿制完全小学，均包括 1—6 年级，两所学校均只有 6 个教学班。学生人数和性别情况见表 14-1。

表 14-1　学生人数及性别构成

学校	男生	女生	合计
学校 1	123 (48.62%)	130 (51.38%)	253
学校 2	145 (49.66%)	147 (50.34%)	292

① 本文作者是重庆市疾病预防控制中心张琦。

两所学校均只有一所独立于教学楼的厕所建筑，无职工厕所。两所小学厕所均为深坑旱厕（表 14-2）。

表 14-2 学校厕所设施数量

学校	男生蹲位数（个）	男生人数/蹲位比	男生小便槽长度（m）	男生人数/小便槽长度比	女生蹲位数（个）	女生人数/蹲位比
学校 1	5	24.6	4	30.75	7	18.6
学校 2	8	18.13	3.5	41.43	10	14.7

本次调查小学生课间厕所使用时间，男生为（28.46±11.12)s，女生为（42.48±15.5)s。按性别分组，男女生如厕时长无统计学差异（表 14-3)。

表 14-3 学生课间如厕时长（s）

学校	记录时间	男生			女生		
		极大值	极小值	$\overline{X}\pm S$	极大值	极小值	$\overline{X}\pm S$
学校 1	下午	50	18	30.33±8.84	78	18	43.09±15.88
学校 2	上午	68	6	27.93±11.66	110	15	42.24±15.48
合计				28.46±11.12			42.48±15.52

本次调查中，上午下午课间如厕人数多（表 14-4)。

表 14-4 男女生课间如厕人数 单位：人

学校	记录时间	男生	女生	男生/女生	合计	如厕人数/全校总人数比	χ^2	P 值
学校 1	下午	27(45.76%)	32(54.24%)	1/1.18	9	0.233	0.059	0.809
学校 2	上午	96(53.63%)	83(46.3%7)	1/0.86	79	0.613		

对选中班级的学生进行一对一式访谈。共发放调查问卷 149 份，全部收回，有效问卷 149 份。调查对象中，男生 69 人，女生 80 人，三年级 80 人，六年级 69 人。大部分学生在校期间都选择在校如厕，不同年级在选择是否在校如厕上存在差异(表 14-5)。

表 14-5 学生选择在校如厕情况 单位：人

是否选择在校如厕	学校		性别		年级	
	学校 1	学校 2	男	女	三年级	六年级
选择在校如厕	63(95.45%)	77(92.77%)	64(92.75%)	76(95.00%)	79(98.75%)	61(88.41%)
选择不在校如厕	3(4.55%)	6(7.23%)	5(7.25%)	4(5.00%)	1(1.25%)	8(11.59%)
合计	66	83	69	80	80	69

在校学生大小便如厕频率按学校分组，两所学校的学生小便如厕频率差异有统计学

意义——学校2比学校1有更多人的人使用校厕小便；按年级分组，不同年级的学生大便如厕频率差异有统计学意义——高年级比低年级更少的人使用校厕大便（表14-6）。

表14-6　学生大小便如厕频率情况　　单位：人

调查内容	学校		性别		年级	
	学校1	学校2	男	女	三年级	六年级
小便厕所使用频率（%）						
很少使用	11(22.92)	2(3.28)	7(14.29)	6(10.00)	5(9.62)	8(14.04)
每天使用1次	6(12.50)	5(8.20)	7(14.29)	4(6.67)	7(13.64)	4(7.02)
每天使用2次及以上	31(64.58)	54(88.52)	35(71.43)	50(83.33)	40(76.92)	45(78.95)
大便厕所使用频率（%）						
很少使用	33(68.75)	43(69.35)	38(76.00)	38(63.33)	28(53.85)	48(82.76)
每天使用1次	11(22.92)	14(22.58)	7(14.00)	18(30.00)	16(30.77)	9(15.52)
每天使用2次及以上	4(8.33)	5(8.06)	5(10.00)	4(6.67)	8(15.38)	1(1.72)

就如厕体验问题访谈，发现学生如厕时，主要问题集中在厕所臭味和整体环境给学生不干净的感觉，学校1厕所还有光线不好和潮湿的问题（图14-6）。

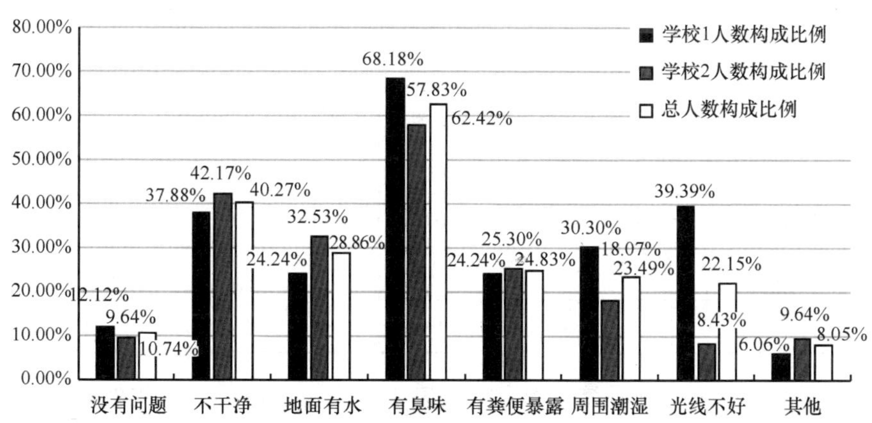

图14-6　在校学生如厕体验人数构成比例

评估学生上厕所时的方便程度，分别从以下四个问题访谈学生，分别是到厕所的距离，是否因课间上厕所迟到，通常情况下上厕所是否需要排队，上课时需要上厕所怎么办，按照性别分组，男女生在回答厕所距离的问题上，女生更多地觉得厕所距离有点远；在回答通常情况下上厕所是否需要排队问题时，男生更少排队；在回答上课堂时上厕所怎么办问题时，高年级学生更愿意大声告诉老师；不同学校的学生在回答因课间上厕所迟到情况的问题上有差异有统计学意义，学校2学生因上厕所迟到的情况更少（表14-7）。

表 14-7 学生如厕方便程度情况［人数（%）］

调查内容	学校		性别		年级	
	学校 1	学校 2	男	女	三年级	年级
到厕所的距离						
不远	57(87.69)	66(79.52)	62(91.18)	61(76.25)	66(83.54)	57(82.61)
有点远	8(12.31)	16(19.28)	6(8.82)	18(22.50)	12(15.19)	12(17.39)
很远	0(0.00)	1(1.20)	0(0.00)	1(1.25)	1(1.27)	0(0.00)
因课间上厕所迟到						
有时会	6(9.52)	3(3.80)	6(8.96)	3(4.00)	4(5.19)	5(7.69)
偶尔会	21(33.33)	17(21.52)	16(23.88)	22(29.33)	19(24.68)	19(29.23)
从来不会	36(57.14)	59(74.68)	45(67.16)	50(66.67)	54(70.13)	41(63.08)
通常时候上厕所是否排队						
每次都排	3(4.55)	0(0.00)	2(2.94)	1(1.28)	0(0.00)	3(4.48)
需要排队，但时间不久	6(9.09)	1(1.25)	3(4.41)	4(5.13)	5(6.33)	2(2.99)
偶尔需要排队	28(42.42)	13(16.25)	9(13.24)	32(41.03)	15(18.99)	26(38.81)
不用排	29(43.94)	66(82.50)	54(79.41)	41(52.56)	59(74.68)	36(53.73)
课堂上需要上厕所怎么办						
小声告诉老师	42(63.64)	24(30.77)	36(53.73)	30(38.96)	44(57.89)	22(32.35)
大声告诉老师	21(31.82)	40(51.28)	23(34.33)	38(49.35)	24(31.58)	37(54.41)
忍到下课去	2(3.03)	10(12.82)	7(10.54)	5(6.49)	5(6.58)	7(10.29)
其他	1(1.52)	4(5.13)	1(1.49)	4(5.19)	3(3.95)	2(2.94)

调查的两所学校中，厕所类型均为深坑旱厕，粪便未进行无害化处理，气味刺鼻，这与学生如厕体验访谈结果一致，集中在有臭味和不干净。有关调查显示，农村学校卫生厕所普及率仅为 38.37%。调查的两所小学中男女蹲位设置约为 1∶1，参考《中小学校设计规范》（GB 50099—2011），女生厕所蹲位数低于标准要求，男生蹲位和小便池符合标准要求。学生访谈结果显示出女生感觉厕所距离有点远，排队的情况更多。这反映出农村校厕建筑方面未考虑男女差异及学生使用等问题。世界卫生组织现行指南（2009）给出的校厕人数蹲位比是女生 25∶1，男生 50∶1，加上 1 小便器或 50cm 的小便槽以及距离所有用户不超过 30m。我国《农村普通中小学校建设标准》也考虑到男女差异及学生使用问题，就农村校厕建设出台相应标准。但有调查显示男生厕所蹲位合格

率为30.5%，女生厕所蹲位合格率为10.2%。这表明我国对农村校厕的改建，关注度依然不高，农村校厕的卫生问题和落实校厕建筑标准问题仍然亟待解决。

学生如厕时长调查结果显示，男生平均为28.46s，女生平均为42.48s。女生如厕总时间约为男生的1.5倍，低于成人约2倍的时间差。如厕时女生更愿意结伴而行。客观方面调查的两所学校女生蹲位设施均未达国家标准，女生排队的情况更多。这可能是造成女生在如厕总时长上比男生长的原因。

除了学校自身校厕建筑因素会影响学生的如厕行为，学校的卫生教育可能也会对学生的如厕行为产生影响。研究表明，在培养学生卫生意识，维持有利的卫生环境方面，教师发挥着至关重要的作用。访谈结果显示，小便的如厕频率，是否因上厕所迟到，课堂上需要上厕所怎么办等问题在不同学校间存在差异，有不少学生会选择忍到休息时间，但长期憋尿和拒绝如厕排便，会对学生造成身体损伤。这可能是由于不同学校卫生教育的差异造成的。年级越小，习惯的养成越容易，而进行环境卫生宣传，更有可能培养学生养成良好的如厕习惯。

学生访谈结果显示，20.81%的学生大便选择回家，如果厕所的结构受到破坏，或者在厕所内发现尿液、粪便、血液、呕吐物、蛆虫、苍蝇、强烈的气味或者满坑等令人反感的东西，学生们就不会使用学校的厕所。不同年级学生在回答大便如厕频率时存在差异，高年级选择在校大便的人更少。在课堂上需要上厕所怎么办等问题时，高年级学生比低年级学生更愿意表达如厕意愿。这可能是由于年龄越大，如厕时考虑的因素更多。学生如厕时会同时权衡几个竞争因素（物理因素如条件、安全、隐私、可访问性和设施可用性等；社会因素，如规范、期望和责任等；个人因素，如经验、日常、风险认知和个人需求等），以确定最终去哪里。

后 记

《乡村厕所革命实践与指导》是我2021年推出的第一本关于乡村厕所革命的书。2018年年初，中国建材工业出版社就邀请我写，当时我拒绝了，因为我怕写不好；2019年年底，再次邀请我时，我接受了。因为在这段时间里通过多地的实践考察与走访，我看到了乡村厕所革命过程中已经出现的许多问题：某些干部群众缺乏对乡村改厕的观念与认知、大量厕所资源浪费、乡村公厕管理不到位、厕所卫生与传染病防范不足、文明如厕教育缺失等。作为研究厕所十多年的一员，我也深表忧虑，觉得有责任和义务编写一本有关乡村厕所革命的指导性图书。可是，在写作过程中，有时为了求证一个设备的细节，到深圳图书馆翻阅大量的典籍与资料；有时为了描述某项厕所技术的性能，同类技术的优劣对比与选用，经常几易其稿。其目的是征选最新的设计理念、产品技术、先进材料与最适合的乡村厕所案例，力求便于在乡村厕所改造中大面积推广，尽量将前瞻性、适用性及可靠性的内容展示给乡村干部、镇村基层领导与群众，更好地推进乡村厕所革命。

在编写本书过程中遇到了许多难题及疑问，我多方咨询专家、学者，求教于厕所产业的行家与高等院校专注厕所科研的教授。在此，十分感谢中国疾控中心农村改水技术指导中心陶勇主任、付彦芬老师，从编写提纲到案例、相关技术的甄别给我们提供许多合理化的建议，对初稿多次仔细阅读、严格审核，向他们的辛勤付出，致以崇高的敬意！此外，对以下提供了案例与帮助的厕所界朋友深表感谢，他们是：

广东东鹏整装卫浴事业部曲锐总经理

甘肃张掖兰标生物科技田兰董事长

北京中人策联科技有限公司曹聪董事长

江苏通全球工程管业有限公司陈鹤忠董事长

上海绿自健环境科技有限公司丁继芳董事长

山东建筑大学张志斌教授

江苏华虹新能源有限公司张岳清董事长

朗逸环境科技有限公司朱黎总经理

深圳市绿卫空间环保科技有限公司陈鸿飞董事长

深圳信电科技有限公司钟金亮董事长

方便空间（厦门）物联科技有限公司丁坤董事长

90 岁高龄的民间奇趣诗人姜祚正先生

湖南郴州金陵生态系统郭金陵董事长

山东生态洁环保科技股份有限公司张玲总经理

江苏登高科技有限公司邓旭董事长

联合国儿童基金会原水与环境卫生项目专家杨振波先生

北京蓝洁士科技发展有限公司吴昊董事长，等等

感谢你们毫无保留地提供的案例以及与厕所相关的产品图片、产品说明。因为这些乡村厕所最新资料的融入，大大地丰富了本书的内容，也提高了本书的参考性与指导性。

《乡村厕所革命实践与指导》当然还有许多不足与瑕疵，但这是我们凯卫仕厕所文化研究院与上海理工大学以及许多厕所行业的同人共同推出的第一本有关乡村厕所革命的书籍，希望广大读者提出修改意见，以备我们再版时修订。

编 者

2021 年 1 月

参 考 文 献

［1］ 李新艳，李恒鹏，杨桂山，等．江浙沪地区农村生活污水污染调查［J］．生态与农村环境学报，2016，32(6)：923-932.

［2］ LARSEN T A，PETERS I，ALDER A，et al. Re-engineering the toilet for sustainable wastewater management［J］. Environmental Science & Technology，2001. 35：192A-197A.

［3］ 王阳，石玉敏．分散式污水处理技术研究进展［J］．环境工程技术学报，2015，5(2)：168-174.

［4］ 许阳宇，周律，贾奇博．以正渗透膜为核心的资源型厕所系统设计与应用［J］．中国给水排水，2018，34(8)：22-26.

［5］ 焦赟仪，郑利兵，周书葵，等．膜分离技术在源分离尿液处理与回收中的研究与应用进展［J］．膜科学与技术，2019，39(6)：138-149.

［6］ 刘洪波，姚洋洋，冷风．ABR/MFC/MEC 处理粪便黑水的启动与同步脱氮除碳［J］．中国给水排水，2018，34(5)：32-36.

［7］ 刘洪波，冷风，王兴戬，魏迅，金月清，关永年．ABR/MFC/MEC 除碳脱氮的影响因素分析与优化［J］．中国给水排水，2017，33(7)：123-128.

［8］ KEIM E K. Inactivation of Pathogens by a Novel Composting Toilet：Bench-scale and Field-scale Studies［D］. USA：University of Washington，2015.

［9］ LARSEN T A，GEBAUER H，GRÜNDL H，et al. Blue Diversion：A new approach to sanitation in informal settlements［J］. J Water Sanit Hyg Dev，2015，5 (1)：64-71.

［10］ ETTER B，WITTMER A，Ward B J，et al. Water Hub @ NEST：A living lab to test innovative wastewater treatment solutions［A］. IWA Specialised Conference on Small Water and Wastewater System［C］. Athens：IWA，2016.

［11］ 陈叶纪，孙玉东，吴振宇. 安徽省粪尿分集厕所扩展试点研究的评估分析［J］. 安徽预防医学杂志，2002，8(2)：68-71.

［12］ 孙伟. 粪尿分集全方位负压排臭生态卫生旱厕应用实例［J］. 环境科学导刊，2007，26(6)：71-73.

［13］ 赵军营，任培培，徐学东．源分离农村卫生厕所冲水灌溉利用技术研究［J］．安徽农业科学，2014，42(16)：5175-5177，5185.

［14］ ANAND C K，APUL D S. Composting toilets as a sustainable alternative to urban sanitation-A review[J]. Waste Manage, 2013, 34(2): 329-343.

[15] 刘玉玲，高良敏. 豆秸秆作生态厕所基质的可行性研究[J]. 环境科学与技术，2009，32(4)：141-144.

[16] 盛保华，高良敏，钱新，等. 堆肥式生态厕所处理人类排泄物变化规律研究[J]. 江苏环境科技，2007，20(2)：15-17.

[17] YADAV K D, TARE V, AHAMMED M M. Vermicomposting of source-separated human faeces for nutrient recycling[J]. Waste Manage, 2010, 30(1): 50-56.

[18] HILL G B, BALDWIN S A. Vermicomposting toilets, an alternative to latrine style microbial composting toilets, prove far superior in mass reduction, pathogen destruction, compost quality, and operational cost[J]. Waste Manage, 2012, 32(10): 1811-1820.

[19] BAI F, WANG X. Nitrogen-retaining property of compost in an aerobic thermophilic composting reactor for the sanitary disposal of human feces[J]. Front Environ Sci Eng China, 2010, 4(2): 228-234.

[20] 白帆，王晓昌. 粪便生态厕所高温好氧堆肥过程中气态氨的释放特性[J]. 西安建筑科技大学学报：自然科学版，2010，42(6)：856-860.

[21] KAZAMA S, OTAKI M. Mechanisms for the inactivation of bacteria and viruses in sawdust used in composting toilet [J]. J Water Environ Technol, 2011, 9(1): 53-66.